CAD / CAM / CAE 实用技术丛书

FLUENT—流体工程仿真计算实例与应用

（第 2 版）

韩占忠　王　敬　兰小平　编

北京理工大学出版社

BEIJING INSTITUTE OF TECHNOLOGY PRESS

内 容 简 介

本书是利用 FLUENT 软件进行流体流动与传热计算的入门书籍，是以"跟我学"的形式编写的。书中给出了 11 个具体的例子，读者可按照书中的步骤一步一步进行操作，并完成具体问题的数值模拟与分析。本书既是广大工程技术人员利用 FLUENT 软件进行流体流动数值模拟计算的入门书，又是大专院校相关专业本科和硕士研究生流体力学以及传热学的教学参考书。

图书在版编目（CIP）数据

FLUENT：流体工程仿真计算实例与应用／韩占忠，王敬，兰小平编.
—2 版. —北京：北京理工大学出版社，2010.4（2021.8 重印）
ISBN 978-7-5640-0260-2

Ⅰ. ①F… Ⅱ. ①韩… ②王… ③兰… Ⅲ. ①流体力学-工程力学-计算机仿真-应用软件，Fluent Ⅳ. ①TB126-39

中国版本图书馆 CIP 数据核字（2010）第 022089 号

出版发行／北京理工大学出版社
社　　址／北京市海淀区中关村南大街 5 号
邮　　编／100081
电　　话／（010）68914775（办公室）　68944990（批销中心）　68911084（读者服务部）
网　　址／http：// www.bitpress.com.cn
经　　销／全国各地新华书店
印　　刷／三河市天利华印刷装订有限公司
开　　本／787 毫米×1092 毫米　1/16
印　　张／20.75
字　　数／478 千字
版　　次／2010 年 4 月第 2 版　　2021 年 8 月第 12 次印刷　　责任校对／陈玉梅
定　　价／49.00 元　　　　　　　　　　　　　　　　　　　　责任印制／边心超

图书出现印装质量问题，本社负责调换

前　　言

　　空气、水、油等易于流动的物质被统称为流体。在力的作用下，流体的流动引起了能量的传递、转换和物质的传送，利用流体来传递力、进行功和能转换的机械就称为流体机械。比如，泵就是一种将电能转换为流体动能并输送液体的机械；风机就是一种将机械能或电能转换为风能的机械；水力发电机就是一种将水的势能和动能转换为电能的机械。此类例子举不胜举，因此，流体机械与我们的生活和工作是密切相关的。流体力学就是一门研究流体流动规律以及流体与固体相互作用的学科，研究的范围涉及风扇的设计、发动机内气体的流动以及车辆外形的减阻设计、水利机械的工作原理、输油管道的铺设、供水系统的设计，乃至航海、航空和航天等领域内动力系统和外形设计等。

　　研究流体运动规律的主要方法有三种：一是实验研究，以实验为研究手段；二是理论分析方法，利用简单流动模型假设，给出某些问题的解析解；三是数值模拟。实验研究耗费巨大，而目前理论分析对于较复杂的非线性流动现象还有些无能为力。自 20 世纪 70 年代以来，飞速发展起来的计算流体力学对实验研究和理论研究起到了促进作用，也为简化流动模型提供了更多的依据，使很多分析方法得到发展和完善。实验研究、理论分析方法和数值模拟已成为当前研究流体运动规律的三种基本方法。

　　任何流体运动的规律都是以质量守恒定律、动量守恒定律和能量守恒定律为基础的。这些基本定律可由数学方程组来描述，如欧拉方程、N-S 方程。采用数值计算方法，通过计算机求解这些控制流体流动的数学方程，进而研究流体的运动规律，这样的学科就是计算流体力学。

　　尽管流动规律仍然满足质量守恒定律、动量守恒定律和能量守恒定律，但流体力学不同于固体力学，一个根本原因就在于流体的流动过程中发生了巨大的形变，使问题求解变得异常复杂。其控制方程属于非线性的偏微分方程，除几个简单问题之外，一般来说很难求得解析解。为此，对具体问题进行数值求解就成为研究流体流动的一个重要的研究方向和方法，其基础就是计算流体力学。由于大多数工程师不可能也不必要掌握流体力学微分方程的求解以及进行计算流体力学的深入研究，但在工作中又需要对某些具体的流动过程进行分析、计算和研究，由此，计算准确、界面友好、使用简单，又能解决问题的大型商业计算机软件应运而生。目前，比较著名的有 FLUENT、CFX、STAR-CD 等，本书仅就 FLUENT 软件向读者进行介绍。

　　本书的编写是为掌握流体基础知识、二维流动和三维流动知识层次的人编写的。其中第一章是流体力学的基础知识和 FLUENT 软件使用的基础知识，可作为后续内容的简单铺垫。第二章是二维流动数值模拟部分，建模和计算都比较简单，是本书的基础。第三章是三维流动问题，建模和计算以及后处理都比较复杂。由于篇幅的限制，本书不可能面面俱到并进行详细讲解，但相信读者通过本书的学习，一定能领会其中的技巧。

　　本书是利用 FLUENT 软件进行流体流动与传热计算的入门书籍，是以"跟我学"的形式编写的。在编写中，所使用 FLUENT 的版本是 6.2，GAMBIT 的版本是 2.2。书中给出了 11 个具体的例子，读者可按照书中的步骤一步一步进行，并完成具体问题的数值模拟与分析。通过本书中若干个例子的学习，读者可逐步掌握利用 FLUENT 进行流体流动数值模拟的基本方法，进入流体流动与传热数值模拟这一广阔的领域，在各自研究的领域内发挥各自的特点，不再受到流体流动理论计算的困扰。

本书第 1 版于 2004 年出版，距今已有近六年了。在这六年中，FLUENT 有了新的发展。为了适应新形势的需要，由韩占忠对原书进行了重新整理和编写。在编写过程中，力求使全书风格一致，各个例子都是一个完整的过程，包括建模、计算和后处理三部分。主要修改内容如下：① 全书用 FLUENT6.2 和 GAMBIT2.2 进行了重新计算和编写，并将所有的计算文件汇集到配套光盘中。② 删除了第一版第三章中的第四节，新增了风沙对建筑物的绕流流动过程研究一节，内容包括三维结构网格的建立和 DPM 模型的简单应用。③ 补充了第一版中若干例子的建模过程（GAMBIT 部分）和结果分析内容，主要是针对第二章第六节（组分传输与气体燃烧）、第三章第六节（三维稳态热传导问题）和第五节（动网格的应用）。④ 为体现创建网格方法的多样性，新增了针对三角翼利用 Gridgen 软件进行建模并用 FLUENT 进行计算的例子，见第二章第 4 节（三角翼不可压缩的外部绕流）。⑤ 修订了第一版中的编写错误，原书有文字描述不清或设置有误的地方，此次改编一并进行了修改。

在本书的编写过程中，得到了北京理工大学王国玉、杨策教授和王瑞君老师的热心指导，得到硕士研究生陶磊、冯玥、薛青东、孔德才、薛庆阳、刘广才、牛宁海、祖立正等的大力支持，在此一并致谢。

本书既是广大工程技术人员利用 FLUENT 软件进行流体流动数值模拟计算的入门参考书，又是大专院校相关专业本科和硕士研究生的流体力学以及传热学的教学参考书。计算流体力学与计算传热学是涉及内容非常广泛的学科，有许多课题还有待于进一步学习和研究；FLUENT 软件内容博大精深，涉及面非常广泛。鉴于编者水平有限，书中难免有不当之处，还请广大读者给予指正，不胜感谢。

编　者

目　　录

第一章 流体力学基础与 FLUENT 简介

本章介绍流体力学的一些重要基础知识，并对 FLUENT 软件包的结构、功能和使用进行简单介绍。流体力学是进行流体力学工程计算的基础，从软件使用的角度来说，可以略过这一部分直接阅读后续章节。但若想对所计算的结果进行分析与整理，在设置边界条件时有所依据，则流体力学的有关知识是最基础性的。本章主要叙述流体流动的一些基本概念和基本理论，对于有一定基础的读者可略过。若读者对流体力学了解不多，则应认真阅读。当然也可以在后续章节的学习中，反过来阅读本章的内容。

第一节 概 论

看到一股风吹过树梢，看到一江水流过岸边，看到汽车驶过后的扬尘，打开水龙头看到自来水哗哗地流出，流体的流动是那样的自然。面对这些现象，我们用什么样的量才能描述不同的流体，用什么方法才能描述这千姿百态的流动世界呢？区别于不同流体的是其本身的物理性质，例如密度、黏度、压缩性等物理量；而描述流体运动的量，从局部讲是某一点的速度、压强和流体密度；从整体讲则主要是平均速度、动量和压力等；而流体运动的原因则是外部的作用力。

一、流体的密度、重度和比重

1. 流体的密度

我们常说空气比液体轻，油又比水轻，其原因就是空气的密度比液体小，油的密度又比水小。流体密度是指单位体积内所含物质的多少。若密度是均匀的，则有

$$\rho = \frac{m}{V} \tag{1-1-1}$$

式中，ρ 为流体的密度；m 是体积为 V 的流体内所含物质的质量。由上式可知，密度的单位是 kg/m^3。对于密度不均匀的流体，其某一点处密度的定义为

$$\rho = \lim_{\Delta V \to 0} \frac{\Delta m}{\Delta V} \tag{1-1-2}$$

例如，零上 4 ℃时水的密度为 1 000 kg/m^3，常温 20 ℃时空气的密度为 1.24 kg/m^3。各种流体的具体密度值可查阅相关资料。

这里要特别注意，流体的密度是流体本身所固有的物理量，是随温度和压强的变化而变化的量。若流体密度不变，则称为是不可压缩流体。

2. 流体的重度

流体的重度与流体的密度有一个简单的关系式，即

$$\gamma = \rho g \tag{1-1-3}$$

式中，g 为重力加速度，其值为 9.81 m/s²。流体的重度单位为 N/m³。

3. 流体的比重

流体的比重为与零上 4 ℃时水的密度之比。

二、流体的黏性——牛顿流体与非牛顿流体

牛顿内摩擦定律表示为

$$\tau = \mu \frac{\mathrm{d}u}{\mathrm{d}y} \tag{1-1-4}$$

式中，τ 表示切应力，单位为 Pa；$\mathrm{d}u/\mathrm{d}y$ 表示流体的剪切变形速率；μ 则表示二者之间的比例系数，又称为流体的动力黏度，单位是 Pa·s。另外，还将 μ/ρ 的比值称为运动黏度，常用 ν 表示，其单位为 m²/s。

例如 20 ℃时水的动力黏度为 0.001 Pa·s；运动黏度约为 1.00×10^{-6} m²/s。

又如 20 ℃时空气的动力黏度为 1.8×10^{-5} Pa·s；运动黏度为 1.49×10^{-5} m²/s。

在研究流体流动过程时，若考虑流体的黏性，则称为黏性流动，相应地称流体为黏性流体；若不考虑流体的黏性，则称为理想流体的流动，相应地称流体为理想流体。

牛顿内摩擦定律适用于空气、水、石油等绝大多数机械工业中常用的流体。凡是符合切应力与速度梯度成正比，如图 1-1-1（a），二者的关系可以用一条通过原点的直线所表示的流体叫做牛顿流体，即要求严格满足牛顿内摩擦定律且 μ 保持为常数的流体，否则就称其为非牛顿流体，如图 1-1-1（b）（c）（d）。例如空气、水等均属牛顿流体，而溶化的沥青、糖浆等流体均属于非牛顿流体。非牛顿流体有如下三种类型：

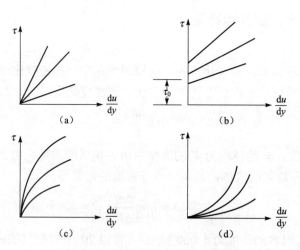

图 1-1-1　牛顿流体与非牛顿流体

（a）牛顿流体；（b）塑性流体；（c）假塑性流体；（d）胀塑性流体

第一种是塑性流体，如牙膏等，它们有一个保持不产生剪切变形的初始应力 τ_0，只有克服了这个初始应力后，其切应力才与速度梯度成正比，即

$$\tau = \tau_0 + \mu \frac{\mathrm{d}u}{\mathrm{d}y} \tag{1-1-5}$$

第二种是假塑性流体，如泥浆等。其切应力与速度梯度的关系是

$$\tau = \mu \left(\frac{\mathrm{d}u}{\mathrm{d}y} \right)^n \quad (n<1) \tag{1-1-6}$$

第三种是胀塑性流体，如乳化液等。其切应力与速度梯度的关系是

$$\tau = \mu \left(\frac{\mathrm{d}u}{\mathrm{d}y} \right)^n \quad (n>1) \tag{1-1-7}$$

注意：① 流体的黏度与压强的关系不大，而与温度的关系密切。
② 液体的黏度随温度的升高而降低；气体的黏度随温度的增高而增大。

三、流体的压缩性——可压缩与不可压缩流体

流体的压缩性是指在外界条件变化时，其密度和体积发生了变化。这里的条件有两种，一个是外部压强发生了变化；另一个就是流体的温度发生了变化。描述流体的压缩性常用以下两个量：

（1）流体的等温压缩率 β

当质量为 m、体积为 V 的流体外部压强发生 Δp 的变化时，相应其体积也发生了 ΔV 的变化，则定义流体的等温压缩率为

$$\beta = -\frac{\Delta V / V}{\Delta p} \tag{1-1-8}$$

这里的负号是考虑到 ΔV 与 Δp 总是符号相反的缘故；β 的单位为 1/Pa。流体等温压缩率的物理意义：当温度不变时，每增加单位压强所产生的流体体积相对变化率。

考虑到压缩前后流体的质量不变，上式还有另外一种表示形式，即

$$\beta = \frac{\mathrm{d}\rho}{\rho \mathrm{d}p} \tag{1-1-9}$$

将理想气体状态方程代入上式，得到理想气体的等温压缩率为

$$\beta = 1/p \tag{1-1-10}$$

（2）流体的体积膨胀系数 α

当质量为 m、体积为 V 的流体温度发生 ΔT 的变化，相应其体积也发生了 ΔV 的变化，则定义流体的体积膨胀系数为

$$\alpha = \frac{\Delta V / V}{\Delta T} \tag{1-1-11}$$

考虑到膨胀前后流体的质量不变，上式还有另外一种表示形式，即

$$\alpha = -\frac{\mathrm{d}\rho}{\rho \mathrm{d}T} \tag{1-1-12}$$

这里的负号是考虑到随着温度的增高，体积必然增大，则密度必然减小；α 的单位为 1/K。体积膨胀系数的物理意义：当压强不变时，每增加单位温度所产生的流体体积相对变化率。

对于理想气体，将气体状态方程代入上式，得到

$$\alpha = 1/T \tag{1-1-13}$$

例如，20 ℃时水在一个大气压下的等温压缩率为 0.505×10^{-4} Pa；体积膨胀系数为 1.61×10^{-4} K。

在研究流体流动过程时，若考虑到流体的压缩性，则称为可压缩流动，相应地称流体为可压缩流体；例如马赫数较高的气体流动。若不考虑流体的压缩性，则称为不可压缩流动，相应地称流体为不可压缩流体，例如水、油等液体的流动。

四、液体的表面张力

液体表面相邻两部分之间的拉应力是分子作用力的一种表现。液面上的分子受液体内部分子吸引而使液面趋于收缩，表现为液面任何两部分之间具有拉应力，称为表面张力，其方向和液面相切，并与两部分的分界线相垂直。单位长度上的表面张力用 σ 表示，单位是 N/m。

细玻璃管插入水中时，由于表面张力向上，能自动将管中的液柱提升一个高度 h，则有

$$h = \frac{4\sigma\cos\theta}{\rho g d} \tag{1-1-14}$$

例如，对于 20 ℃的水，水与玻璃的接触角 $\theta = 0°$；表面张力 $\sigma = 0.073$ N/m；水的密度为 $\rho = 1\,000$ kg/m³。玻璃管的直径为 5 mm，则水在玻璃管中的上升高度为 6 mm。

第二节　流体力学中的力与压强

一、质量力与表面力

作用在流体微团上的力可分为质量力与表面力。

1. 质量力

与流体微团质量大小有关并且集中作用在微团质量中心上的力称为质量力。比如在重力场中的重力 mg，直线运动的惯性力 ma 等等。质量力是一个矢量，一般用单位质量所具有的质量力来表示，其形式如下

$$\vec{f} = f_x\vec{i} + f_y\vec{j} + f_z\vec{k} \tag{1-2-1}$$

式中，f_x、f_y、f_z 为单位质量力在 x、y、z 轴上的投影，或简称为单位质量分力。

2. 表面力

大小与表面面积有关而且分布作用在流体表面上的力称为表面力。表面力按其作用方向可以分为两种：一是沿表面内法线方向的压力，称为正压力；另一种是沿表面切向的摩擦力，称为切向力。

作用在静止流体上的表面力只有沿表面内法线方向的正压力，单位面积上所受到的表面力称为这一点处的静压强。静压强有两个特征：

① 静压强的方向垂直指向作用面。

② 流场内一点处静压强的大小与方向无关。

对于理想流体流动，流体质点只受到正压力，没有切向力。

对于黏性流体流动，流体质点所受到的作用力既有正压力，也有切向力。单位面积上所受到的切向力称为切应力。对于一元流动，切应力由牛顿内摩擦定律给出；对于多元流动，切应力可由广义牛顿内摩擦定律求得。

二、绝对压强、相对压强与真空度

一个标准大气压的压强是 760 mmHg，相当于 101 325 Pa，通常用 p_{atm} 表示。若压强大于标准大气压，则以标准大气压为计算基准得到的压强称为相对压强，也称为表压强，通常用 p_r 表示。若压强小于标准大气压，则压强低于大气压的值就称为真空度，通常用 p_v 表示。如以压强 0 Pa 为计算的基准，则这个压强就称为绝对压强，通常用 p_s 表示。这三者的关系如下：

$$p_r = p_s - p_{atm}$$
$$p_v = p_{atm} - p_s \tag{1-2-2}$$

在流体力学中，压强用符号 p 表示，但一般来说有一个约定，对于液体来说，压强用相对压强。对于气体来说，特别马赫数大于 0.3 的流动，应视为可压缩流动，压强用绝对压强。当然，特殊情况应有所说明。

压强 p 的定义是单位面积所承受力的大小，单位是 N/m^2。压强常用的单位是帕斯卡（Pa）。另外压强也常用液柱高（h）、标准大气压（p_{atm}）和 bar 等单位进行度量，这些单位之间的关系如下：

$$1\,Pa = 1\,N/m^2 \quad 1\,bar = 10^5\,Pa \tag{1-2-3}$$
$$p = \rho g h$$
$$1\,p_{atm} = 760\,mmHg = 10.33\,mH_2O = 101\,325\,Pa$$

三、液体的汽化压强

液体向气体发生转化称为液体的汽化。这种转化有两种途径。

压强不变，增加温度，当温度超过某一临界值 T_v（沸点）时，就发生了汽化，这种现象叫做沸腾。其物理原因是温度升高后分子动能加大，克服液体表面张力的束缚，从而由液体变成气体逸出液体表面。

保持温度不变，当压强降低到某一临界值 p_v（汽化压强）后，液体也发生了汽化，这种现象称为汽化。其物理原因是压强降低后减弱了分子之间的引力，减弱了表面张力，使液体分子可以挣脱表面张力的束缚，由液体变成气体逸出液体表面。

水的汽化压强与沸点温度的关系见表 1-2-1。

表 1-2-1 水的汽化压强（绝对）与沸点温度对应表

温度 $T/℃$	100	80	60	40	20	10	0	沸点温度 $t_v/℃$
汽化压强 p_v/Pa	101 300	47 400	20 000	7 400	2 340	1 230	615	压强 p/Pa

四、静压、动压和总压

对于静止状态下的流体而言，只有静压强。对于流动状态的流体，有静压强、动压强、测压管压强和总压强之分，其名称的来源应当从伯努利（Bernoulli）方程谈起。

对于理想流体，在一条流线上流体质点的机械能是守恒的，这就是伯努利方程的物理意义，对于理想流体的不可压缩流动其表达式如下：

$$\frac{p}{\rho g} + \frac{v^2}{2g} + z = H \qquad (1\text{-}2\text{-}4)$$

式中，等号左边第一项 $\frac{p}{\rho g}$ 称为压强水头，也是压能项，p 为静压强；第二项 $\frac{v^2}{2g}$ 称为速度水头，也是动能项；第三项 z 称为位置水头，也是重力势能项。这三项之和就是流体质点的总的机械能；等式右边的 H 称为总的水头高。

若把上式等式两边同时乘以 ρg，则有

$$p + \frac{1}{2}\rho v^2 + \rho g z = \rho g H \qquad (1\text{-}2\text{-}5)$$

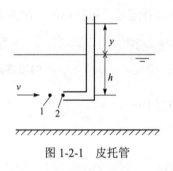

图 1-2-1　皮托管

式中，p 称为静压强，简称静压；$\frac{1}{2}\rho v^2$ 称为动压强，简称动压；$\rho g H$ 称为总压强，简称总压。对于不考虑重力的流动，总压就是静压和动压之和。

例如，图 1-2-1 所示为一个皮托（Pitot）管插入水渠中，设 1 点的水流速度为 v，压强为 $p = \rho g h$；2 点处是滞止点，其压强为 $p_0 = \rho g(h + y)$；对于 1、2 两点列出伯努利方程，有

$$\frac{p}{\rho g} + \frac{v^2}{2g} = \frac{p_0}{\rho g}$$

或

$$p + \frac{\rho v^2}{2} = p_0$$

则 p 称为 1 点的静压强；$\frac{\rho v^2}{2}$ 称为 1 点的动压强；p_0 称为 1 点的总压强。

关于可压缩流动见亚音速与超音速流动部分。

第三节　能量损失与总流的能量方程

一、沿程损失与局部损失

1. 沿程损失

流体流经一段长为 L，直径为 d 的等截面圆管，由于流体具有黏性以及壁面粗糙的影响，其能量必然有所损失。其水头损失 h 可由达西公式给出

$$h_f = \lambda \frac{L}{d} \frac{v^2}{2g} \qquad (1\text{-}3\text{-}1)$$

式中，λ 称为沿程损失系数。对于层流流动 $\lambda = \dfrac{64}{Re}$；对于光滑管湍流，有布拉修斯（Blasius）公式：

$$\lambda = \frac{0.316\,4}{Re^{0.25}} \qquad (1\text{-}3\text{-}2)$$

对于其他情况，λ 的值可由莫迪（Moody）图查得。

2. 局部损失

流体流过弯头、三通等装置时，流体运动受到扰动，必然产生压强损失，这种在局部范围内产生的损失统称为局部损失。局部水头损失的表达式为

$$h_f = \zeta \frac{v^2}{2g} \qquad (1\text{-}3\text{-}3)$$

式中，ζ 称为局部损失系数。

对于突然扩大管，有包达定理：

$$h_f = \frac{(v_1 - v_2)^2}{2g} \qquad (1\text{-}3\text{-}4)$$

式中，v_1 和 v_2 分别为突扩截面前后的平均速度。

对于其他的类似于三通、渐扩管道等局部损失系数，一般由试验得到，可查看流体力学教材或手册。

二、总流的伯努利方程

考虑到流体在流动过程中的能量损失，沿流动方向从 1 截面到 2 截面的伯努利方程应该是

$$\frac{p_1}{\rho g} + z_1 + \frac{\alpha_1 v_1^2}{2g} = \frac{p_2}{\rho g} + z_2 + \frac{\alpha_2 v_2^2}{2g} + \sum h_f \qquad (1\text{-}3\text{-}5)$$

式中，α_1 和 α_2 分别是 1 截面和 2 截面上的动能修正系数。对于湍流，一般取 1；对于层流，一般取 2。上式又叫做总流的伯努利方程，其使用条件是在定常流动下，两个截面均应取在缓变流截面。这里所谓缓变流截面是指流体质点速度的方向不发生剧烈变化的截面。比如闸门、突扩截面就不是缓变流截面。这里要特别注意，弯头部分也不是缓变流截面，因为在这一区域，流体质点的速度方向一直在变化着。

三、入口段与充分发展段

真实流体自无穷远流入一个直径为 d 的圆形管道，自入口开始的一段长度范围内，每一个截面上的速度分布都是不一样的。在入口截面处，速度均相等，设为 v_0；进入管内以后，由于在壁面处速度为 0，速度开始变化；随着流入管内长度的增加，壁面的影响逐渐扩大；当流入管内长度达到一定的值 L_0 后，壁面对流动的影响已经达到稳定状态。我们把自入口开始长度为 L_0 的这一段称为入口段，而把以后的段称为充分发展段。

对于层流流动，由试验得到入口段的长度为

$$L_0 = 0.028\,75\,dRe \tag{1-3-6}$$

如果管路长度 $L \gg L_0$，则入口段的影响可以忽略。否则，若 $L \gg L_0$，计算沿程损失的公式为

$$h_f = \frac{A}{Re}\frac{L}{d}\frac{v^2}{2g} \tag{1-3-7}$$

式中，A 的试验值可由表 1-3-1 查得。

表 1-3-1　A 的试验值

$L/(dRe)$	0.002 5	0.005	0.01	0.012 5	0.015	0.02	0.025	0.028 75
A	122.0	105.0	88.00	82.40	79.16	74.38	71.5	69.56

第四节　流体运动的描述

一、定常流动与非定常流动

根据流体流动过程以及流动过程中的物理参数是否与时间相关，可将流动分为定常流动与非定常流动两种。

流体流动过程中各物理量均与时间无关，这种流动称为定常流动。

流体流动过程中某个或某些物理量与时间有关，则这种流动称为非定常流动。

二、迹线与流线

迹线和流线常用来从几何上描述流体的流动特性。

1. 迹线

随着时间的变化，空间某一点处的流体质点在流动过程中所留下的痕迹称为迹线。在 $t = 0$ 时刻，位于空间坐标（a, b, c）处的流体质点，其迹线方程为

$$\begin{cases} dx(a,b,c,t) = udt \\ dy(a,b,c,t) = vdt \\ dz(a,b,c,t) = wdt \end{cases} \tag{1-4-1}$$

式中，u, v, w 分别为流体质点速度的三个分量；x, y, z 为在 t 时刻此流体质点的空间位置。

2. 流线

在同一个时刻，由不同的无数多个流体质点组成的一条曲线，曲线上每一点处的切线与该点处流体质点的运动方向平行。流场在某一时刻 t 的流线方程为

$$\frac{dx}{u(x,y,z,t)} = \frac{dy}{v(x,y,z,t)} = \frac{dz}{w(x,y,z,t)} \tag{1-4-2}$$

在流场中一条封闭曲线上，所有流线组成的管道称为流管。

注意：① 对于定常流动，流线的形状不随时间变化，而且流体质点的迹线与流线重合。

② 实际流场中除驻点或奇点外，流线不能相交，不能突然转折。

三、流量与净通量

1. 流量

单位时间内流过某一控制面的流体体积称为该控制面的流量 Q，其单位为 $\mathrm{m^3/s}$。若单位时间内流过的流体是以质量计算，则称为质量流量 Q_m，不加说明时，"流量"一词概指体积流量。在曲面控制面上有

$$Q = \iint\limits_A \vec{v} \cdot \vec{n} \mathrm{d}A \qquad (1\text{-}4\text{-}3)$$

2. 净通量

在流场中取整个封闭曲面作为控制面 A，封闭曲面内的空间称为控制体。流体经一部分控制面流入控制体，同时也有流体经另一部分控制面从控制体中流出。此时流出的流体减去流入的流体，所得出的流量称为流过全部封闭控制面 A 的净流量（或净通量），计算式为

$$q = \oiint\limits_A \vec{v} \cdot \vec{n} \mathrm{d}A \qquad (1\text{-}4\text{-}4)$$

对于不可压流体来说，流过任意封闭控制面的净通量等于 0。

四、有旋流动与有势流动

由柯西–亥姆霍茨速度分解定理，流体质点的运动可以分解为：① 随同其他质点的平动；② 自身的旋转运动；③ 自身的变形运动（拉伸变形和剪切变形）。

在流动过程中，若流体质点自身做无旋转运动，则称流动是无旋的，也就是有势的，否则就称流动是有旋流动。流体质点的旋度是一个矢量，通常用 $\vec{\omega}$ 表示，其大小为

$$\vec{\omega} = \frac{1}{2} \begin{vmatrix} \vec{i} & \vec{j} & \vec{k} \\ \dfrac{\partial}{\partial x} & \dfrac{\partial}{\partial y} & \dfrac{\partial}{\partial z} \\ u & v & w \end{vmatrix} \qquad (1\text{-}4\text{-}5)$$

若 $\vec{\omega} = 0$，则称流动为无旋流动，即有势流动，否则就是有旋流动。

无旋流动存在一个势函数 $\varphi(x, y, z, t)$，满足

$$\vec{V} = \mathrm{grad}\,\varphi \qquad (1\text{-}4\text{-}6)$$

即有

$$u = \frac{\partial \varphi}{\partial x}, \quad v = \frac{\partial \varphi}{\partial y}, \quad w = \frac{\partial \varphi}{\partial z} \qquad (1\text{-}4\text{-}7)$$

注意：① 流动的无旋与有势是互为充要条件的。
② $\vec{\omega}$ 与流体的流线或迹线形状无关。
③ 黏性流动一般为有旋流动。
④ 对于无旋流动，伯努利方程适用于流场中任意两点之间。

五、层流与湍流

流体的流动分为层流流动和湍流流动。从试验的角度来看，层流流动就是流体层与层之

间相互没有任何干扰，层与层之间既没有质量的传递也没有动量的传递；而湍流流动中层与层之间相互有干扰，而且干扰的力度还会随着流动的加速而加大，层与层之间既有质量的传递又有动量的传递。

判断流动是层流还是湍流，是看其雷诺数是否超过临界雷诺数。雷诺数的定义如下：

$$Re = \frac{vL}{\nu} \tag{1-4-8}$$

式中，v 为截面的平均速度，L 为特征长度，ν 为流体的运动黏度。

对于圆形管内流动，特征长度 L 取圆管的直径 d。一般认为临界雷诺数为 2 000，即

$$Re = \frac{vd}{\nu} \tag{1-4-9}$$

当 $Re < 2\ 000$ 时，管中是层流，否则为湍流。

对于异形管道内的流动，特征长度 L 取水力直径 d_H，则雷诺数的计算式为

$$Re = \frac{vd_H}{\nu} \tag{1-4-10}$$

异形管道水力直径的定义如下：

$$d_H = 4\frac{A}{S} \tag{1-4-11}$$

式中，A 为过流断面的面积；S 为过流断面上流体与固体接触的周长，称为湿周。例如对于长为 a，宽为 b 的矩形截面管道，$d_H = 4ab/[2(a+b)]$。

异形管道的临界雷诺数则根据形状的不同而有所差别。根据实验结果，几种异形管道的临界雷诺数见表 1-4-1。

表 1-4-1　几种异形管道的临界雷诺数

管道断面形状	正方形	正三角形	偏心缝隙
$Re = \frac{v}{\nu}d_H$	$\frac{v}{\nu}a$	$\frac{v}{\nu}\frac{a}{\sqrt{3}}$	$\frac{v}{\nu}(D-d)$
Re_c	2 070	1 930	1 000

对于平板的外部绕流，特征长度 L 取沿流动方向的平板长度，其临界雷诺数为 $5 \times 10^5 \sim 3 \times 10^6$。

第五节　亚音速与超音速流动

一、音速与流速

当把流体视为可压缩流体时，扰动波在流体中的传播速度是一个特征值，称为音速。音速方程式的微分形式为

$$c = \sqrt{\frac{\mathrm{d}p}{\mathrm{d}\rho}}$$ (1-5-1)

音速在气体中的传播过程是一个等熵过程。将等熵方程式 $p = C\rho^k$ 带入上式，并由理想气体状态方程 $p = \rho RT$，得到音速方程为

$$c = \sqrt{kRT}$$ (1-5-2)

对于空气来说，$k = 1.4$，$R = 287 \, \mathrm{J/(kg \cdot K)}$，得到空气中的音速为

$$c = 20.1\sqrt{T}$$ (1-5-3)

流速是流体流动的速度，而音速是扰动波的传播速度，两者之间的关系为

$$v = Ma \cdot c$$ (1-5-4)

式中，Ma 称为马赫数。

二、马赫数与马赫锥

1. 马赫数

流体流动速度 v 与当地音速 c 之比称为马赫数，用 Ma 表示。

$$Ma = \frac{v}{c}$$ (1-5-5)

$Ma < 1$ 的流动称为亚音速流动；$Ma > 1$ 的流动称为超音速流动；$Ma > 3$ 称为高超音速流动。

2. 马赫锥

对于超音速流动，扰动波传播范围只能充满在一个锥形的空间内，这就是马赫锥，其半锥角 θ 称为马赫角，计算式如下：

$$\sin\theta = \frac{1}{Ma}$$ (1-5-6)

马赫锥的母线也称为马赫波。

三、临界参数与速度系数

1. 临界参数

流场中速度达到当地音速的点上的各物理量称为临界参数，用上标"*"表示，如 T^*、

p^*、ρ^* 等。

2. 速度系数

速度系数的定义为

$$\Lambda = \frac{v}{c^*} \tag{1-5-7}$$

式中，c^* 为临界音速。马赫数与速度系数的关系式为

$$Ma = \Lambda \left(\frac{k+1}{2} - \frac{k-1}{2} \Lambda^2 \right)^{-1/2} \tag{1-5-8}$$

四、可压缩流动的伯努利方程

对于可压缩流体，其伯努利方程为

$$\frac{k}{k-1} \frac{p}{\rho} + \frac{v^2}{2} = C \tag{1-5-9}$$

式中，k 为气体的绝热指数，对于空气来说，$k = 1.4$。由于 $\frac{v^2}{2}$、$\frac{p}{\rho}$ 分别代表单位气体所具有的动能和压能，因此方程式的物理意义是沿流线单位质量流体的总能量守恒，故方程也称为能量守恒方程式。

式（1-5-9）的使用条件是流动过程为绝热过程。

五、等熵滞止关系式

（1）滞止参数

流场中速度为 0 的点上的各物理量称为滞止参数，用下标 "0" 表示，如滞止温度 T_0、滞止压强 p_0、滞止密度 ρ_0 等。

（2）等熵流动基本关系式

流动参数和滞止参数及马赫数之间的基本关系如下：

$$\frac{T_0}{T} = \left(1 + \frac{k-1}{2} Ma^2 \right) \tag{1-5-10}$$

$$\frac{\rho_0}{\rho} = \left(1 + \frac{k-1}{2} Ma^2 \right)^{\frac{1}{k-1}} \tag{1-5-11}$$

$$\frac{p_0}{p} = \left(1 + \frac{k-1}{2} Ma^2 \right)^{\frac{k}{k-1}} \tag{1-5-12}$$

式（1-5-10）的使用条件是绝热流动；式（1-5-11）和式（1-5-12）的使用条件是等熵流动。

第六节　正激波与斜激波

气流主要参数发生显著、突跃变化的地方，称为激波。激波常在超音速气流的特定条件

下产生；激波的厚度非常小，约为 10^{-4} mm，因此一般不对激波内部的情况进行研究，所关心的是气流经过激波前后参数的变化。气流经过激波时受到激烈的压缩，其压缩过程是很迅速的，可以看做是绝热的压缩过程。

一、正激波

激波面与气流方向垂直，气流经过激波后方向不变，这称为正激波。

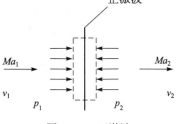

图 1-6-1　正激波

如图 1-6-1 所示，假设激波固定不动，激波前的气流速度、压强、温度和密度各为 v_1、p_1、T_1 和 ρ_1；经过激波后突跃地增加到 v_2、p_2、T_2 和 ρ_2。设激波前气流马赫数为 Ma_1，则激波前后气流应满足：

连续性方程
$$\rho_1 v_1 = \rho_2 v_2 \tag{1-6-1}$$

动量方程
$$p_2 - p_1 = \rho_1 v_1^2 - \rho_2 v_2^2 \tag{1-6-2}$$

能量方程（绝热过程）

$$\frac{v_1^2}{2} + \frac{k}{k-1}\frac{p_1}{\rho_1} = \frac{v_2^2}{2} + \frac{k}{k-1}\frac{p_2}{\rho_2} \tag{1-6-3}$$

状态方程
$$\frac{p_1}{\rho_1 T_1} = \frac{p_2}{\rho_2 T_2} \tag{1-6-4}$$

由 $M_1 = \dfrac{v_1}{c_1}$，$c_1^2 = k\dfrac{p_1}{\rho_1}$ 可将上式改写成

$$\frac{v_2}{v_1} = 1 - \frac{1}{kMa_1^2}\left(\frac{p_2}{p_1} - 1\right) \tag{1-6-5}$$

在以上几个基本关系式的基础上，可导出以下的重要关系式

$$\frac{p_2}{p_1} = \frac{2k}{k+1}Ma_1^2 - \frac{k-1}{k+1} \tag{1-6-6}$$

$$\frac{v_2}{v_1} = \frac{k-1}{k+1} + \frac{2}{(k+1)Ma_1^2} \tag{1-6-7}$$

$$\frac{\rho_2}{\rho_1} = \frac{\dfrac{k+1}{k-1}Ma_1^2}{\dfrac{2}{k-1} + Ma_1^2} \tag{1-6-8}$$

$$\frac{T_2}{T_1} = \left(\frac{2kMa_1^2 - k + 1}{k+1}\right)\left(\frac{2 + (k-1)Ma_1^2}{(k+1)Ma_1^2}\right) \tag{1-6-9}$$

$$\frac{Ma_2^2}{Ma_1^2} = \frac{Ma_1^{-2} + \dfrac{k-1}{2}}{kMa_1^2 - \dfrac{k-1}{2}} \tag{1-6-10}$$

二、斜激波

气流经过激波后方向要发生改变，这种激波称为斜激波。图 1-6-2 表示一超音速气流经过凹钝角时气流转向而产生斜激波。图中 v_{1t}、v_{2t} 和 v_{1n}、v_{2n} 各表示斜激波前后速度 v_1 和 v_2 的切向分速度和法向分速度；α 为气流折转角，β 为激波角。

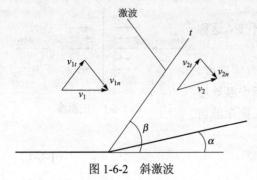

图 1-6-2 斜激波

由于沿激波面没有切向压强的变化，所以气流经过斜激波后沿激波面的分速度没有变化，即有

$$v_{1t} = v_{2t} = v_t \qquad (1\text{-}6\text{-}11)$$

发生变化的只有法向分速度，所以斜激波相当于法向分速度的正激波。

由于斜激波是相当于法向分速度的正激波，所以只要把正激波关系式中各脚标"1"、"2"换成"$1n$"、"$2n$"，则正激波有关方程式可以应用于斜激波。

对于斜激波前后气流参数之间的关系有如下的关系式：

$$\frac{p_2}{p_1} = \frac{2k}{k+1} Ma_1^2 \sin^2 \beta - \frac{k-1}{k+1} \qquad (1\text{-}6\text{-}12)$$

$$\frac{\rho_2}{\rho_1} = \frac{\dfrac{k+1}{k-1} Ma_1^2 \sin^2 \beta}{\dfrac{2}{k-1} + Ma_1^2 \sin^2 \beta} \qquad (1\text{-}6\text{-}13)$$

$$\frac{T_2}{T_1} = \left[\frac{2kMa_1^2 \sin^2 \beta - (k-1)}{k+1} \right]\left[\frac{2 + (k-1)Ma_1^2 \sin^2 \beta}{(k+1)Ma_1^2 \sin^2 \beta} \right] \qquad (1\text{-}6\text{-}14)$$

激波角 β 与气流折转角 α 之间满足：

$$\tan \alpha = 2 \cot \beta \frac{Ma_1^2 \sin^2 \beta - 1}{Ma_1^2 (k + \cos 2\beta) + 2} \qquad (1\text{-}6\text{-}15)$$

注意：① 对于正激波来说，有普朗特基本关系式 $\wedge_1 \cdot \wedge_2 = 1$，即激波前为超音速流动，而激波后一定为亚音速流动。

② 此结论对斜激波不一定成立。

第七节 流体多维流动基本控制方程

流体流动所应满足的最基本的规律是质量守恒定律、动量守恒定律和能量守恒定律。这些定律在流体力学中的体现就是相应的连续性方程和 N–S 方程。

一、物质导数

在欧拉观点下，流场中的物理量都是空间坐标和时间的函数，即

$$T = T(x, y, z, t)$$
$$p = p(x, y, z, t)$$
$$\vec{v} = \vec{v}(x, y, z, t) \quad (1\text{-}7\text{-}1)$$

研究各物理量对时间的变化率，例如速度分量 u 对时间的变化率（全微分），则有

$$\frac{\mathrm{d}u}{\mathrm{d}t} = \frac{\partial u}{\partial t} + \frac{\partial u}{\partial x}\frac{\mathrm{d}x}{\mathrm{d}t} + \frac{\partial u}{\partial y}\frac{\mathrm{d}y}{\mathrm{d}t} + \frac{\partial u}{\partial z}\frac{\mathrm{d}z}{\mathrm{d}t} = \frac{\partial u}{\partial t} + u\frac{\partial u}{\partial x} + v\frac{\partial u}{\partial y} + w\frac{\partial u}{\partial z} \quad (1\text{-}7\text{-}2)$$

式中，u, v, w 为速度矢量 $\vec{v}$ 沿 x, y, z 轴的三个速度分量。将上式中的 u 用 N 替换，代表任意物理量，则得到任意物理量 N 对时间 t 的变化率。

$$\frac{\mathrm{d}N}{\mathrm{d}t} = \frac{\partial N}{\partial t} + u\frac{\partial N}{\partial x} + v\frac{\partial N}{\partial y} + w\frac{\partial N}{\partial z} \quad (1\text{-}7\text{-}3)$$

这就是 N 的物质导数，也称为质点导数。上式中等号右边第一项 $\frac{\partial N}{\partial t}$ 称为当地变化率；后三项 $u\frac{\partial N}{\partial x} + v\frac{\partial N}{\partial y} + w\frac{\partial N}{\partial z}$ 称为迁移变化率。

二、连续性方程

在流场中任取一封闭的空间，此空间称为控制体，其表面称为控制面。流体通过控制面 A_1 流入控制体，同时也会通过另一部分控制面 A_2 流出控制体，在这期间控制体内部的流体质量也会发生变化。按照质量守恒定律，流入的质量与流出的质量之差，应该等于控制体内部流体质量的增量，由此可导出流体流动连续性方程的积分形式为

$$\frac{\partial}{\partial t}\iiint_{Vol}\rho\,\mathrm{d}x\mathrm{d}y\mathrm{d}z + \oiint_{A}\rho\vec{v}\cdot\vec{n}\mathrm{d}A = 0 \quad (1\text{-}7\text{-}4)$$

式中，Vol 表示控制体，A 表示控制面。等式左边第一项表示控制体 Vol 内部质量的增量；第二部分表示通过控制表面流入控制体的净通量。

根据数学中的高斯公式，在直角坐标系下可将其化为微分形式如下：

$$\frac{\partial \rho}{\partial t} + u\frac{\partial(\rho u)}{\partial x} + v\frac{\partial(\rho v)}{\partial y} + w\frac{\partial(\rho w)}{\partial z} = 0 \quad (1\text{-}7\text{-}5)$$

对于不可压缩均质流体，密度为常数，则有

$$\frac{\partial u}{\partial x} + \frac{\partial v}{\partial y} + \frac{\partial w}{\partial z} = 0 \quad (1\text{-}7\text{-}6)$$

对于圆柱坐标系，其形式为

$$\frac{\partial \rho}{\partial t} + \frac{\rho v_r}{r} + \frac{\partial(\rho v_r)}{\partial r} + \frac{\partial(\rho v_\theta)}{r\partial \theta} + \frac{\partial(\rho v_z)}{\partial z} = 0 \quad (1\text{-}7\text{-}7)$$

对于不可压缩均质流体，密度为常数，则有

$$\frac{v_r}{r} + \frac{\partial v_r}{\partial r} + \frac{\partial v_\theta}{r\partial \theta} + \frac{\partial v_z}{\partial z} = 0 \quad (1\text{-}7\text{-}8)$$

三、N−S方程

黏性流体的运动方程首先由 Navier 在 1827 年提出，只考虑了不可压缩流体的流动。Poisson 在 1831 年提出可压缩流体的运动方程。Saint-Venant 在 1843 年，Stokes 在 1845 年独立地提出黏性系数为一常数的形式，现在都称为 Navier-Stokes 方程，简称 N−S 方程。

（1）适用于可压缩黏性流体的运动方程

$$\rho\frac{\mathrm{d}u}{\mathrm{d}t} = \rho f_x - \frac{\partial p}{\partial x} + \frac{\partial}{\partial x}\left\{\mu\left[2\frac{\partial u}{\partial x} - \frac{2}{3}\left(\frac{\partial u}{\partial x} + \frac{\partial v}{\partial y} + \frac{\partial w}{\partial z}\right)\right]\right\} +$$

$$\frac{\partial}{\partial y}\left[\mu\left(\frac{\partial u}{\partial y} + \frac{\partial v}{\partial x}\right)\right] + \frac{\partial}{\partial z}\left[\mu\left(\frac{\partial w}{\partial x} + \frac{\partial u}{\partial z}\right)\right]$$

$$\rho\frac{\mathrm{d}v}{\mathrm{d}t} = \rho f_y - \frac{\partial p}{\partial y} + \frac{\partial}{\partial y}\left\{\mu\left[2\frac{\partial v}{\partial y} - \frac{2}{3}\left(\frac{\partial u}{\partial x} + \frac{\partial v}{\partial y} + \frac{\partial w}{\partial z}\right)\right]\right\} +$$

$$\frac{\partial}{\partial z}\left[\mu\left(\frac{\partial v}{\partial z} + \frac{\partial w}{\partial y}\right)\right] + \frac{\partial}{\partial x}\left[\mu\left(\frac{\partial u}{\partial y} + \frac{\partial v}{\partial x}\right)\right] \qquad (1\text{-}7\text{-}9)$$

$$\rho\frac{\mathrm{d}w}{\mathrm{d}t} = \rho f_z - \frac{\partial p}{\partial z} + \frac{\partial}{\partial z}\left\{\mu\left[2\frac{\partial w}{\partial z} - \frac{2}{3}\left(\frac{\partial u}{\partial x} + \frac{\partial v}{\partial y} + \frac{\partial w}{\partial z}\right)\right]\right\} +$$

$$\frac{\partial}{\partial x}\left[\mu\left(\frac{\partial w}{\partial x} + \frac{\partial u}{\partial z}\right)\right] + \frac{\partial}{\partial y}\left[\mu\left(\frac{\partial v}{\partial z} + \frac{\partial w}{\partial y}\right)\right]$$

（2）黏性系数为常数，不随坐标位置而变化条件下的矢量形式

$$\rho\frac{\mathrm{d}\vec{v}}{\mathrm{d}t} = \rho\vec{F} - \mathrm{grad}\,p + \frac{\mu}{3}\,\mathrm{grad}(\mathrm{div}\,\vec{v}) + \mu\nabla^2\vec{v} \qquad (1\text{-}7\text{-}10)$$

（3）流体的密度和黏性系数都是常数条件下的矢量形式

$$\rho\frac{\mathrm{d}\vec{v}}{\mathrm{d}t} = \rho\vec{F} - \mathrm{grad}\,p + \mu\nabla^2\vec{v} \qquad (1\text{-}7\text{-}11)$$

（4）理想流体的运动方程——Euler 方程

若不考虑流体的黏性，则由上式可得理想流体的运动方程——Euler 方程如下：

$$\frac{\mathrm{d}u}{\mathrm{d}t} = \frac{\partial u}{\partial t} + u\frac{\partial u}{\partial x} + v\frac{\partial u}{\partial y} + w\frac{\partial u}{\partial z} = f_x - \frac{\partial p}{\rho\partial x}$$

$$\frac{\mathrm{d}v}{\mathrm{d}t} = \frac{\partial v}{\partial t} + u\frac{\partial v}{\partial x} + v\frac{\partial v}{\partial y} + w\frac{\partial v}{\partial z} = f_y - \frac{\partial p}{\rho\partial y} \qquad (1\text{-}7\text{-}12)$$

$$\frac{\mathrm{d}w}{\mathrm{d}t} = \frac{\partial w}{\partial t} + u\frac{\partial w}{\partial x} + v\frac{\partial w}{\partial y} + w\frac{\partial w}{\partial z} = f_z - \frac{\partial p}{\rho\partial z}$$

N−S 方程比较准确地描述了实际的流动，黏性流体的流动分析均可归结为对此方程的研究。由于其形式甚为复杂，实际上只有极少量情况可以求出精确解，故产生了通过数值求解的研究，这也是计算流体力学进行计算的最基本的方程。可以这么说，所有的流体流动问题，都是围绕着对 N−S 方程的求解进行的。

第八节　边界层与物体阻力

黏性流体平滑地绕流某静止物体，在紧靠物体表面的薄层内，流速将由物体表面上的零值迅速地增加到与来流 v_∞ 同数量级的大小。这种在大雷诺数下紧靠物体表面流速从零急剧增加到与来流相同数量级的薄层称为边界层。

一、边界层及基本特征

边界层的基本特征如下：

① 与物体的长度相比，边界层的厚度很小。

流体绕流平板情形如图 1-8-1 所示，设 $\delta(x)$ 为边界层厚度，l 为平板的板长，对于层流边界层有

$$\frac{\delta}{l} \sim \frac{1}{\sqrt{Re_l}} \qquad (1\text{-}8\text{-}1)$$

② 边界层内沿边界层厚度的速度变化非常急剧，速度梯度很大。

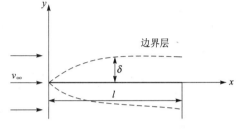

图 1-8-1　平板上的层流附面层

③ 边界层沿着流体流动的方向逐渐增厚。

④ 由于边界层很薄，可以近似地认为，边界层中各截面上的压强等于同一截面上边界层外边界上的压强。

⑤ 在边界层内黏性力和惯性力是同一数量级。

⑥ 边界层内流体的流动有层流和湍流两种流动状态。全部边界层内都是层流的，称为层流边界层。仅在边界层起始部分是层流，而在其他部分是湍流的，称为混合边界层。

判别层流和湍流的准则数是雷诺数。

$$Re_x = \frac{vx}{v} \qquad (1\text{-}8\text{-}2)$$

式中，x 为距物体前缘点的距离；v 为边界层外边界上的速度；v 为流体的运动黏度。对于平板来说，层流转变为湍流的临界雷诺数为 $5\times10^5 \sim 3\times10^6$。

二、层流边界层微分方程

根据边界层的特征，对不可压缩的连续性方程和 N–S 方程进行简化，得到适合于边界层内流动的基本微分方程如下：

$$\begin{cases} u\dfrac{\partial u}{\partial x} + v\dfrac{\partial u}{\partial y} = -\dfrac{1}{\rho}\dfrac{\partial p}{\partial x} + v\dfrac{\partial^2 u}{\partial y^2} \\[2mm] \dfrac{\partial p}{\partial y} = 0 \\[2mm] \dfrac{\partial u}{\partial x} + \dfrac{\partial v}{\partial y} = 0 \end{cases} \qquad (1\text{-}8\text{-}3)$$

其边界条件为　在 $y=0$ 处　　$u=v=0$

在 $y = \delta$ 处　$u = V(x)$

方程式（1-8-3）也称为普朗特边界层微分方程。

三、边界层动量积分关系式

对于边界层内的流动，由动量定理可得到定常流动条件下的边界层动量积分关系式如下：

$$\frac{\partial}{\partial x}\int_0^\delta \rho u^2 \mathrm{d}y - V\frac{\partial}{\partial x}\int_0^\delta \rho u \mathrm{d}y = -\delta\frac{\partial p}{\partial x} - \tau_0 \tag{1-8-4}$$

由边界层的特征，在边界层内有 $p = p(x), u = u(y), \delta = \delta(x)$。所以上式又可写成

$$\frac{\mathrm{d}}{\mathrm{d}x}\int_0^\delta \rho u^2 \mathrm{d}y - v\frac{\mathrm{d}}{\mathrm{d}x}\int_0^\delta \rho u \mathrm{d}y = -\delta\frac{\mathrm{d}p}{\mathrm{d}x} - \tau_0 \tag{1-8-5}$$

式中，τ_0 为壁面上的切向应力；v 为边界层外边界处的速度。由于对 τ_0 未作任何本质的假设，所以上式对层流和湍流边界层都能适用。

注意：① 在求解此方程式时，可认为 v 和 $\dfrac{\mathrm{d}p}{\mathrm{d}x}$ 为已知，而未知数有 u，τ_0 和 δ，还需要补充两个关系式，通常把沿边界层厚度的速度分布 $u = u(y)$ 以及切向应力与边界层厚度的关系式 $\tau = \tau(\delta)$ 作为两个补充关系式。

② 在求解边界层问题时，常用到位移厚度 δ_1 和动量损失厚度 δ_2，其定义式如下：

$$\delta_1 = \int_0^\infty \left(1 - \frac{u}{v}\right)\mathrm{d}y \tag{1-8-6}$$

$$\delta_2 = \int_0^\infty \frac{u}{v}\left(1 - \frac{u}{v}\right)\mathrm{d}y \tag{1-8-7}$$

则边界层动量积分关系式又可写成

$$\frac{\mathrm{d}\delta_2}{\mathrm{d}x} + (2\delta_2 + \delta_1)\frac{1}{V}\frac{\mathrm{d}v}{\mathrm{d}x} = \frac{\tau_0}{\rho v^2} \tag{1-8-8}$$

③ 对于平板层流边界层，由动量积分关系式可得到

边界层厚度　　　　　　　　$\delta = 5.84 Re_x^{-1/2}$ $\tag{1-8-9}$

切向应力　　　　　　　$\tau_0 = 0.343\rho V_\infty^2 Re_x^{-1/2}$ $\tag{1-8-10}$

平板一个壁面上的阻力系数　$C_f = \dfrac{F_D}{\frac{1}{2}\rho V_\infty^2 bl} = 1.372 Re_l^{-1/2}$ $\tag{1-8-11}$

式中，b，l 分别为平板的宽度和长度；F_D 为平板一个壁面由于黏性力所引起的摩擦阻力。

④ 对于平板湍流边界层，有

边界层厚度　　　　　　　　$\delta = 0.37 x Re_x^{-1/5}$ $\tag{1-8-12}$

平板壁面的切向应力　　　$\tau_0 = 0.0289\rho V_\infty^2 Re_x^{-1/5}$ $\tag{1-8-13}$

平板一个壁面上的阻力系数　$C_f = 0.074 Re_l^{-1/5}$ $\tag{1-8-14}$

四、物体阻力

阻力是由流体绕物体流动所引起的切向应力和压力差造成的，故阻力可分为摩擦阻力和压差阻力两种。

摩擦阻力：指作用在物体表面的切向应力在来流方向上的投影的总和，是流体黏性直接作用的结果。

压差阻力：指作用在物体表面的压力在来流方向上的投影的总和，是流体黏性间接作用的结果；是由于边界层的分离，在物体尾部区域产生尾涡而形成的。压差阻力的大小与物体的形状有很大的关系，故又称为形状阻力。

摩擦阻力与压差阻力之和称为物体阻力。

物体的阻力系数由下式确定：

$$C_D = \frac{F_D}{\frac{1}{2}\rho V_\infty^2 A} \tag{1-8-15}$$

式中，A 为物体在垂直于运动方向或来流方向的截面积。对于直径为 d 的小圆球的低速运动来说，其阻力系数为

$$C_D = \frac{24}{Re} \tag{1-8-16}$$

式中，$Re = \dfrac{V_\infty d}{\nu}$。此式在 $Re < 1$ 时，计算值与试验值吻合得很好。

第九节　湍流模型

自然环境和工程装置中的流动常常是湍流流动。模拟任何实际过程首先遇到的就是湍流问题。对湍流最根本的模拟方法是在湍流尺度的网格尺寸内求解瞬态三维 Navier-Stokes 方程的全模拟，这时无需引入任何模型。然而这是目前计算机容量及速度尚难以解决的。另一种要求稍低的办法是亚网格尺度模拟，即大涡模拟（LES），这也是从 N–S 方程出发，其网格尺寸比湍流尺度大，可以模拟湍流发展过程的一些细节，但计算工作量仍然很大。目前工程上常用的模拟方法，仍然是由 Reynolds 时均方程出发的模拟方法，这就是目前常说的"湍流模型"或称"湍流模式"。其基本点是利用某些假设，将 Reynolds 时均方程或者湍流特征量的输运方程中高阶的未知关联项用低阶关联项或者时均量来表达，从而使 Reynolds 时均方程封闭。

湍流流动模型很多，但大致可以归纳为以下三类：

第一类是湍流输运系数模型，是 Boussinesq 于 1877 年针对二维流动提出的。在各向同性的前提下，将速度脉动的二阶关联量表示成平均速度梯度与湍流黏性系数的乘积，即

$$-\rho\overline{u'v'} = \mu_t \frac{\partial u}{\partial y} \tag{1-9-1}$$

推广到三维问题，若用笛卡儿张量表示，则有

$$-\rho\overline{u_i'u_j'} = \mu_t\left(\frac{\partial u_i}{\partial x_j} + \frac{\partial u_j}{\partial x_i}\right) - \frac{2}{3}\rho k\delta_{ij} \qquad (1\text{-}9\text{-}2)$$

湍流模型或湍流封闭的任务就是给出计算湍流黏性系数 μ_t 的表达式或其输运方程的方法。根据建立模型所需要的微分方程的数目，可以分为零方程模型（代数方程模型），单方程模型和双方程模型。

第二类是抛弃了湍流输运系数的概念，直接建立湍流应力和其他二阶关联量的输运方程。

第三类是大涡模拟。

前两类是以湍流的统计结构为基础，对所有涡旋进行统计平均。大涡模拟把湍流分成大尺度湍流和小尺度湍流，通过求解三维经过修正的 Navier-Stokes 方程，得到大涡旋的运动特性，而对小涡旋运动还采用上述的模型。

实际求解中，选用什么模型要根据具体问题的特点来决定。选择的一般原则是精度要高，应用简单，节省计算时间，同时也具有通用性。

FLUENT 系统提供的湍流模型包括：单方程（Spalart-Allmaras）模型、双方程模型（标准 $\kappa-\varepsilon$ 模型）、修正的 $\kappa-\varepsilon$ 模型及雷诺应力模型和大涡模拟等。

关于湍流模型及其应用的进一步讨论，读者可参见 FLUENT 手册和其他流体力学书籍，在此就不再进行论述了。

第十节　FLUENT 简介

FLUENT 是用于计算流体流动和传热问题的程序。它提供的非结构网格生成程序，对相对复杂的几何结构网格生成非常有效。可以生成的网格包括二维的三角形和四边形网格；三维的四面体、六面体及混合网格。FLUENT 还可根据计算结果调整网格，这种网格的自适应能力对于精确求解有较大梯度的流场有很实际的作用。由于网格自适应和调整只是在需要加密的流动区域里实施，而非整个流场，所以可以节约计算时间。

一、程序的结构

FLUENT 程序软件包由以下几个部分组成：

① GAMBIT——用于建立几何结构和网格的生成。

② FLUENT——用于进行流动模拟计算的求解器。

③ prePDF——用于模拟 PDF 燃烧过程。

④ TGrid——用于从现有的边界网格生成体网格。

⑤ Filters（Translators）——转换其他程序生成的网格，用于 FLUENT 计算。

可以接口的程序包括：ANSYS、I–DEAS、NASTRAN、PATRAN 等。

利用 FLUENT 软件进行流体流动与传热的模拟计算流程如图 1-10-1 所示。首先利用 GAMBIT 进行流动区域几何形状的构建、边界类型以及网格的生成，并输出用于 FLUENT 求解器计算的格式；然后利用 FLUENT 求解器对流动区域进行求解计算，并进行计算结果的后处理。

二、FLUENT 程序可以求解的问题

FLUENT 软件可以采用三角形、四边形、四面体、六面体及其混合网格，网格基本形状如图 1-10-2 所示。FLUENT 软件可以计算二维和三维流动问题，在计算过程中，网格还可以自适应调整。

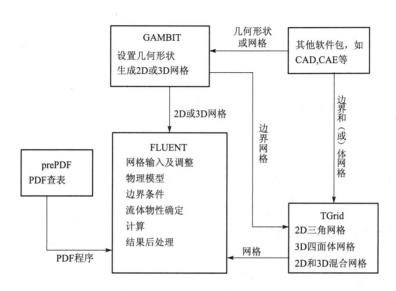

图 1-10-1　基本程序结构示意图

FLUENT 软件的应用范围非常广泛，主要范围如下：
① 可压缩与不可压缩流动问题。
② 稳态和瞬态流动问题。
③ 无黏流，层流及湍流问题。
④ 牛顿流体及非牛顿流体。
⑤ 对流换热问题（包括自然对流和混合对流）。
⑥ 导热与对流换热耦合问题。
⑦ 辐射换热。
⑧ 惯性坐标系和非惯性坐标系下的流动问题模拟。
⑨ 用 Lagrangian 轨道模型模拟稀疏相（颗粒，水滴，气泡等）。
⑩ 一维风扇、热交换器性能计算。
⑪ 两相流问题。
⑫ 带有自由表面的流动问题。

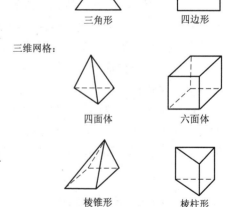

图 1-10-2　FLUENT 的基本网格形状

三、用 FLUENT 程序求解问题的步骤

利用 FLUENT 软件进行求解的步骤如下：
① 确定几何形状，生成网格（用 GAMBIT，也可以读入其他指定程序生成的网格）。
② 输入并检查网格。

③ 选择求解器。

④ 选择求解的方程。层流或湍流（或无黏流），化学组分或化学反应，传热模型等都是可求解方程。确定其他需要的模型，如风扇、热交换器、多孔介质等模型。

⑤ 确定流体的材料物性。

⑥ 确定边界类型及其边界条件。

⑦ 设置求解控制参数。

⑧ 流场初始化。

⑨ 求解计算。

⑩ 保存结果，进行后处理等。

四、关于 FLUENT 求解器的说明

（1）FLUENT 2d ——二维单精度求解器

（2）FLUENT 2ddp——二维双精度求解器

（3）FLUENT 3d ——三位单精度求解器

（4）FLUENT 3ddp——三维双精度求解器

五、FLUENT 求解方法的选择

（1）非耦合求解

（2）耦合隐式求解

（3）耦合显式求解

非耦合求解器主要用于不可压缩或低马赫数压缩性流体的流动。耦合求解器则可以用在高速可压缩流动。FLUENT 默认设置是非耦合求解，但对于高速可压缩流动，或需要考虑体积力（浮力或离心力）的流动，求解问题时网格要比较密，建议采用耦合隐式求解方法求解能量和动量方程，可较快地得到收敛解。缺点是需要的内存比较大（是非耦合求解迭代时间的 1.5～2 倍）。如果必须要耦合求解，但机器内存不够时，可以考虑用耦合显式求解器求解问题。该求解器也耦合了动量、能量及组分方程，但内存需求却比隐式求解方法小。缺点是收敛时间比较长。

这里需要指出的是非耦合求解的一些模型在耦合求解器里并不都适用。耦合求解器不适用的模型包括：多相流模型，混合组分/PDF 燃烧模型，预混燃烧模型，污染物生成模型，相变模型，Rosseland 辐射模型，确定质量流率的周期性流动模型及周期性换热模型等。

六、边界条件的确定

利用 FLUENT 软件包进行计算过程中，边界条件的正确设置是关键的一步。一般是在利用 GAMBIT 建模过程中设定边界类型的，也可以在 FLUENT 求解器中对边界类型进行重新设定。

FLUENT 软件提供了十余种类型的进、出口边界条件，分别介绍如下。

（1）速度入口（Velocity-inlet）：给定入口边界上的速度

该边界条件适用于不可压速流动问题，对可压缩问题不适合，否则该入口边界条件会使

入口处的总温或总压有一定的波动。

边界条件设置对话框如图 1-10-3 所示，输入量包括：速度大小，方向或各速度分量；静温（考虑能量）等。

（2）压力入口（Pressure-inlet）：给出入口边界上的总压与表压

压力入口边界条件通常用于流体在入口处的压力为已知的情形，对计算可压缩和不可压缩流动问题都适合。压力进口边界条件通常用于进口流量或流动速度为未知的流动。压力入口条件还可以用于处理自由边界问题。

压力入口边界的设置对话框如图 1-10-4 所示，其中值得注意的是所有输入的压强值，再加上操作压强（Operation Pressure），就得到绝对压强，即有

$$p_{abs} = p + p_{opera} \tag{1-10-1}$$

所以，对话框中的压强都是相对于操作压强的表压强。

另外还应注意，这里给出的表总压强（Gauge Total Pressure）的大小，是入口边界上的总压，与表压（Gauge Pressure）和入口流速有密切的关系。对于不可压缩流动，有

$$p_t = p_g + \frac{1}{2}\rho v^2 \tag{1-10-2}$$

对于可压缩流动，有

$$p_t = p_g \left(1 + \frac{k-1}{2} M_a^2\right)^{k/(k-1)} \tag{1-10-3}$$

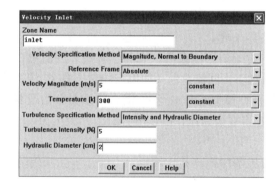

图 1-10-3　速度入口边界设置对话框

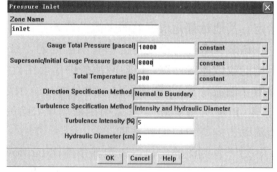

图 1-10-4　压力入口边界设置对话框

压力入口条件需要输入的参数：总压，总温，流动方向，静压，湍流量（用于湍流计算），辐射参数（考虑辐射），化学组分质量分数（考虑化学组分），混合分数及其方差（用 PDF 燃烧模型），progress variable（预混燃烧计算），离散相边界条件（稀疏相计算）及第二相体积分数（多相计算）等。

（3）质量入口（Mess-flow-inlet）：给出入口边界上的质量流量

质量入口边界条件设置如图 1-10-5 所示，主要用于可压缩流动；对于不可压缩流动，由于密度是常数，采用速度入口条件即可。

质量入口条件包括两种：质量流量（Mass Flow-Rate）和质量通量（Mass Flux）。质量流量是单位时间内通过进口总面积的质量。质量通量是单位时间单位面积内通过的质量。如果

是二维轴对称问题，质量流量是单位时间内通过 2π 弧度的质量，而质量通量是通过单位时间内通过一弧度的质量。

给定入口边界上的质量流量，此时局部进口总压是变化的，用以调节速度，从而达到给定的流量。这使得计算的收敛速度变慢。所以，如果压力边界条件和质量边界条件都适用时，应优先选择压力入口边界条件。对于不可压速流动，由于密度是常数，可以选择用速度进口边界条件。

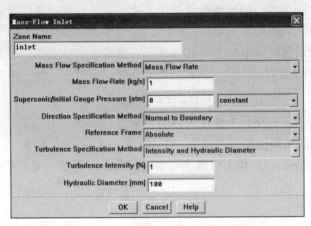

图 1-10-5　质量入口边界设置对话框

（4）压力出口（Pressure-outlet）：给定流动出口边界上的静压

给定出口边界上的静压强（表压强）。该边界条件只能用于模拟亚音速流动。如果当地速度已经超过音速，则该出口压强在计算过程中就不采用了，出口压强根据内部流动计算结果给定。其他量都是根据前面来流条件外推而得出边界条件。

该边界条件可以处理出口有回流问题，合理给定出口回流条件，有利于解决有回流出口问题的收敛困难问题。出口回流条件需要给定参数如下：回流总温（如果有能量方程），湍流参数（湍流计算），回流组分质量分数（有限速率模型模拟组分输运），混合物质量分数及其方差（PDF 计算燃烧）。如果有回流出现，给的表压将视为总压，所以不必给出回流压力。回流流动方向与出口边界垂直。

对于有回流的出口，该边界条件比 outflow 边界条件更容易收敛。

（5）压力远场（Pressure-far-field）：用于可压缩流动

压力远场边界条件适用于来流的静压和马赫数已知的流动，特别是涉及到用理想气体定律计算密度的问题。为了满足压力远场条件，需要把边界放到足够远的地方。

要求给定边界上的静压强、温度及马赫数，并且需要给定流动方向，如果有需要还必须给定湍流量等参数（如图 1-10-6 所示）；适用于亚音速，跨音速或者超音速流动问题。

压力远场边界条件是一种不反射边界条件。

（6）自由出流（Outflow）

对于出流边界上的压力或速度均为未知的情形，可以选择自由出流边界条件。这类边界条件的特点是不需要给定出口条件（除非是计算分离质量流，辐射换热或者包括颗粒稀疏相问题）。出口条件都是通过 FLUENT 内部计算得到。但并不是所有问题都适合，如下列情况，就不能用出流边界条件：① 包含压力进口条件；② 可压缩流动问题；③ 有密度变化的非稳定流动问题。

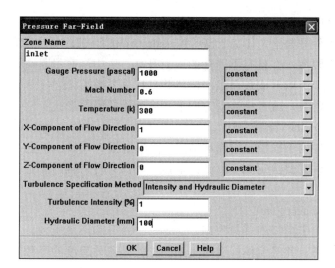

图 1-10-6　压力远场边界设置对话框

用自由出流边界条件时，所有变量在出口处扩散通量为零。即出口平面从前面的结果计算得到，并且对上游没有影响。计算时，如果出口截面通道大小没有变化，采用完全发展流动假设（流动速度、温度等在流动方向上不变化）。当然，在径向允许有梯度存在，只是假定在垂直出口面方向上扩散通量为零。

（7）进口通风（Inlet Vent）

进口通风边界条件需要给定入口损失系数（Loss-Coefficient），流动方向和进口环境总压、静压及总温，如图 1-10-7 所示。

对于进口通风模型，假定进口风扇无限薄，通风压降正比于流体动压头和所提供的损失系数。假定 ρ 是流体密度，K_L 是损失系数，则压降为

$$\Delta p = K_L \frac{1}{2}\rho v^2 \qquad (1\text{-}10\text{-}4)$$

其中，v 是与通风方向垂直的速度分量，Δp 是流动方向上的压降。

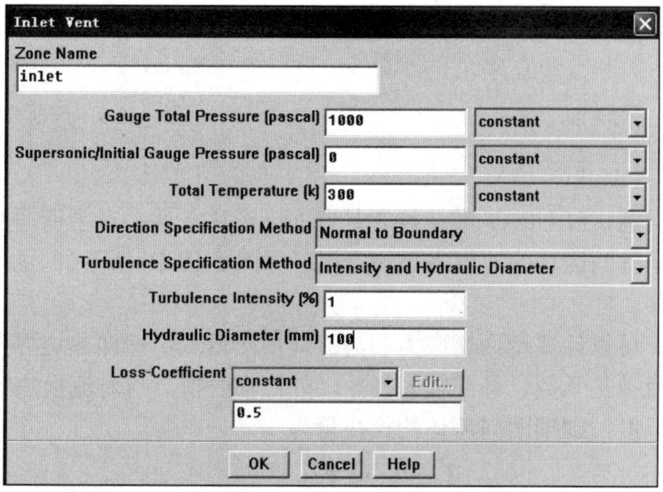

图 1-10-7　进口通风边界设置对话框

（8）进口风扇（Intake Fan）

进口风扇边界条件需要给定压力阶跃（Pressure Jump），流动方向和环境总压和总温。

假定进口风扇无限薄，并且有不连续的压力升高，压力升高量是通过风扇速度的函数。如果是反向流动，风扇可以看成是通风出口，并且损失系数为1。

压力阶跃可以是常数，或者是流动方向上速度分量的函数形式。

（9）出口通风（Outlet Vent）

出口通风边界条件用于模拟出口通风情况，需给定损失系数、环境（出口）压力和温度。

出口通风边界条件需要给定如下参数：静压，回流条件，辐射参数，离散相边界条件，损失系数。

（10）排气扇（Exhaust Fan）

排气扇边界条件用于模拟外部排气扇，给定一个压升和环境压力。

假定排气扇无限薄，并且流体通过排气扇的压升是流体速度的函数。

（11）对称边界（Symmetry）

对称边界条件适用于流动及传热场是对称的情形。在对称轴或者对称平面（如图 1-10-8）上，既无质量的交换，也无热量等其他物理量的交换，因此垂直于对称轴或者对称平面的速度分量为零。在对称轴或者对称平面上，所有物理量在其垂直方向上的梯度为零。因此在对称边界上，垂直于边界的速度分量为零，任何量的梯度也为零。

计算中不需要给定任何参数，只需要确定合理的对称位置。

（12）周期性边界（Periodic）

如果流动区域的几何边界、流动和换热是周期性重复的（如图 1-10-9 所示），则可以采用周期性边界条件。FLUENT 提供了两种类型：一类是流体经过周期性重复后没有压降（Cyclic）；另外一类有压降（Periodic）。

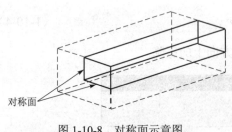

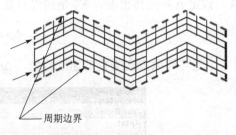

图 1-10-8　对称面示意图　　　　　　　　图 1-10-9　周期性边界示意图

（13）固壁边界（Wall）

对于黏性流动问题，FLUENT 默认设置是壁面无滑移条件。对于壁面有平移运动或者旋转运动时，可以指定壁面运动的速度大小和方向（如图 1-10-10 所示）；也可以给出壁面切应力从而模拟壁面滑移。

根据流动情况，可以计算壁面切应力和与流体换热情况。壁面热边界条件包括固定热通量、固定温度、对流换热系数、外部辐射换热，外部辐射换热与对流换热等。

如果给定壁面温度，则壁面向流体的换热量为

$$q'' = h_f(T_w - T_f) + q''_{rad} \tag{1-10-5}$$

流体向固体壁面的传热方程为

$$q'' = \frac{K_s}{\Delta n}(T_w - T_s) + q''_{\text{rad}} \qquad (1\text{-}10\text{-}6)$$

如果给定热通量，则根据流体换热和固体换热计算出的壁面温度分别为

$$T_w = \frac{q'' - q''_{\text{rad}}}{h_f} + T_f \qquad (1\text{-}10\text{-}7)$$

$$T_w = \frac{(q'' - q''_{\text{rad}})\Delta n}{K_s} + T_s \qquad (1\text{-}10\text{-}8)$$

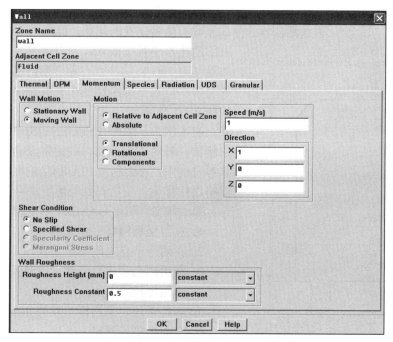

图 1-10-10　运动固壁边界设置对话框

如果是对流换热边界条件（给定对流换热系数 h_{ext}），则

$$q'' = h_f(T_w - T_f) + q''_{\text{rad}} = h_{\text{ext}}(T_{\text{ext}} - T_w) \qquad (1\text{-}10\text{-}9)$$

如果是辐射换热边界条件，给定辐射系数 ε_{ext}，则

$$q'' = h_f(T_w - T_f) + q''_{\text{rad}} = \varepsilon_{\text{ext}}\sigma(T_\infty^4 - T_w^4) \qquad (1\text{-}10\text{-}10)$$

如果同时考虑对流和辐射，则

$$q'' = h_f(T_w - T_f) + q''_{\text{rad}} = h_{\text{ext}}(T_{\text{ext}} - T_w) + \varepsilon_{\text{ext}}\sigma(T_\infty^4 - T_w^4) \qquad (1\text{-}10\text{-}11)$$

流体侧的换热系数根据如下公式计算

$$q'' = k_f \frac{\partial T}{\partial n}\Big|_{\text{wall}} \qquad (1\text{-}10\text{-}12)$$

第二章　二维流动与传热的数值计算

第一节　冷、热水混合器内部二维流动

问题描述：一个冷、热水混合器的内部流动与热量交换的问题。温度为 350 K 的热水自上部的热水小管嘴流入，与自下部右侧小管嘴流入的温度为 290 K 的冷水在混合器内进行热量与动量的交换后，自下部左侧的小管嘴流出。混合器结构如图 2-1-1 所示。

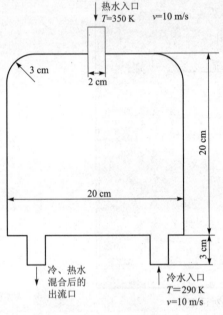

图 2-1-1　混合器简图

在本例中，将利用 FLUENT-2d 的非耦合、隐式求解器，针对在混合器内的定常流动进行求解。在求解过程中，还会利用 FLUENT 的网格优化功能对网格进行优化，使所得到的解更加可信。

第一部分：利用 GAMBIT 建立混合器计算模型
1. 利用坐标网格创建节点
2. 在两个节点之间创建直线
3. 利用圆心和端点创建一段圆弧
4. 由边创建面
5. 对各条边定义网格节点的分布
6. 在面上创建网格
7. 定义边界类型
8. 为 FLUENT5/6 输出网格文件

第二部分：利用 FLUENT-2d 求解器进行求解
1. 读入网格文件
2. 确定长度单位为 cm
3. 确定流体材料及其物理属性
4. 确定边界条件
5. 计算初始化并设置监视器
6. 使用非耦合、隐式求解器求解
7. 利用图形显示方法察看流场与温度场
8. 使用能量方程的二阶差分格式重新计算，改善温度场的计算
9. 利用温度梯度改进网格，进一步改善温度场的计算

一、前处理——利用 GAMBIT 建立计算模型

启动 GAMBIT 的方法有两种，一种是在命令提示符下键入 GAMBIT 后回车即可；另一种方法是双击桌面上的 GAMBIT 快捷图标。此时出现 GAMBIT 的启动对话框，如图 2-1-2

所示。（预先已在 D 盘根目录下建立名为 mixer 的文件夹。）

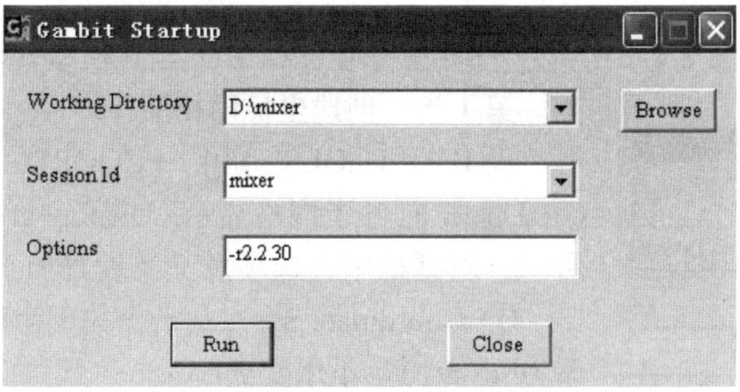

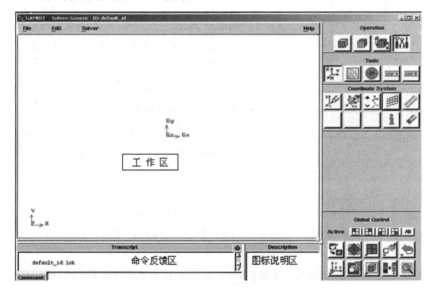

图 2-1-2　GAMBIT 启动对话框

Working Directory 右侧的内容是设置的工作目录，也可通过 Browse 查找该目录。Session Id 右侧的内容是所创建的文件名，也可以暂不输入，在以后的操作中建立。点击 Run 后，启动 GAMBIT，主控制画面如图 2-1-3 所示。

图 2-1-3　GAMBIT 的主控画面

图中右上部分为建模工具区，右下部分为屏幕显示工具区，其功能和使用在后面章节中会陆续介绍。当用鼠标指向工具栏中的图标时，图标说明区将显示该图标的作用和简单介绍，这一功能非常实用。当执行了某一项操作后，其命令和命令执行结果以及相关提示将在命令反馈区中显示，当内容较多时，还可点击其右侧上方的箭头将命令反馈区展开。

首先应建立一个用于存放文件的文件夹，比如在 D 盘上建立一个名为 mixer 的文件夹，接着在此文件夹下建立一个新文件。

操作：FILE → NEW...，出现的窗口如图 2-1-4 所示。在 ID 右侧的文本框内填入 mixer，

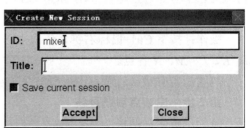

图 2-1-4　建立新文件对话框

点击 Accept 后，即建立了一个新文件。（若按图 2-1-2 启动 GAMBIT，则省略这一操作。）

下面，我们针对图 2-1-1 所描述的问题利用 GAMBIT 建立模型并输出网格。

第 1 步　创建坐标网格图

操作：TOOLS ▦ →COORDINATE ▨→ DISPLAY GRID ▦，打开了网格显示（Display grid）对话框，如图 2-1-5 所示。对话框中各选项意义及设置如下：

① Coordinate Sys，是一个关于坐标系的选项，目前坐标系为 c_sys.1，不用变更。

② Visibility，将其左边的按钮置按下状态，可保证背景网格为可视的状态。

③ Plane（作图平面），有三种选择，分别是 XY、YZ、XZ 平面，这里选择 XY 平面。

④ Axis，是选择要设置网格点的轴，这里先选择 X 轴。

⑤ Minimum 表示坐标网格区 X 的最小值，输入−10。

Maximum 表示坐标网格区 X 的最大值，输入+10。

Increment 表示相邻两条网格线之间的间隔，输入 1。

选择右边的 Update list（修正、确定），此时，下面将显示 XY 平面上 X 轴的网格点位置。

⑥ 再在 Axis 项选择 Y 轴，进行与⑤项过程相同的设置，并点击 Update list。这样就在 XY 平面内创建了坐标网格节点分布。

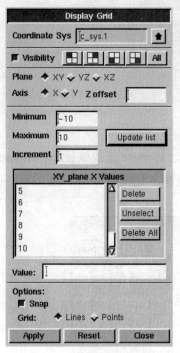

图 2-1-5　网格显示设置对话框

⑦ Options 为选项表。

Snap 为捕捉坐标网格线相交点功能，点击其左边按钮表示选中。

Grid 为坐标网格显示选项，可选线（line）和点（points）两种显示方式，这里选线显示形式。

⑧ 点击对话框下部的 Apply，点击 Close，关闭对话框。此时工作窗口显示图形如图 2-1-6 所示。

点击位于右下方屏幕工具区的 FIT TO WINDOW ▨，则 GAMBIT 工作区将出现 20×20 的网格画面。按住鼠标右键向上拖，可缩小图像。

注意：不同类型边界的交点最好应在坐标网格线的交点上，例如固壁与入口边界的交点以及圆弧中心点等，这样采用 Snap 方式取点时会很方便。

⑨ 确定不同类型边界的交点及圆弧中心点。

操作：按下 Ctrl+鼠标右键，依次点击如图 2-1-7 所示的 *A*、*B*、*C*、*D*、*E*、*F*、*G*、*H*、*I*、*J*、*K*、*L*、*M*、*N* 各点。

注意：若有错误，可点击屏幕右下方工具栏中的 UNDO ▨，取消上一次的操作。

第 2 步　由节点创建直线

（1）隐藏坐标网格

操作：在图 2-1-5 的显示设置对话框中，使 Visibility 选项的左边按钮呈非选中状态；点

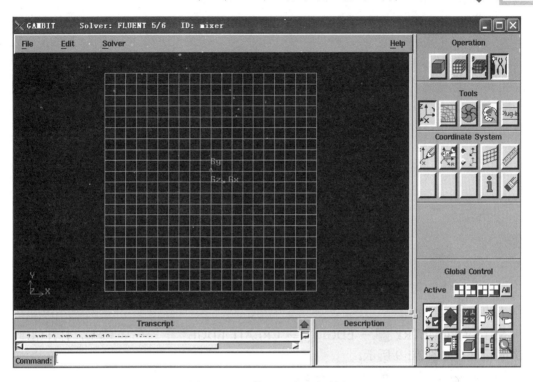

图 2-1-6　网格显示设置对话框

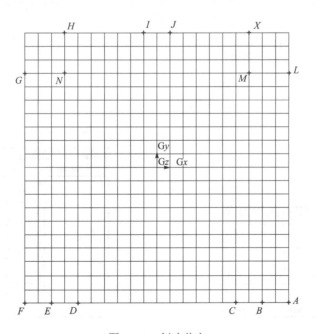

图 2-1-7　创建节点

击 Apply 。

此时，图面没有坐标网格线，可清晰地看到所创建的节点如图 2-1-8 所示。

（2）由节点连成直线（边界线）

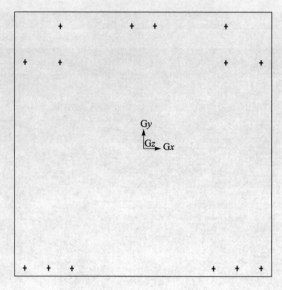

图 2-1-8　创建直线的节点

操作：GEOMETRY ▣ → EDGE ▣ → CREATE EDGE ▭▭ · Straight ，打开创建直线设置对话框，如图 2-1-9 所示。

注意：鼠标右击 ▭ 选择· — Straight 。

在创建直线对话框中，Vertices 右边的区域中表明组成直线两端节点的编号，点击其右侧箭头，可打开节点选择对话框，如图 2-1-10 所示。

在 Vertices 下方是 Type 选项，可选择直线的类型，线的选择有实线和虚线两种，默认为实线。在图 2-1-9 中进行如下操作：

① 点击 Vertices 右侧黄色区域。

② 按住 Shift 键依次点击 L、A、B、C、…、G 点。

③ 点击 Apply 。

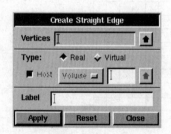

图 2-1-9　创建直线对话框

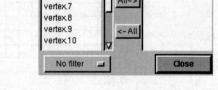

图 2-1-10　节点选择对话框

④ 按住 Shift 键依次点击 H、I、J、K 点。

⑤ 点击 Apply 。

则得到图形，如图 2-1-11 所示。

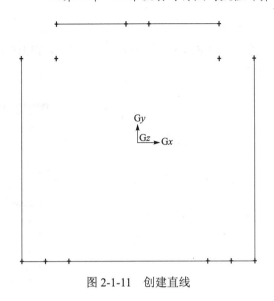

图 2-1-11　创建直线

第 3 步　创建圆弧边

操作：GEOMETRY ▢ → EDGE ▢ → CREATE EDGE ▭ _ ⌒ Arc，打开创建圆弧对话框，如图 2-1-12 所示。

① 点击 Center 右侧的黄色区域。

② 按住 Shift 键点击圆心点（图 2-1-7 的 *M* 点）。

注意：所选中的节点变为红色，该节点的标号显示在 Center 右侧的空白栏内。

③ 点击 End-Points 右侧的区域，此时区域变为黄色，表示为活动的。

④ 按住 Shift 键依次点击圆弧的两个节点（图 2-1-7 中的 *K*，*L* 点）；此时节点变为红色，表示选中。点击 End-Points 右侧的向上的箭头，可打开选中节点列表清单，如图 2-1-13 所示。

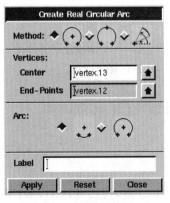

图 2-1-12　创建弧线对话框

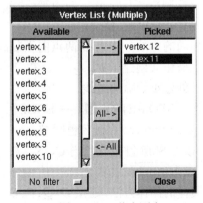

图 2-1-13　节点列表

⑤ 点击 Apply，创建圆弧完毕。

按照上述方法，创建以 *N* 为弧心，以 *G*、*H* 为端点的圆弧。此时图形如图 2-1-14 所示。

第 4 步　创建小管嘴

这一步，我们将为 *CB* 边、*DE* 边和 *IJ* 边向外创建小管嘴。

（1）创建小管嘴入口边节点

操作：GEOMETRY █ →VERTEX ▢ →MOVE/COPY VERTICES↙🖐，打开移动/复制节点对话框，如图 2-1-15 所示。

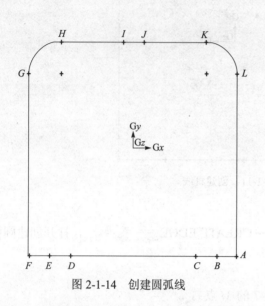

图 2-1-14　创建圆弧线

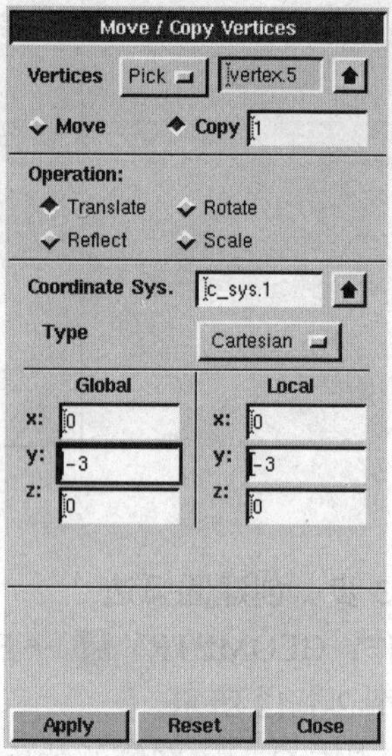

图 2-1-15　移动/复制节点对话框

① 点击 Vertices 右侧黄色区域。

② 按住 Shift 键依次点击 B、C、D、E 点。

③ 选择 Copy（复制）。

④ 在 Operation 中选择 Translates（默认）。

⑤ 在 Global 中，x 项填 0，y 项填–3，z 项填 0；4 个点在 y 方向上向下 3 个单位。

注意：在填入 Global 项的同时，Local 项就自动填入了。

⑥ 点击 Apply，复制完毕。

用相同的方法，将 I、J 两点向上复制，距离为 3 个单位，得到新的点 U 和 V。

以上操作共创建了 P、Q、S、T、U 和 V 6 个点，如图 2-1-16 所示。

（2）创建小管嘴的边线

操作：GEOMETRY █ → EDGE ▢ → CREATE EDGE ▁

① 点击 Vertices 右侧黄色区域。

② 按住 Shift 键依次点击 C、S、T、B 点。

③ 点击 Apply。

用同样的操作方法，连接 D、Q、P、E 点；再连接 I、U、V、J 点。点击 FIT TO WINDOW ▦，最后结果如图 2-1-16 所示。

第 5 步　由线组成面

操作：GEOMETRY █ →FACE ▢ →FORM FACE ▢，打开创建面对话框，如图 2-1-17 所示。本节模型共有 4 个面，应分别创建。首先创建主体面，然后再逐一建立 3 个小管嘴的面。

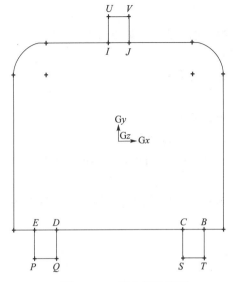

图 2-1-16 混合器轮廓图

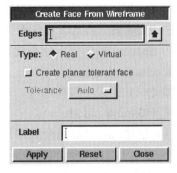

图 2-1-17 创建面对话框

（1）创建混合器主体的面

① 点击 Edges 右侧黄色区域。

② 按住 Shift 键依次点击 *LA*、*AB*、*BC*、*CD*、*DE*、*EF*、*FG*、*GH*、*HI*、*IJ*、*JK*、*KL* 线段。

③ 点击 Apply 确认，此时组成面的边将变为蓝色。

注意：Edges 右侧黄色区域内将显示所有选中的线，可点击右边向上的箭头，打开列表察看。所选中的线选取次序是任意的，但应组成一个封闭的曲线。

可用 Shift+鼠标左键由左上角拖动到右下角，则方框内的所有的线将都被选中。

若选错了线，可从列表中删除。

（2）建立由 *BC*、*CS*、*ST*、*TB* 组成的小管嘴的面

① 点击创建面对话框中 Edges 右侧黄色区域。

② 按下 Shift+鼠标左键，点击由 *BC*、*CS*、*ST*、*TB* 组成的线。

③ 点击 Apply 确认，组成面的边将变为蓝色。

（3）建立由 *DE*、*EP*、*PQ*、*PE* 以及由 *IJ*、*JV*、*VU*、*UI* 组成的小管嘴的面

第 6 步　确定边界线的内部节点分布并创建面网格

这一步是定义几何边线上的网格节点分布，内容主要是选中线、确定线上节点的数量以及节点在线上的分布。

操作：MESH ▦ → EDGE ▢ → 🖉，打开创建边线网格节点对话框，如图 2-1-18 所示。对话框中各项的意义如下：

① Edges 表示边线选取栏，右侧黄色区域显示选取的边线标识，再右侧向上箭头可打开线段选取列表。

② Pick with links 表示选取方式。左侧按钮选中时，表示

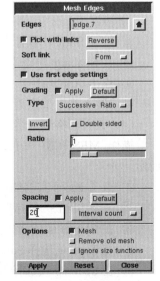

图 2-1-18 边线网格节点对话框

可用鼠标点取；右侧 Reverse 表示点取后即显示。

③ Use first edge settings 表示当有多条边被选中时，以第一条边的设置为准。

④ Grading 取 Apply 表示应用设置进行网格划分。

⑤ Type 表示类型选择，Successive Ratio 表示等比系列。

⑥ Invert 表示对 Ratio 项的值取倒数。

⑦ Double sided 的选中与否表示内部节点取单、双向分布。

⑧ Ratio 表示内部节点间距离的公比，取 1 时为等距离分布。

⑨ Spacing 表示节点分布设置。既可选给定节点间距离（interval size），也可选给定节点的数量（interval count）。

⑩ Options 表示操作选项；选取 Mesh 项；若对已有网格进行设置，则还应选中移除旧网格项（Remove old Mesh）。

（1）创建 *LA*、*FG* 两个直线边的节点

① 点击 Edges 右侧的黄色区域，使其处于活动状态。

② 按下 Shift + 鼠标左键，点击 *LA* 和 *FG* 线段。

③ 在 Type 项保留 Successive Ratio。

④ 在 Ratio 项填入 1。

⑤ 在 Spacing 项选取 Apply，并在其下方选取 Interval count，并填入 20（将边线分为 20 份）。

⑥ 在 Options 项选取 Mesh。

⑦ 点击 Apply。

（2）创建 *HI*、*JK* 两条边线上的节点分布

① 点击 Edges 右侧的黄色区域。

② 按下 Shift + 鼠标左键，点击 *HI*、*JK* 两条线段。

③ 在 Spacing 项选取 Interval count 项，并填入 10；将各条边分为 10 份。

④ 点击 Apply。

（3）创建 *CD* 边上的节点分布

① 点击 Edges 右侧的黄色区域。

② 按下 Shift + 鼠标左键，点击 *CD* 边线。

③ 在 Spacing 项选取 Interval count 项，并填入 15，将边分为 15 份。

④ 点击 Apply。

则边线上网格节点划分如图 2-1-19 所示。

（4）查看网格划分情况

操作：MESH ⊞ → FACE ▢ → MESH FACES ▨，打开面网格设置对话框，如图 2-1-20 所示。

① 点击 Faces 右侧的黄色区域。

② 按下 Shift + 鼠标左键，点击混合器主体面的边。

③ 在 Elements 项选择 Quad（四边形）。

④ 在 Type 项选择 Pave（非结构网格）。

⑤ 在 Spacing 项选择 Interval size，并输入网格间隔 0.5。

注意：面上未划分网格的线段将会自动划分为间隔 0.5 的网格，如 *AB* 线就分为 4 等份。

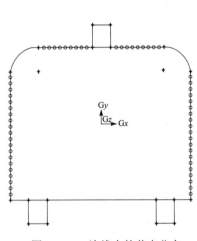

图 2-1-19 边线内的节点分布

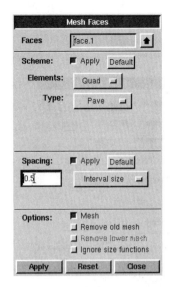

图 2-1-20 面网格设置对话框

⑥ 保留其他默认设置，点击 Apply ，则区域内的网格如图 2-1-21 所示，可以看出这些网格都是四边形的。

（5）创建 3 个小管嘴的节点分布

① 点击 Mesh Edge 对话框（图 2-1-18）中 Edges 右侧的黄色区域。

② 按下 Shift + 鼠标左键，依次点击 *BT*、*DQ*、*IU* 三条边线。

③ 在 Spacing 项选取 Interval count，并填入 5（将各条边分为 5 份）。

④ 点击 Apply 。

注意：采用 Map 方式划分面网格，要求对应边节点数相同，否则无法划分。基于这一点，对应边就不用再进行节点分布设置了。

（6）对三个小管嘴进行面网格划分

操作：MESH ▦ →FACE ▢ →MESH FACES ◨，打开面网格划分对话框，如图 2-1-22 所示。

① 点击 Faces 右侧黄色区域。

② 按住 Shift 键依次点击三个小管嘴的边线。

③ 在 Elements 选择 Quad。

④ 在 Type 项选择 Map。

⑤ 保留其他默认设置，点击 Apply ，最后得到整个区域的网格如图 2-1-23 所示。

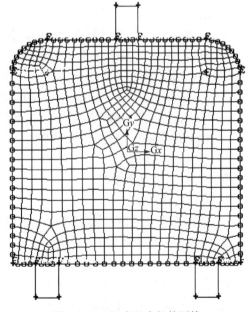

图 2-1-21 混合器内部的网格

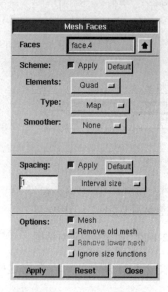

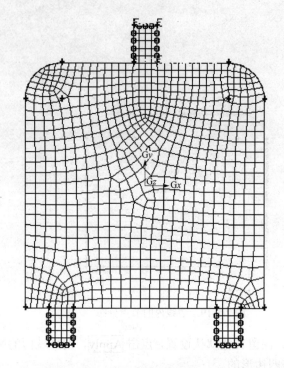

图 2-1-22　面网格设置对话框　　　　图 2-1-23　换热器的网格图

注意:

① 在 Mesh Faces 对话框中，Faces 右侧的黄色区域内显示的是所选中的面的标识。

② Scheme 意为操作方式，选 Apply 表示不选择默认方式，按所设置的方式进行。

③ Elements 意为网格单元类型，选 Quad，即网格单元为四边形单元。

④ Type 项选 Map，即网格划分的类型选择结构化四边形方式。

⑤ Spacing 项选 Apply，即按所设置的方式进行区域的划分。

⑥ Options 项选 Mesh，即选择生成网格。

⑦ 其他项不变。

第 7 步　设置边界类型

1. 关闭网格显示

① 点击右下角的图标，打开显示属性设置对话框，如图 2-1-24 所示。

② 在 Mesh 项选择 Off。

③ 点击 Apply，点击 Close，关闭对话框。

这可以使边界更加清晰，以便进行边界类型的设置。

注意: 仅仅是关闭显示，网格不会丢失。

2. 设置边界类型

操作: ZONES → SPECIFY BOUNDARY TYPES，打开定义边界类型对话框，如图 2-1-25 所示。

Action 表示操作选项，有四种选择; Add（增加）; Modify（修改）; Delete（删除）; Delete all（全删除）。

Name 项显示边界的名称。

Type 项显示边界的类型。

Show Labels 项，是否显示边界的编号。

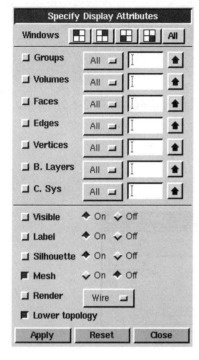

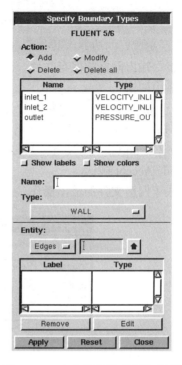

图 2-1-24　显示设置对话框　　　　图 2-1-25　定义边界类型设置对话框

（1）设置下方右侧的小管嘴入口截面为速度边界（边线 *ST*）

① 在 Action 项选择 Add。

② 在 Name 右侧的文本框内填入边界的名称，填入 inlet_1。

③ 在 Type（类型）下拉列表中选择 VELOCITY_INLET。

④ 点击 Entity 栏 Edges 右侧黄色区域。

⑤ 按下 Shift + 鼠标左键，点击边界线 *ST*。

⑥ 点击 Apply 。

（2）设置上边的小管嘴入口截面为速度边界（边线 *UV*）

① 在 Name 右侧的文本框内填入边界的名称，填入 inlet_2。

② 点击 Entity 栏 Edges 右侧黄色区域。

③ 按下 Shift + 鼠标左键，点击边界线 *UV*。

④ 点击 Apply 。

（3）设置下方左侧的小管嘴截面为压力出流边界（边线 *PQ*）

① 在 Name 右侧的文本框内填入边界的名称，填入 outlet。

② 在 Type 下拉列表中选择选择 PRESSURE_OUTLET。

③ 点击 Entity 栏 Edges 右侧黄色区域。

④ 按下 Shift + 鼠标左键，点击边界线 *PQ*。

⑤ 点击 Apply 。

注意：① GAMBIT 对于没有定义的边界线（二维）统统定义为固壁边界（WALL），所以，若其他边界线均为固壁的话，定义与否是一样的。

② GAMBIT 在输出网格时，会自动将内部区域定义为一个连续的流动区域，这意味着 *BC*、*DE*、*IJ* 这些内部边线是不用定义类型的，会自动转换成内部连续区域。

③ 已经定义好的边界，其类型也可以在 FLUENT 中进行改变。

第 8 步　输出网格并保存文件

（1）输出网格

操作： File → Export → Mesh...，打开输出网格文件对话框，如图 2-1-26 所示。

① 在 File Name 右侧填入要输出的文件名。

② 选中 Export 2–D（X–Y）Mesh（二维网格）。

③ 点击 Accept 确认。

即完成了网格文件的输出操作。

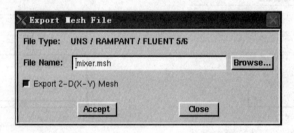

图 2-1-26　输出网格文件对话框

（2）保存 GAMBIT 文件，并退出 GAMBIT

操作： File → Exit

在退出之前，GAMBIT 将问是否保存现有的文件，点击 Yes ，保存文件并退出 GAMBIT。

注意：查看 D:\mixer 文件夹下的文件，应有如下文件：mixer.MSH、mixer.DBS、mixer.JOU 和 mixer.TRN 四个文件。其中，mixer.MSH 是 FLUENT 所需要的网格文件。

二、利用 FLUENT 进行混合器内流动与换热的仿真计算

第 1 步　启动 FLUENT-2d

（1）启动 FLUENT-2d 求解器

双击桌面上的 FLUENT 图标，打开启动对话框，如图 2-1-27 所示。其中有四种版本供选择：

图 2-1-27　启动求解器对话框

2d	二维单精度求解器
2ddp	二维双精度求解器
3d	三维单精度求解器
3ddp	三维双精度求解器

选择 2d，点击 Run ，启动 2d 求解器。

（2）读入网格文件 mixer.mesh

操作： File → Read → Case...

① 找到并选择网格文件 D：\mixer\mixer.msh；如图 2-1-28 所示。
② 点击 OK，完成输入网格文件的操作。

图 2-1-28　文件选择对话框

注意：FLUENT 读入网格文件的同时，会在信息反馈窗口内显示如图 2-1-29 所示信息，其中包括节点数 861 及网格、材料、边界名称等信息，最后的 Done 表示 FLUENT 读入网格文件成功。

（3）网格检查

操作：Grid → Check

FLUENT 在信息反馈窗口显示如图 2-1-30 所示信息。

```
> Reading "D:\mixer\mixer.msh"...
      861 nodes.
      132 mixed wall faces, zone  3.
        4 mixed pressure-outlet faces, zone  4.
        4 mixed velocity-inlet faces, zone  5.
        4 mixed velocity-inlet faces, zone  6.
     1504 mixed interior faces, zone  8.
      788 quadrilateral cells, zone  2.

Building...
      grid,
      materials,
      interface,
      domains,
      zones,
         default-interior
         inlet_1
         inlet_2
         outlet
         wall
         fluid
      shell conduction zones,
Done.
```

图 2-1-29　读入网格文件的信息反馈

```
Grid Check

 Domain Extents:
   x-coordinate: min (m) = -1.000000e+001, max (m) = 1.000000e+001
   y-coordinate: min (m) = -1.300000e+001, max (m) = 1.300000e+001
 Volume statistics:
   minimum volume (m3): 1.078678e-001
   maximum volume (m3): 1.104470e+000
     total volume (m3): 4.140655e+002
 Face area statistics:
   minimum face area (m2): 2.405791e-001
   maximum face area (m2): 1.236984e+000
Checking number of nodes per cell.
Checking number of faces per cell.
Checking thread pointers.
Checking number of cells per face.
Checking face cells.
Checking bridge faces.
Checking right-handed cells.
Checking face handedness.
Checking element type consistency.
Checking boundary types:
Checking face pairs.
Checking periodic boundaries.
Checking node count.
Checking nosolve cell count.
Checking nosolve face count.
Checking face children.
Checking cell children.
Checking storage.
Done.
```

图 2-1-30　网格检查信息反馈

注意：
① 网格检查列出了 x、y 的最小值和最大值。
② 网格检查还列出单元的最大体积和最小体积、最大面积和最小面积等。
③ 网格检查还会报告出有关网格的任何错误，特别是要求确保最小体积不能是负值，否则 FLUENT 无法进行计算。
④ 在 SI 单位之中，默认单位是米，若想改变单位制，要使用 Scale Grid 对话框。

（4）网格信息

操作：Grid → Info → Size

系统反馈网格信息如图 2-1-31 所示。显示有 788 个网格单元、1 648 个面（线）、861 个网格节点等信息。

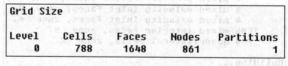

图 2-1-31　网格信息

（5）平滑（交换）网格

这一步是为确保网格质量的操作。

操作：Grid → Smooth/Swap...，打开平滑与交换网格对话框，如图 2-1-32 所示。

① 点击 Smooth，再点击 Swap，重复上述操作，直到 FLUENT 报告没有需要交换的面为止（如图 2-1-33 所示）。

② 点击 Close，关闭对话框。

注意：这一功能对于三角形单元来说尤为重要。

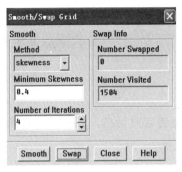

图 2-1-32　平滑与交换网格对话框

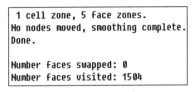

图 2-1-33　光滑与交换网格

（6）确定长度的单位

操作：$\boxed{Grid}$ → Scale...，打开长度单位设置对话框，如图 2-1-34 所示。

① 在单位转换（Units Conversion）栏中的网格长度单位（Grid Was Created In）右侧下拉列表中选择 cm。

② 点击 $\boxed{Change\ Length\ Units}$，此时，在 Domain Extents 栏中给出了区域的范围和度量的单位。

③ 点击下面的 $\boxed{Scale}$。

④ 点击 $\boxed{Close}$，关闭对话框。

注意：在求解过程中，除了长度外，其他单位均采用 SI 制。一般来说，没有必要对其他单位进行改动，若一定要对某些单位进行改动，应启动 Set Units 对话框。

（7）显示网格

操作：$\boxed{Display}$ → Grid...，打开显示网格对话框，如图 2-1-35 所示。

① 在表面（Surfaces）项选择所有的表面。

② 点击 $\boxed{Display}$，则显示的网格图如图 2-1-36 所示。

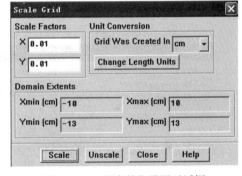

图 2-1-34　长度单位设置对话框

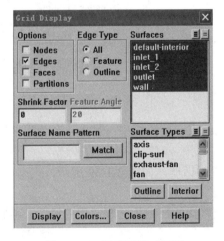

图 2-1-35　显示网格对话框

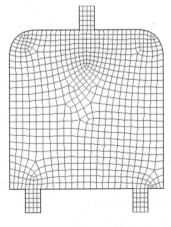

图 2-1-36　混合器网格图

注意：可用鼠标右键点击边界线，则在信息反馈窗口内将显示此边界的类型等信息。也可用此方法检查任何内部节点和网格线的信息。这一功能在设置边界条件时非常方便。

第2步　建立求解模型

（1）设置求解器（Solver）

操作：Define → Models → Solver...，打开求解器设置对话框，如图 2-1-37 所示。保持默认设置，点击下面的 OK 确认。

求解器设置对话框中各项含义如下：

① Solver（求解器）：Segregated 为非耦合求解法；Coupled 为耦合求解法。

② Formulation（算法）：Implicit 为隐式算法；Explicit 为显式算法。

③ Space（空间属性）：2D 为二维空间；Axisymmetric 为轴对称空间；Axisymmetric Swirl 为轴对称旋转空间。

④ Time（时间属性）：Steady 为定常流动；Unsteady 为非定常流动。

⑤ Velocity Formulation（速度属性）：Absolute 为绝对速度；Relative 为相对速度。

（2）选择湍流模型

操作：Define → Models → Viscous...，打开湍流模型选择对话框，如图 2-1-38 所示。

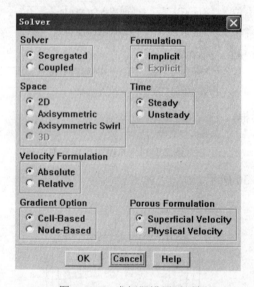

图 2-1-37　求解器设置对话框

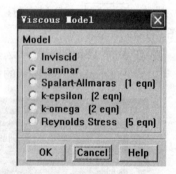

图 2-1-38　湍流模型选择对话框

图中，Inviscid 表示无黏（理想）流体；Laminar 表示层流模型；另外 4 个为常见的湍流模型。

① 选择 k-epsilon（2 eqn）；打开湍流模型设置对话框，如图 2-1-39 所示。

② 保留默认的值（湍流模型常数），点击 OK。

在 Model Constants 中的数据是可改变的，系统默认的数据是比较通用的设置，可适用于大多数问题，一般不用改动。

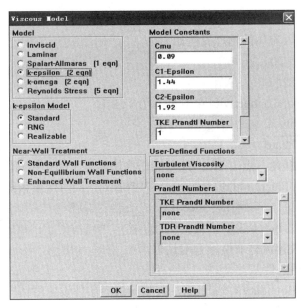

图 2-1-39　湍流模型设置对话框

（3）选择能量方程

操作：$\boxed{\text{Define}}$ → $\boxed{\text{Models}}$ → Energy...，打开能量方程设置对话框，如图 2-1-40 所示。

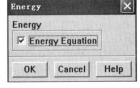

① 点击 Energy Equation 左侧按钮。

② 点击 $\boxed{\text{OK}}$，启动能量方程。

图 2-1-40　能量方程设置对话框

第 3 步　设置流体的物理属性

操作：$\boxed{\text{Define}}$ → Materials...，打开材料设置对话框，如图 2-1-41 所示。

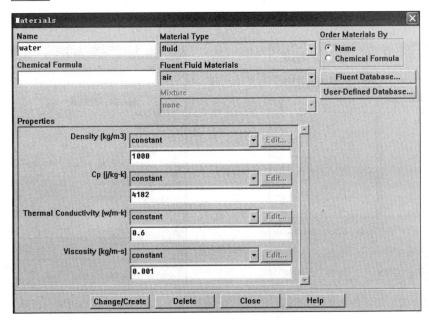

图 2-1-41　流体材料设置对话框

① 在 Name 栏内输入 water。

② 在属性栏内输入流体的物理属性如下：

密度（Density）：1 000 [kg/m³]

等压比热 C_p：4 182 [J/(kg·K)]

导热系数（Thermal Conductivity）：0.6 [W/(m·k)]

动力黏度（Viscosity）：0.001 [kg/(m·s)]

③ 点击 Change/Create。

④ 在弹出的对话框内，点击 No；此项操作将使名为 water 的流体添加到材料选择列表中，可以在材料列表（Fluent Fluid Materials）内查看到，同时保留系统默认的流体 air。

注意：可以从材料库（点击右边 Fluent Database...）选择材料和拷贝属性。若属性与所设置的不一样，也可以在 Properties 栏编辑属性，然后再点击 Change/Create 进行修订。

⑤ 点击 Close，关闭流体属性设置对话框。

第 4 步　设置边界条件

操作：Define → Boundary Conditions...，打开边界条件设置对话框，如图 2-1-42 所示。图中，Zone 栏为区域标识，Type 栏内为相应的属性。

（1）设置工作流体为水

① 在 Zone 栏内选择 fluid，其类型在右边 Type 栏内为 fluid。

② 点击 Set...，打开 Fluid 设置对话框，如图 2-1-43 所示。

③ 在 Materials Name 下拉列表中选择 water。

④ 点击 OK，关闭材料选择对话框。

（2）设置冷水入口速度边界条件

① 在图 2-1-42 的 Zone 栏中选择 inlet_1；在右边 Type 栏内显示其类型为 Velocity_inlet。

② 点击 Set...，打开速度边界设置对话框，如图 2-1-44 所示。

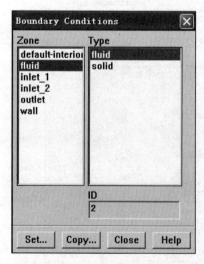

图 2-1-42　边界条件设置对话框

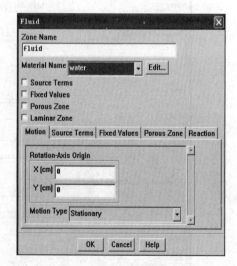

图 2-1-43　流体设置对话框

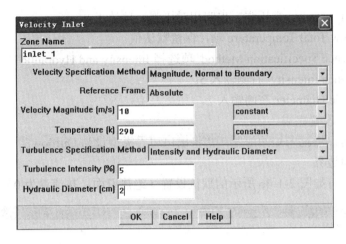

图 2-1-44 速度边界设置对话框

③ 在 Velocity Specification Method（速度给定方式）下拉列表中选择 Magnitude，Normal to Boundary（给定速度大小，速度方向垂直于边界）。

④ 在 Velocity Magnitude（速度大小）一栏内输入 10，右侧栏内显示 constant（常值）。

⑤ 在 Temperature（温度）一栏内输入 290。

⑥ 在 Turbulence Specification Method（湍流定义方法）一栏的下拉列表中选择 Intensity and Hydraulic Diameter（湍流强度与水力直径）。

⑦ 在 Turbulence Intensity（湍流强度）一栏填入 5（来流的湍流强度）。

⑧ 在 Hydraulic Diameter（水力直径）一栏填入 2（入口尺寸）。

⑨ 点击 OK，关闭 inlet-1 设置对话框。

（3）用同样的方法对 inlet-2 进行设置

入口速度 10 m/s；入口温度 350 K；其他与 inlet-1 相同。

（4）为出流口设置压力出流边界条件

在 Zones 栏内选择 outlet，注意到其边界类型为 pressure-outlet，点击 Set...，打开压力出流边界条件设置对话框，如图 2-1-45 所示。

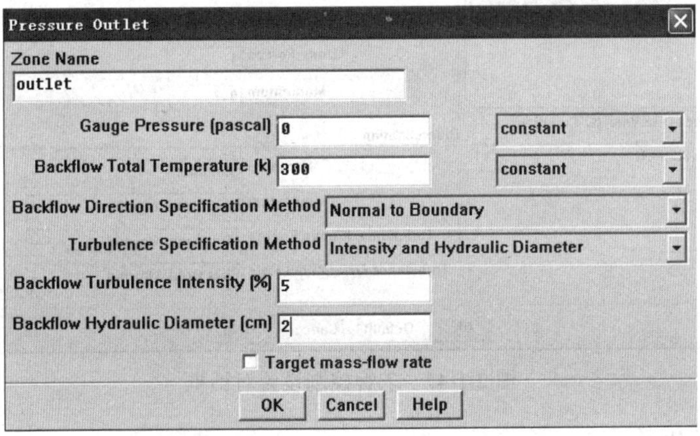

图 2-1-45 压力出流边界条件设置对话框

① 在 Gauge Pressure（表压强，也叫相对压强）项填入 0。

② 在 Backflow Total Temperature 项，保留默认值。

③ 在 Turbulence Specification Method 项选择 Intensity and Hydraulic Diameter。

④ 在 Turbulence Intensity 右侧输入 5。

⑤ 在 Hydraulic Diameter 右侧输入 2。

⑥ 点击 OK，设置完毕。

注意：对于出口情况未知的问题，常将出口边界类型设为 Outflow。

（5）设置壁面边界

对于壁面，保持如图 2-1-46 所示的默认设置（绝热壁面，热流量为 0）。

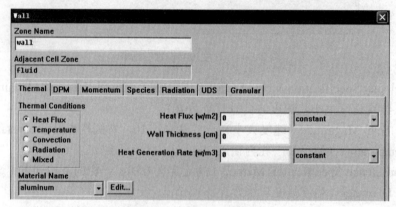

图 2-1-46　壁面边界设置对话框

第 5 步　迭代求解

（1）设置求解控制参数

操作：Solver → Controls →Solution....，打开求解控制参数设置对话框，如图 2-1-47 所示。保留默认设置，点击 OK。

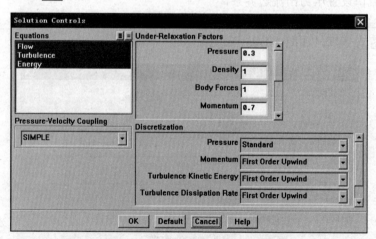

图 2-1-47　求解控制设置对话框

（2）流场初始化

操作：Solver → Initialize → Initialize...，打开流场初始化对话框，如图 2-1-48 所示。

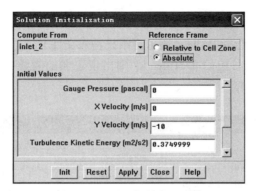

图 2-1-48　流场初始化对话框

① 在 Compute from 列表中选择 inlet_2，则流场初始数据，也就是对话框中数据与边界 inlet_2 相同。

② 点击 Init，再点击 Close，关闭初始化对话框。

若想查看 inlet-2 对应的是那个边界，可打开网格显示窗口，右击边界，既可在信息反馈窗口内显示其边界的名称及数据。

操作：Display → Grid...；点击 Display。

注意：初始化仅是对内部流动的一个猜测值，可以对其数值进行更改，其结果影响到迭代计算的收敛速度。

（3）设置残差监测器

操作：Solver → Monitors → Residual...，打开残差监测器，如图 2-1-49 所示。

① 在 Options 项选择 Print 和 Plot。

② 保留其他默认设置，点击 OK。

（4）设置监视器

在出口处，所关心的是温度、速度是否达到稳定值，为此，可以设置监视器，对所关心的截面和物理量进行监测。

操作：Solver → Monitors → Surface...，打开表面监视器设置对话框，如图 2-1-50 所示。

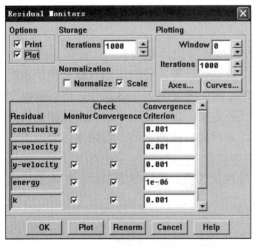

图 2-1-49　残差监测器设置对话框

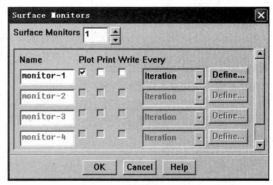

图 2-1-50　表面监视器设置对话框

① 将 Surface Monitors 右侧的数目增加到 1。

② 选择 Plot（若同时选择 Write，还可将结果写入文件）。

③ 点击 monitor-1 最右边的 Define... ，则出现表面监视器定义对话框，如图 2-1-51 所示。

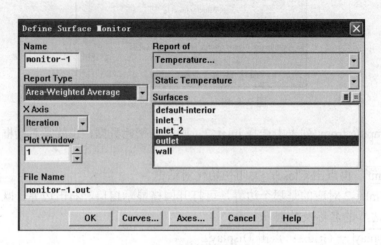

图 2-1-51　表面监视器定义对话框

④ 在 Report of 项选择 Temperature...和 Static Temperature。

⑤ 在 Surfaces 项选择监测表面为 outlet。

⑥ 在 Report Type 下拉列表中选择 Area-Weighted Average（面积平均）。

⑦ 点击 OK 。

（5）保存文件（mixer.cas）

操作：File → Write → Case...，输入文件名 mixer，并点击 OK 。

（6）开始迭代计算

操作：Solver → Iterate...

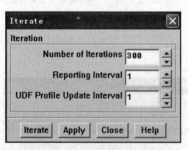

图 2-1-52　迭代参数设置对话框

打开迭代计算对话框，如图 2-1-52 所示。

① 在 Number of Iterations（迭代次数）栏内输入 300。

② 点击 Iterate 开始计算。

经过 152 次迭代计算，残差达到收敛标准，系统停止计算，残差监测曲线如图 2-1-53 所示。出口截面上的平均温度也已经走平，出口截面平均温度监测曲线如图 2-1-54 所示，表明出口截面上的平均温度已经基本达到稳定状态了。

为了更加细致地观察其变化，还应对 Y 轴（物理量的值）进行放大显示，如需要的话可进行更多的迭代计算。

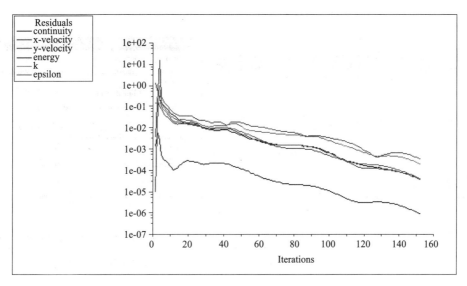

图 2-1-53　残差监测曲线

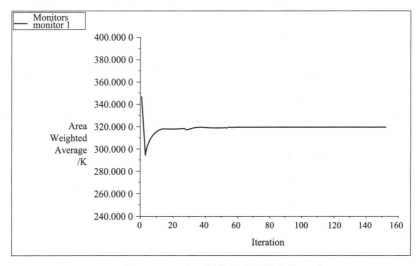

图 2-1-54　出口平均温度监测曲线

（7）放大截面温度监测曲线

打开图 2-1-51 所示的表面监视器定义对话框,点击下边的 Axes... ,出现对话框如图 2-1-55 所示。

① 在 Axis 项选择 Y。

② 在 Options 项不选择 Auto Range。

③ 在 Range 项,Minimum=319.5,Maximum=320。

④ 点击 Apply ,点击 Close ,关闭对话框。

（8）调整残差临界值

在图 2-1-49 中,将所有的临界值均改为 1e-06,如图 2-1-56 所示;点击 OK 。

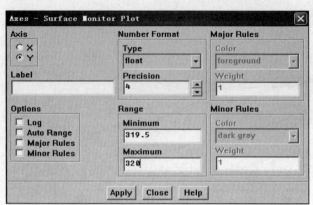

图 2-1-55　轴向曲线放大设置对话框

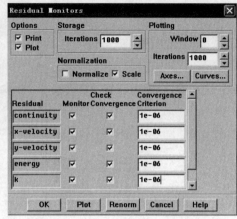

图 2-1-56　调整残差收敛临界值

（9）进一步迭代计算

在图 2-1-52 所示的迭代计算对话框内输入 200，点击 Iterate，继续进行迭代计算。迭代到 238 次后，残差收敛，出口平均温度监测曲线如图 2-1-57 所示。明显看出，出口处的平均温度已经达到稳定状态。出口平均温度约为 319.82 K。

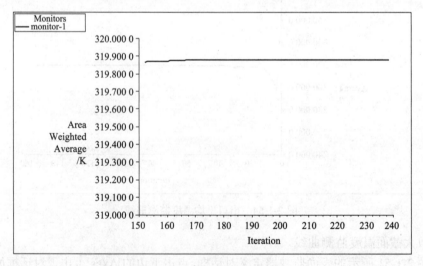

图 2-1-57　出口平均温度曲线

（10）保存 data 文件（mixer.dat）

操作：File → Write → Case & Data...

注意：① 查看文件夹，应又多出另外两个文件：mixer.dat 和 mixer.cas。

② 以后再打开文件时，若保留以上设置，可直接打开这两个文件。

操作：File → read → Case & Data...

利用浏览功能找到 mixer.cas 和 mixer.dat 文件。

第6步　显示计算结果

（1）利用不同颜色显示速度分布云图（填充方式）

操作：Display → Contours...，打开绘制云图设置对话框，如图 2-1-58 所示。

① 在 Contours of 项选择 Velocity...（速度）和 Velocity Magnitude（速度大小）。

② 在 Options 下选择 Filled（填充方式）。

③ 点击下面的 Compute；在对话框中可显示当前流场中最小速度为 0，最大速度为 22.76 m/s（呈灰色部分，不能改动）。

④ 点击下面的 Display，则将显示如图 2-1-59 所示速度分布云图。

注意：右击区域内任一点，将会在信息反馈窗内显示此点的值的范围。

（2）显示温度场

① 在绘制云图对话框中的 Contours of 下拉列表中选择 Temperature...（温度）和 Static Temperature（静温）。

② 点击 Computer。

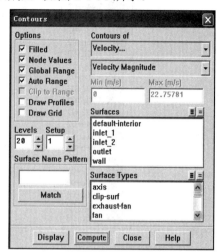

图 2-1-58　绘制云图设置对话框

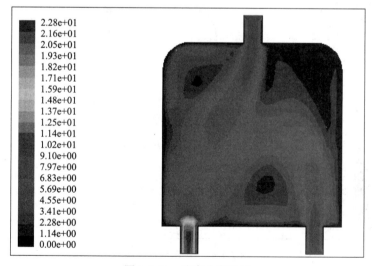

图 2-1-59　速度分布云图

③ 点击 Display。

温度分布云图如图 2-1-60 所示。若在 Options 下不选择 Filled，则流场的等温线如图 2-1-61 所示。

注意：Levels 下可选择显示等温线的条数（即将温度场分成多少条等温线）。同样的方法还可设置等压线等。

（3）显示速度矢量场

操作：Display → Velocity Vectors...，打开速度矢量场设置对话框，如图 2-1-62 所示。

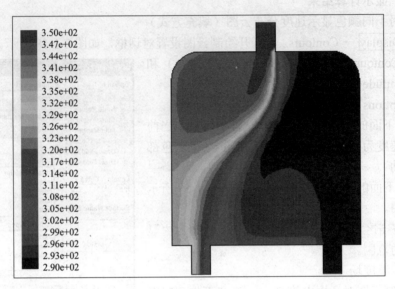

图 2-1-60　温度分布云图

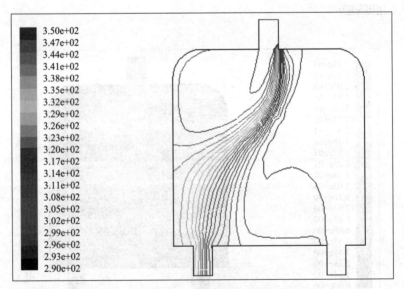

图 2-1-61　等温线曲线图

① 点击 Computer ，可以看到最大速度和最小速度值（呈灰色）。

② 在 Scale 项填入 3。

③ 保留其他默认设置，点击 Display ，得到速度矢量场如图 2-1-63 所示。

注意：① 在 Options 下的 Auto Scale（自动确定长度）在默认情况下是选中的，但不一定是最合适的，可以进行调整。

② 利用鼠标左键可以移动图像，鼠标中键可以缩放图像，鼠标右键可以得到区域内点的速度。

图 2-1-62　速度矢量场设置对话框

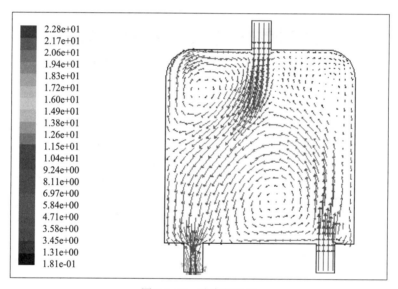

图 2-1-63　速度矢量图

（4）显示流场中的等压线

操作： Display → Contours...，打开绘图对话框。

① 在 Options 下，不选中 Filled。

② 在 Contour of 下选择 Pressure...和 Static Pressure。

③ 点击 Display ，得到等压线如图 2-1-64 所示。

（5）绘制出流截面上的温度分布图

操作： Plot → XY Plot...，打开 XY Plot 设置对话框，如图 2-1-65 所示。

① 在 Y Axis Function（Y 轴函数）项选择 Temperature 和 Static Temperature。

② 在 Surfaces（表面）项选择出口边界 outlet。

③ 保留其他默认设置，点击 Plot ，得到在出流口截面上的温度分布，如图 2-1-66 所示。

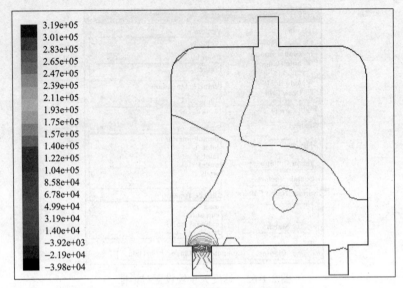

图 2-1-64　混合器内的等压线图

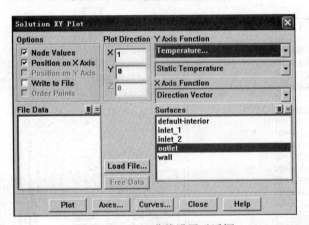

图 2-1-65　XY 曲线设置对话框

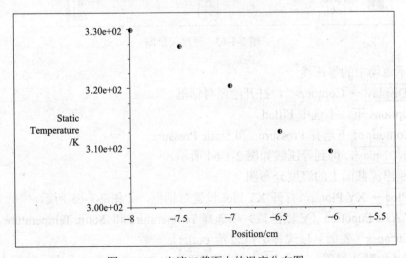

图 2-1-66　出流口截面上的温度分布图

注意：① 出流口截面的位置在 X 方向 −8～−6（cm）。

② 在用 GAMBIT 建模时，将此边界线等分为 4 份，故此只有 5 个点的数据。

③ 在 Plot Direction（绘图方向）中：X 取 1，Y 取 0，表示横轴为 X 轴；若 X 取 0，Y 取 1，则表示横轴为 Y 函数的数据。

（6）绘制出流截面上的压力分布图

① 在 XY Plot 对话框的 Y Axis Function 项选取 Pressure...（压强）和 Static Pressure（静压强）。

② 在 Surfaces 项选取 outlet。

③ 点击 Plot，得到出流口截面压力分布，如图 2-1-67 所示。

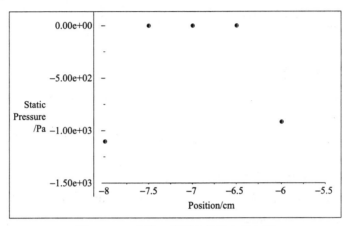

图 2-1-67　出流口截面上的压力分布图

（7）绘制出流截面上的速度分布图

① 在 XY Plot 对话框的 Y Axis Function 项选取 Velocity...（速度）和 Velocity Magnitude（速度大小）。

② 在 Surfaces 项选取出流截面 outlet。

③ 点击 Plot，得到出流口截面的速度分布图，如图 2-1-68 所示，速度大小呈对称分布。

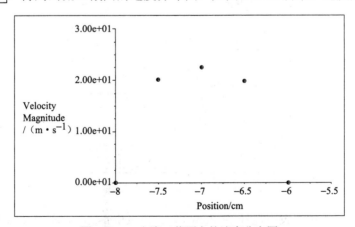

图 2-1-68　出流口截面上的速度分布图

（8）创建自定义函数 $\dfrac{1}{2}\rho v^2$（速度水头）

操作：$\boxed{\text{Define}}$ → Custom Field Functions...，打开自定义函数计算器，如图 2-1-69 所示。

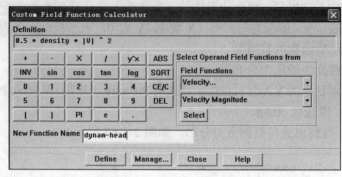

图 2-1-69　自定义函数计算器

① 点击自定义函数计算器上的 0、.、5、×（乘号）按钮（0.5*）。

② 在 Field Functions 下拉列表中选择 Density...（密度）和 Density，并点击 $\boxed{\text{Select}}$（选定）。

③ 点击×按钮。

④ 在 Field Function 下拉列表中选择 Velocity...（速度）和 Velocity Magnitude（速度的绝对值），并点击 Select（选定）。

⑤ 点击 $\boxed{\text{y^x}}$（乘幂）按钮，然后点击数字 2。

⑥ 在 New Function Name（新函数名）文本框内输入 dynam-head 作为函数名。

⑦ 点击 $\boxed{\text{Define}}$，再点击 $\boxed{\text{Close}}$，关闭对话框。

注意：除函数名外，建立公式的操作完全用鼠标进行，不能使用键盘输入。

（9）显示自定义函数的数值分布（等值线）

操作：$\boxed{\text{Display}}$ → Contours...，打开绘制等值分布图设置对话框，如图 2-1-70 所示。

图 2-1-70　等值分布设置对话框

① 在 Contours 下拉列表中选择 Custom Field Functions...，则刚定义的函数 dynam-head 出现在下面的栏内。

② 在 Options 项不选择 Filled，绘制等值线。

③ 保留其他默认设置，点击 $\boxed{\text{Display}}$。

④ 点击 Close，关闭对话框。

自定义函数（速度水头）等值线如图 2-1-71 所示。

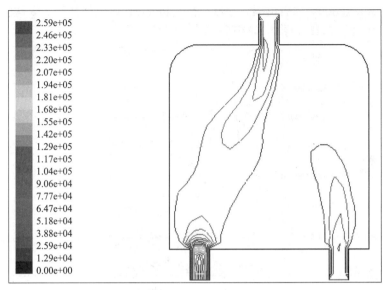

图 2-1-71　混合器内速度水头等值线图

第 7 步　使用二阶离散化方法重新计算

以上的求解计算使用的是一阶离散化方法。一般来说，其计算结果收敛性不理想，数据会上下波动。为改善求解精度，往往将能量方程改为二阶离散化方法重新计算。

（1）打开求解器设置对话框，设置能量方程的二阶离散，降低松弛系数

操作：Solve → Controls → Solution...，打开求解器设置对话框，如图 2-1-72 所示。

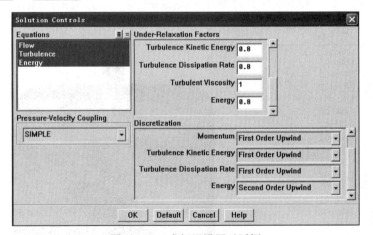

图 2-1-72　求解器设置对话框

① 在 Discretization（离散化方法）下 Energy（能量）项选择 Second Order Upwind（二阶迎风格式）。

② 在 Under-Relaxation Factors（松弛系数）项的 Energy 项，1 降为 0.8。

③ 其他项不变，点击 OK。

（2）继续进行 200 次迭代计算

操作：$\boxed{\text{Solve}}$ → Iterate...，打开迭代计算设置对话框。

在 Number of Iterations 项右侧填入 200，点击 Iterate。迭代计算到 373 次时，残差收敛。出口截面平均温度变化曲线如图 2-1-73 所示。

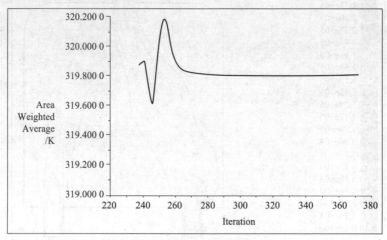

图 2-1-73　出口截面平均温度变化曲线

注意：在改变了求解控制参数后，曲线一般要有一个跳跃。

（3）将这一设置和求解结果写入文件 mixer_2.cas 和 mixer_2.dat

操作：$\boxed{\text{File}}$ → $\boxed{\text{Write}}$ → Case & Data...

（4）温度分布

操作：$\boxed{\text{Display}}$ → Contours...，打开绘制分布云图设置对话框。

① 在 Contours of 下拉列表中，选择 Temperature...和 Static Temperature。

② 点击 $\boxed{\text{Display}}$，得到混合器内温度分布云图，如图 2-1-74 所示。

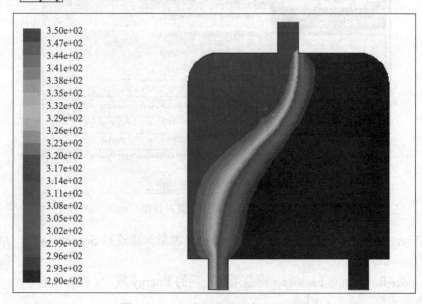

图 2-1-74　混合器内的温度分布云图

将此图与前面的温度分布图（2-1-60）比较，可以看出温度分布得到较好的改善。

第8步　自适应性网格修改

通过进一步改进网格使其更适合于流动计算，混合器内流动与热交换计算结果还可以得到进一步改善。现在，可以在目前求解的基础上，以温度梯度为基点来改善网格。在改动网格之前，应先确定温度梯度的范围。一旦网格得到改进，即可继续计算。

（1）显示基于单元的温度分布（cell-by-cell）

操作：$\boxed{\text{Display}}$ → Contours...，打开绘制云图设置对话框，如图 2-1-75 所示。

① 在 Options 项下不选择 Node Values。

② 在 Contours of 下拉列表中，选择 Temperature... 和 Static Temperature。

③ 点击 $\boxed{\text{Display}}$，得到温度分布图，如图 2-1-76 所示。

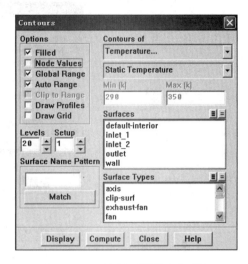

图 2-1-75　绘制云图设置对话框

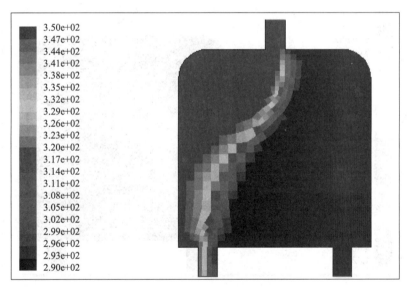

图 2-1-76　基于单元的温度分布云图

可以看到各个单元的温度值不是看起来光滑的温度分布了。单元的温度值是通过对该单元温度值进行平均而得到的，每一个单元内的温度相同，并以此绘制图。在准备改进网格时，应先看一下单元的值，可以看出将要进行网格改进的区域。

（2）绘制温度梯度图

① 在 Contours of 下拉列表中，选择 Adaption...和 Adaption Function。

② 在 Options 项不选择 Node Values（如图 2-1-77 所示）。

图 2-1-77　绘制分布图设置对话框

③ 点击 Display，得到温度梯度图，如图 2-1-78 所示。

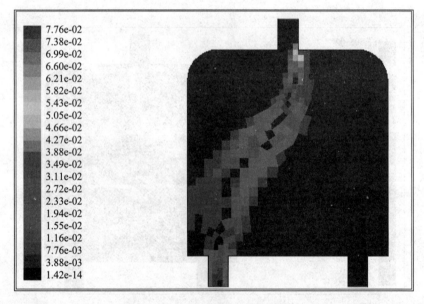

图 2-1-78　混合器内的温度梯度

注意：Adaption Function 为默认变量的梯度，变量的 Max 和 Min 为最新计算的值，其大小显示在 Contours 面板中。另外，对某些问题来说，其他变量的梯度对改进网格可能更有用。

（3）在一定范围内绘制温度梯度，标出需改进的单元

① 在 Options 项不选择 Auto Range，由此，可改变最小温度梯度值。

② 在 Min 栏输入 0.01（如图 2-1-79 所示）。

③ 点击 Display，结果如图 2-1-80 所示，有颜色的网格为"高梯度"范围，应给予改进。

图 2-1-79　绘制分布图设置对话框

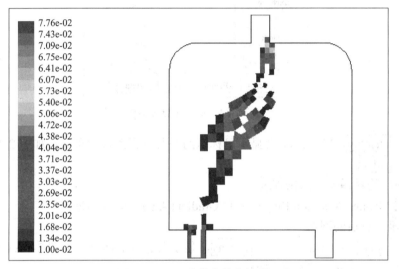

图 2-1-80　温度梯度较高的单元

（4）对高温度梯度区域内的网格进行改进

操作：Adapt → Gradient...，打开梯度自适应设置对话框，如图 2-1-81 所示。

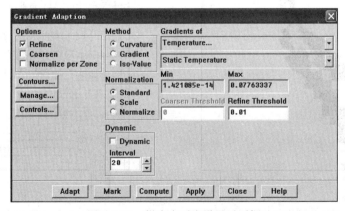

图 2-1-81　梯度自适应设置对话框

① 在 Gradients of 下拉列表中选择 Temperature...和 Static Temperature。

② 在 Options 下不选择 Coarsen，仅执行网格的修改功能。

③ 点击 Compute，FLUENT 将修正 Min 和 Max 值。

④ 在 Refine Threshold 项输入 0.01。

⑤ 点击 Mark，FLUENT 会在信息反馈窗口显示将要改进的单元数量。

⑥ 点击 Manage...，打开单元注册对话框，如图 2-1-82 所示，显示所标识的单元。

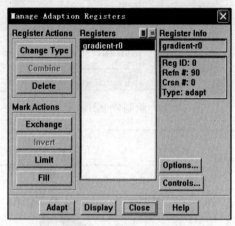

图 2-1-82　单元注册对话框

⑦ 点击 Display，FLUENT 会显示已标识的并要进行改进的单元，如图 2-1-83 所示。

⑧ 点击 Adapt。

⑨ 在弹出的对话框中点击 Yes。

⑩ 关闭 Manage Adaption Registers 和 Gradient Adaption 对话框。

（5）显示改进后的网格

操作：Display → Grid...，点击 Display，显示改进后的网格，如图 2-1-84 所示，明显看出在前面所标示的单元网格得到改善。

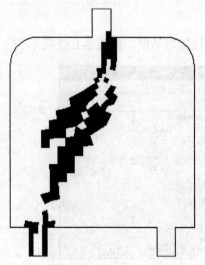

图 2-1-83　需进行网格细化的单元标识图

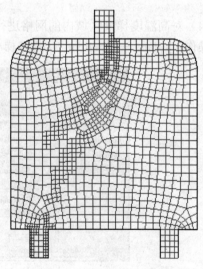

图 2-1-84　改进后的网格图

（6）继续进行 300 次迭代计算

操作： Solver → Iterate...

输入 300 后，点击 Iterate 。经过总共 525 次迭代计算后残差收敛，出口截面上的平均温度变化曲线如图 2-1-85 所示。

由图中可以看出以下几点：

① 每次在进行了新设置后重新计算时，平均温度总有一个较大跳跃，然后逐渐收敛于一个值。

② 在改变网格并改变了能量方程的计算方法后，出口截面的平均温度值虽有变化，但变化范围在 0.5 K 以内。

③ 相比来说，最后一种方法得出的结论更为可信。

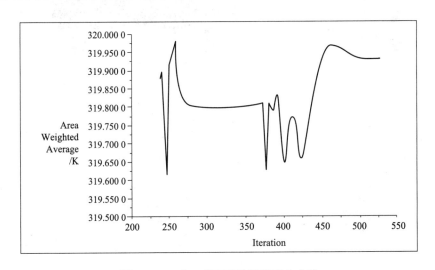

图 2-1-85　出口截面平均温度变化曲线

（7）存储 case 和 data 结果文件；取名为 mixer3

操作： File → Write → Case & Data...

（8）查看温度分布情况

操作： Display → Contours...

① 在 Contours of 下拉列表中，选择 Temperature...和 Static Temperature。

② 在 Options 下选择 Filled；点击 Display ，得到混合器内温度分布云图，如图 2-1-86 所示。

③ 在 Options 下不选择 Filled，点击 Display ，得到混合器内温度分布图，如图 2-1-87 所示。

其中，图 2-1-87 是以等温线的方式显示的，这种方式在对流场进行分析时经常使用。

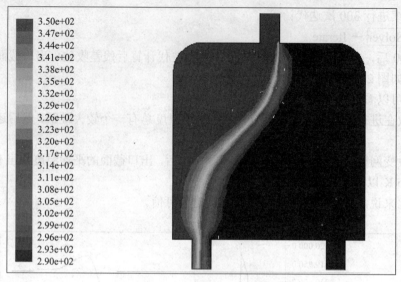

图 2-1-86　温度分布云图

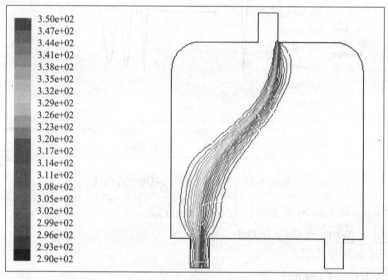

图 2-1-87　等温线分布图

小　结

在本例的温度计算过程中，我们使用了 3 种离散方法：

① 最初的网格，能量方程采用一阶离散方法。

② 最初的网格，能量方程采用二阶离散方法。

③ 利用温度梯度定位网格单元并给予改进（加密），能量方程采用二阶离散方法。

将 3 种方法得出的温度分布图进行比较,可以明显地看出数值计算结果的发散性越来越小。

在 FLUENT 中，默认的是一阶离散方法，其计算结果可以作为高阶离散方法的初始计算值。

注意：本例中，由于物性参数是常数，故流场和温度场没有耦合。对此，更有效的方法是先计算流场（即求解时不取能量方程），然后再计算能量方程（即不对流动方程进行求解）。在这一过程中，可使用 Solution Controls 面板的开（on）或关（off）进行转换。

课后练习

1. 对于最后的结果，绘制出口处的压强、速度和温度分布图。
2. 改变出入口边界条件后重新计算，观察结果。
3. 在出口边界上设置观察点，监测出口截面上的速度变化。
4. 自己重新设计一个冷空气与热空气的混合器，并计算内部的流动与热交换。

第二节　喷管内二维非定常流动

问题描述：空气在一个大气压的作用下通过平均背压 $\overline{p}_{exit} = 0.9$ atm 的缩放型喷管，喷管结构如图 2-2-1 所示。背压是以正弦波

$$p_{exit}(t) = A\sin(ft) + \overline{p}_{exit}$$

规律变化的。利用 FLUENT-2d 求解器计算喷管内的不定常流动。

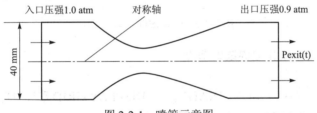

图 2-2-1　喷管示意图

在本例中，将利用 FLUENT 的耦合、隐式求解方法，针对在二维轴对称喷管内的不定常流动进行求解。在求解过程中，定常的解将作为非定常解的初始值。

第一部分：利用 GAMBIT 建立二维喷管计算模型的建模过程

1. 用坐标网格系统创建节点
2. 两个节点之间创建直线
3. 将一个角倒成圆弧
4. 由边创建面
5. 对各条边定义网格节点的分布
6. 在面上创建结构化网格
7. 定义边界类型
8. 为 FLUENT5/6 输出网格

第二部分：利用 FLUENT 进行求解

1. 求定常解（使用耦合、隐式求解器），并将其作为瞬态解的初始条件
2. 用自定义函数（UDF）来定义不定常流动的边界条件
3. 利用 FLUENT 的后处理功能显示流场中的速度、压力分布
4. 利用 FLUENT 非定常流动的动画功能建立非定常流动的动画显示

一、利用 GAMBIT 建立计算模型

第 1 步 启动 GAMBIT

（1）在 D 盘根目录下创建一个名为 nozzle 的文件夹

（2）启动 GAMBIT

双击 GAMBIT 图标，打开 GAMBIT 启动对话框，如图 2-2-2 所示。

① 在 Working Directory 右侧输入 D:\nozzle（也可通过 Browse 查找该目录）。

② 在 Session Id 右侧输入文件名 nozzle。

③ 点击 Run，启动 GAMBIT，并以 D:\nozzle 为工作目录，建立名为 nozzle 的文件。

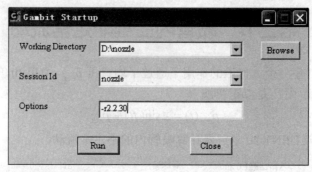

图 2-2-2 GAMBIT 启动对话框

第 2 步 创建坐标图和边界线的节点

（1）创建坐标网格图

操作：TOOLS → COORDINATE → DISPLAY GRID，打开坐标网格设置对话框，如图 2-2-3 所示。

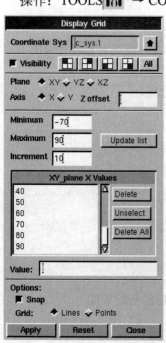

图 2-2-3 坐标网格线设置对话框

① 点击 Visibility 使其处于被选中状态。

② 在 Plane 选中 XY，在 Axis 选中 X。

③ 在 Minimum 项填入-70；在 Maximum 项填入 90；在 Increment 项填入 10。

④ 点击右侧的 Update list。

⑤ 在 Axis 选中 Y。

⑥ 在 Minimum 项填入 0；在 Maximum 项填入 20；在 Increment 项填入 5。

⑦ 点击右侧的 Update list。

⑧ 在 Options 下确认 Snap 处于被选中状态。

⑨ 在 Grid 一栏选中 Lines。

⑩ 点击 Apply。

则 GAMBIT 将画出一个 17×5 的网线图。可以点击 图标，使显示更加清楚。按下鼠标右键向上拖可缩小图形。此时，GAMBIT 工作窗口内将显示所设置的坐标网线，如图 2-2-4 所示。

（2）创建外部轮廓所需的节点

① 按下 Ctrl + 鼠标右键，依次点击坐标网格线图上的 A、B、C、…、G 各点；若有错误，可点击撤销图标 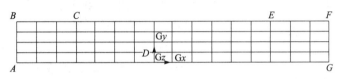。

② 在 Display Grid 对话框中，使 Visibility 处于非选中状态，再点击 Apply，坐标网格将不再显示，可以清晰地看到所定义的节点。

第 3 步　创建流域

（1）由节点创建直线

操作：GEOMETRY ⬛ → EDGE ⬜ → CREAT EDGE ⎯，打开创建直线对话框，如图 2-2-5 所示。

图 2-2-4　坐标网格线图

① 点击 Vertices 右侧黄色区域。

② 按下 Shift + 鼠标左键，依次点击 A、B、C、D、E、F、G 点。

③ 点击 Apply。

④ 按下 Shift + 鼠标左键，点击 G、A 点。

⑤ 点击 Apply。

则所创建的线段构成如图 2-2-6 所示的图形。

（2）利用圆角功能对 D 点处的角倒成圆弧

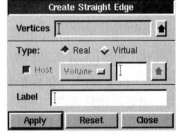

图 2-2-5　创建直线对话框

操作：GEOMETRY ⬛ → EDGE ⬜ → CREAT EDGE ⎯ _ ⎑ Fillet，打开圆角设置对话框，如图 2-2-7 所示。

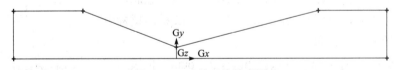

图 2-2-6　喷管直线轮廓图

图 2-2-7　圆角设置对话框

注意：右击 ⎯ 后选择 ⎑ Fillet。

① 用鼠标点击 Edge 1 右侧黄色区域，再用 Shift+鼠标左键点击线 CD；下面的 Uval1 表示点击点在线段上的偏置量，即沿箭头方向的线段长度比。

注意：偏置量应尽量小，否则当圆弧半径较大时不能正确执行，若发生此情况，可点击 Undo ↩ 重新操作。

② 用鼠标点击 Edge 2 右侧区域，再用 Shift+鼠标左键点击线 DE（Uval2 值应大一些）。

③ 在 Radius 右侧表内填入圆弧半径：60。

④ 点击 Apply。

操作结果如图 2-2-8 所示，直线 CD 和 DE 的交点处已经变成圆弧线。

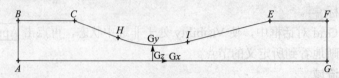

图 2-2-8 喷管轮廓图

图 2-2-9 创建面对话框

① 点击 Edges 右侧的黄色区域。

② 按下 Shift + 鼠标左键，点击边线 AB（在设置等比点列时，最好一次只选定一条边）。

③ 在 Type 右侧下拉列表中，选取 Successive Radio，此项的功能是使相邻两节点间距离之比为固定值。

④ 在 Type 下面，使 Double side（双向）按钮处于非选中状态。

⑤ 在 Ratio 右边填入比率：0.9；Invert 为倒数的意思，若节点分布方向不正确，可用此功能；也可按住 Shift 键用鼠标中键点击线段来改变线段方向。

⑥ 在 Spacing 项选 Apply 并选择 Interval Count，再填入节点数目：20。

⑦ 在 Option 项选择 Mesh。

⑧ 点击 Apply。

相同的方法和设置运用于边线 FG，则网格节点分布如图 2-2-11 所示。

（3）由边线创建面

操作：GEOMETRY ⬛ → FACES ⬛ → FORM FACE ⬛，打开创建面对话框，如图 2-2-9 所示。

① 点击 Edges 右侧黄色区域。

② 依次点击各条边线（构成一个封闭的环线）。

③ 点击 Apply，此时组成面的线由红色变为蓝色。

第 4 步 定义边线上的网格节点分布

操作：MESH ⬛ → EDGE ⬛ → MESH EDGES ✍，打开线网格设置对话框，如图 2-2-10 所示。

（1）在 AB、FG 边线上定义等比例距离的节点

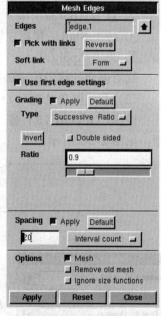

图 2-2-10 线网格设置对话框

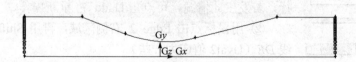

图 2-2-11 区域两端边线的节点分布图

（2）将其他边线定义为等距离分布的节点

① 在节点设置对话框中 Edge 右侧，选择边线 *BC*、*EF*。

（i）在 Ratio 右边填入比率 1。

（ii）在 Spacing 项选择 Interval Count，再填入节点数目 20。

（iii）点击 Apply。

② 在节点设置对话框中 Edge 右侧，选择边线 *CH*。

（i）在 Spacing 项填入节点数目 20。

（ii）点击 Apply。

③ 在节点设置对话框中 Edge 右侧，选择边线 *HI*、*IE*。

（i）在 Spacing 项填入节点数目 30。

（ii）点击 Apply。

④ 在节点设置对话框中 Edge 右侧，选择边线 *AG*。

（i）在 Spacing 项填入节点数目 120（与对边节点数目的总和相同）。

（ii）点击 Apply。

此时边线上的网格节点分布如图 2-2-12 所示。

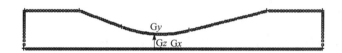

图 2-2-12　区域边线的网格节点分布图

第5步　创建结构化面网格

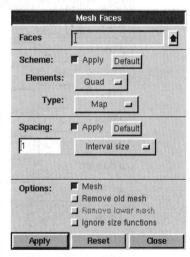

操作：MESH ▦ → FACE ▢ → MESH FACES ▨ ，打开网格设置对话框，如图 2-2-13 所示。

① 点击 Faces 右侧黄色区域。

② 按下 Shift+鼠标左键，点击所创建喷管边线。

注意：图中标志"E"表示线的末端，标志"S"表示线的起始端。

③ 在 Elements 项选择 Quad（四边形网格）。

④ 在 Type 项选择 Map（结构化网格）。

⑤ 保留其他默认设置，点击 Apply ，得到网格如图 2-2-14 所示。

注意：在形成网格的过程中，GAMBIT 将忽略 Interval size 中的 1。

图 2-2-13　网格设置对话框

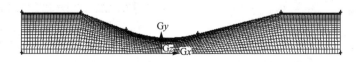

图 2-2-14　区域内的网格图

第 6 步　设置边界类型

（1）关闭网格线的显示

① 点击位于右下方工具栏内的 SPECIFY DISPLAY ATTRIBUTES ▣，打开显示属性设置对话框，如图 2-2-15 所示；

② 在 Mesh 的右边，点击 Off。

③ 点击 Apply。

注意：在设置边界类型前，先关闭网格线的显示，这是为了在几何上更清晰地显示组成面的线，网线并没有删除，只是看不到而已。

（2）设置边界类型

操作：ZONES ▣ → SPECIFY BOUNDARY TYPES ▣，打开边界类型设置对话框，如图 2-2-16 所示。

① 确定进、出口边界类型

（i）在 Name 右边的文本框内填入 inlet。

（ii）在 Type 下拉列表中选择 Pressure_inlet。

（iii）在 Entity 下选 Edges，并点击 Edges 右边黄色区域。

（iv）按下 Shift + 鼠标左键，点击边线 AB。

（v）点击 Apply。

用同样的方法将 FG 边线设置为 PRESSURE_OUTLET 类型，取名 outlet。

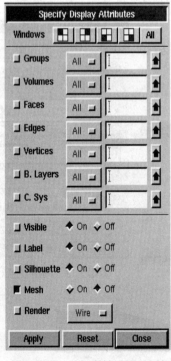

图 2-2-15　显示属性设置对话框

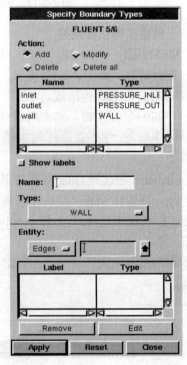

图 2-2-16　边界类型设置对话框

② 确定固壁边界类型。

（i）在 Name 右边的文本框内填入固壁名称：wall。

（ii）在 Type 下拉列表中选择 wall。

（iii）点击 Edges 右边黄色区域。

（iv）按下 Shift + 鼠标左键，点击边线 *BC*、*CH*、*HI*、*IE*、*EF*。

（v）点击 Apply 。

注意：这是为了今后分析壁面压强分布做准备的。

③ 定义一个对称轴。

（i）在 Name 右边的文本框内填入对称轴的名称 axis。

（ii）在 Type 下拉列表中选择 axis。

（iii）点击 Edges 右边黄色区域。

（iv）按下 Shift + 鼠标左键，点击边线 *AG*。

（v）点击 Apply 。

注意：① 若边界类型设置不正确，有两种方法进行处理：

（i）利用 Delete（在边界类型设置对话框的上方）功能删除后重新设置。

（ii）利用 Modify 功能进行修改。

② 另外，边界类型在 FLUENT 中还可重新设置。

③ 对于未定义边线，系统默认为固壁。

第 7 步 输出网格并保存文件

（1）输出网格文件

操作： File → Export → Mesh...

① 在打开的输出网格文件对话框（如图 2-2-17 所示）中，输入要保存的文件名和路径，例如：d：\nozzle\nozzle.mesh。若只输入文件名，则保存在工作目录中。

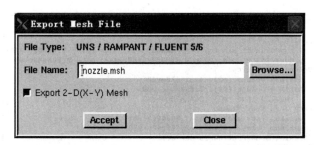

图 2-2-17 输出网格文件对话框

② 按下 Export 2-D (X–Y) Mesh 左边的小按钮，表示输出的是一个二维网格文件。

③ 点击 Accept 。

此时会在左下方的信息反馈窗口中看到文件被成功保存的信息：Mesh was successfully written to d：\nozzle\nozzle.msh。

（2）保存 GAMBIT 文件并退出 GAMBIT

操作： File → Exit，弹出保存文件对话框，如图 2-2-18 所示。点击 Yes ，保存文件并退出 GAMBIT。

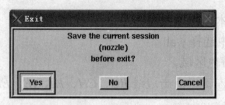

图 2-2-18   保存文件对话框

此时在工作目录中,已经建立了四个文件,nozzle.dbs、nozzle.jou、nozzle.trn 和 nozzle.msh。

二、利用 FLUENT 进行喷管内流动的仿真计算

准备工作:启动 FLUENT 的 2d 求解器。

第 1 步   与网格相关的操作

(1) 读入网格文件

操作:$\boxed{\text{File}}$ → $\boxed{\text{Read}}$ → Case...

① 在打开的对话框中,找到要读入的网格文件:d:\nozzle\nozzle.msh

② 点击 $\boxed{\text{OK}}$。

注意:在 FLUENT 读入网格文件后,将会在信息反馈窗口发出如下警告信息:

Warning:Use of axis boundary condition is not appropriate for a 2D/3D flow problem. Please consider changing the zone type to symmetry or wall,or the problem to axi-symmetric.

意思是由于有轴边界,需要把区域设为轴对称型。

(2) 网格检查

操作:$\boxed{\text{Grid}}$ → Check

FLUENT 将会对网格进行各种检查,并将结果在信息反馈窗口中显示出来(如图 2-2-19

```
Grid Check

Domain Extents:
   x-coordinate: min (m) = -7.000000e+001, max (m) = 9.000000e+001
   y-coordinate: min (m) = 0.000000e+000, max (m) = 2.000000e+001
Volume statistics:
   minimum volume (m3): 1.421670e-001
   maximum volume (m3): 3.057348e+000
     total volume (m3): 2.484334e+003
Face area statistics:
   minimum face area (m2): 1.299606e-001
   maximum face area (m2): 2.308212e+000
Checking number of nodes per cell.
Checking number of faces per cell.
Checking thread pointers.
Checking number of cells per face.
Checking face cells.
Checking bridge faces.
Checking right-handed cells.
Checking face handedness.
Checking element type consistency.
Checking boundary types:
Checking face pairs.
Checking periodic boundaries.
Checking node count.
Checking nosolve cell count.
Checking nosolve face count.
Checking face children.
Checking cell children.
Checking storage.
Done.
```

图 2-2-19   网格检查信息

所示)。其中要特别注意最小体积 (minimum volume) 一项，要确保为正值，否则无法计算，需要重新建模。另外，最后一行一定是 Done，不能有任何警告信息。

（3）设置长度单位

操作：$\boxed{\text{Grid}}$ → Scale...，打开网格长度单位设置对话框，如图 2-2-20 所示。

① 在 Units Conversion 下 Grid Was Created In 下拉列表中选取 mm。

② 点击 $\boxed{\text{Change Length Units}}$，点击下面的 $\boxed{\text{Scale}}$。

③ 点击 $\boxed{\text{Close}}$，关闭对话框。

（4）显示网格

操作：$\boxed{\text{Display}}$ → Grid...，打开网格显示设置对话框，如图 2-2-21 所示。

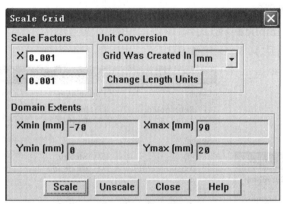

图 2-2-20　长度单位设置对话框

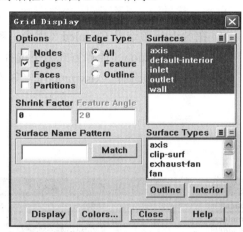

图 2-2-21　网格显示设置对话框

点击 Display 后，显示的网格图形不是整体，而是图形的一半。为了更好地显示网格图形，可以利用镜面（中心线）反射功能，以对称面为镜面，进行对称反射并构成一个整体。

（5）通过中心轴进行对称反射

操作：$\boxed{\text{Display}}$ → Views...，打开视图设置对话框，如图 2-2-22 所示。

① 在 Mirror Planes（镜面、对称面）栏内选择 axis。

② 点击 $\boxed{\text{Apply}}$，得到整体区域的网格图显示，如图 2-2-23 所示。

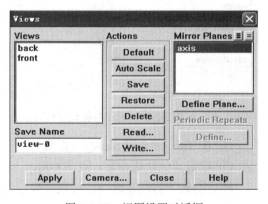

图 2-2-22　视图设置对话框

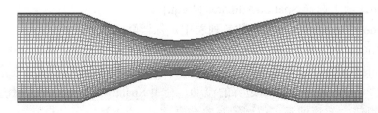

图 2-2-23　整体区域的网格图

（6）重新定义压强的单位

为方便起见，重新定义压强的单位为大气压 atm；这不是默认单位，FLUENT 中压强的单位默认是 Pa。

操作：Define → Units...，打开物理单位设置对话框，如图 2-2-24 所示。

① 在 Quantities（物理量）列表中选择 Pressure（压强）。

② 在 Units（单位）一栏中选择 atm（大气压）。

③ 点击 Close，关闭对话框。

第 2 步　设置求解模型

（1）选择耦合、隐式求解器

操作：Define → Models → Solver...，打开求解器设置对话框，如图 2-2-25 所示。

① 在 Solver 项选择 Coupled（耦合求解器）。

② 在 Formulation（计算方式）下选择 Implicit（隐式）。

③ 在 Space 项选择 Axisymmetric（轴对称）。

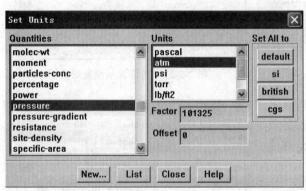
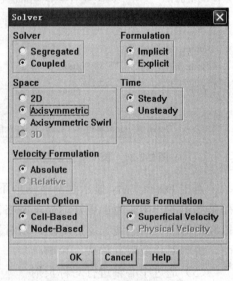

图 2-2-24　物理单位设置对话框　　　　　　图 2-2-25　求解器设置对话框

④ 在 Time 项选择 Steady（定常）。

⑤ 保留其他默认设置，点击 OK。

注意：先求解定常流动，计算结果作为非定常流动的初始值。

（2）选择湍流模型

操作：Define → Models → Viscous...，打开湍流模型设置对话框，如图 2-2-26 所示。

① 在 Model 项下选择 Spalart-Allmaras [1 eqn] 。

② 在 Model Constants（模型常数）列表中，保留默认值。

③ 点击 OK。

注意：Spalart-Allmaras 湍流模型是一种相对简单的一方程模型，仅考虑了动量的传递方程。在气体动力学中，对于有固壁边界的流动，利用 Spalart-Allmaras 模型计算边界层内的流动以及压力梯度较大的流动都可得到较好的结果。

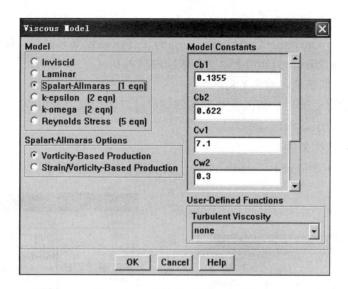

图 2-2-26　湍流模型设置对话框

第3步　设置流体属性

操作：Define → Materials...，打开流体属性设置对话框，如图 2-2-27 所示。

① 在 Properties（属性）栏中，在 Density（密度）右边下拉列表中选择 ideal-gas。

注意：此时，FLUENT 会自动激活求解能量方程，不用再到能量方程设置对话框（Energy panel）中进行设置了。

② 保留其他默认设置。

③ 点击 Change/Create，保存设置。

④ 点击 Close，关闭对话框。

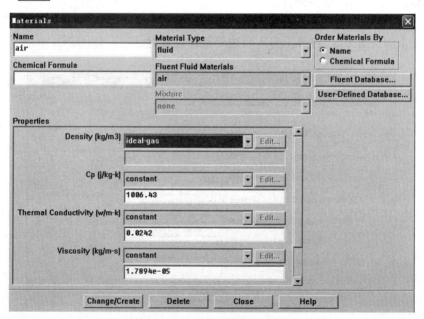

图 2-2-27　流体属性设置对话框

第4步　设置工作压强为 0 atm

操作：Define → Operating Conditions...，打开工作压强设置对话框，如图 2-2-28 所示。

① 在 Operation Pressure [atm]下面的文本框内填入 0。

② 其他项保留默认值，点击 OK。

注意：起始压强设置为 0 后，在边界条件设置时，将是以绝对压强给定的。边界条件中压强的给定总是相对于工作压强的。

第5步　设置边界条件

操作：Define → Boundary Conditions...，打开边界类型设置对话框，如图 2-2-29 所示。

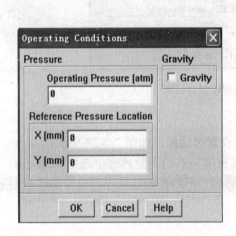

图 2-2-28　工作压强设置对话框

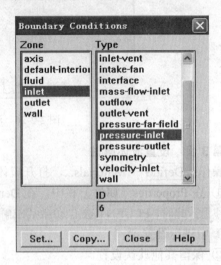

图 2-2-29　边界类型设置对话框

（1）设置喷管的入口边界条件

① 在 Zone 下拉列表中选取 inlet，则在 Type 列表中显示其为 pressure-inlet 类型。

② 点击下面的 Set...；打开压力入口边界条件设置对话框，如图 2-2-30 所示。

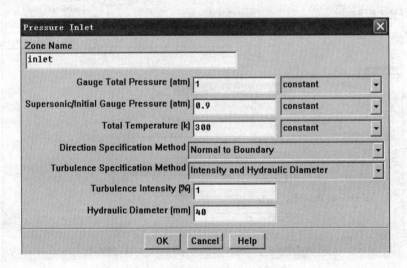

图 2-2-30　压力入口边界条件设置对话框

③ 在 Gauge Total Pressure [atm]（总压）填入 1。

④ 在 Supersonic/Initial Gauge Pressure（超音速/初始表压）填入：0.9。

注意：喷管入口的滞止压强是根据喷管出口处的平均压强计算出的，这个值在初始化时要用到，即用来估计管内的速度。

⑤ 在 Turbulence Specification Method（湍流定义方法）下拉列表中，选取 Intensity and Hydraulic Diameter（湍流强度与水力直径）。

⑥ 设置 Turbulent Intensity 为 1，对于一般的入口湍流，1 为建议值。

⑦ 在 Hydraulic Diameter（mm）项输入 40（入口直径）。

⑧ 保留其他默认设置，点击 OK，关闭对话框。

（2）设置喷管出口的边界条件

① 在边界类型设置对话框中，在 Zone 列表中选择 Outlet。

② 点击 Set...，打开压力出流边界条件设置对话框，如图 2-2-31 所示。

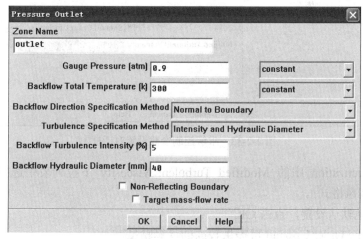

图 2-2-31　压力出流边界条件设置对话框

③ 设置 Gauge Pressure（表压强）为 0.9。

④ 在 Turbulence Specification Method 项选取 Intensity and Hydraulic Diameter。

⑤ 在 Backflow Turbulent Intensity（回流湍流强度）输入 5。

⑥ 在 Backflow Hydraulic Diameter（mm）项输入 40。

注意：若在出口处真的发生了回流，还应调整回流值以适合实际的出流条件。

⑦ 点击 OK，关闭对话框。

第 6 步　求解定常流动

（1）流场初始化

操作：Solve → Initialize → Initialize，打开初始化设置对话框，如图 2-2-32 所示。

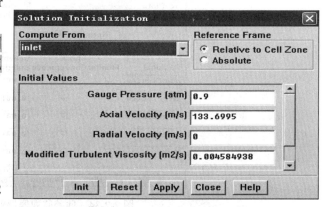

图 2-2-32　流场初始化设置对话框

① 在 Compute From 下拉列表中选择 inlet。

② 点击 Init 初始化。

③ 点击 Close，关闭对话框。

注意：读者可以利用第一章的知识（式 1-5-12），解释入口处的初始速度。

（2）设置求解控制参数

操作：Solve → Controls → Solution...，打开求解控制参数设置对话框，如图 2-2-33 所示。

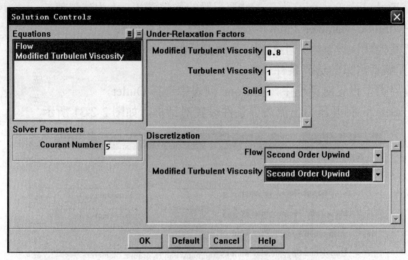

图 2-2-33　求解控制参数设置对话框

① 在 Discretization 中的 Modified Turbulent Viscosity 下拉列表中选择 Second Order Upwind（二阶迎风格式）。

② 保留其他默认设置，点击 OK。

注意：Second Order Upwind 可提供较高的计算精度。

（3）设置残差监视器

操作：Solve → Monitors → Residual...，打开残差监视器设置对话框，如图 2-2-34 所示。

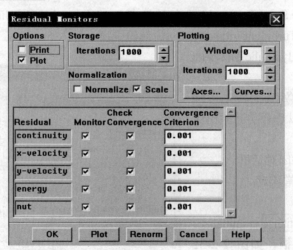

图 2-2-34　残差监视器设置对话框

① 在 Options 下面，选择 Plot，并使 Print 处于非选状态。

② 保留其他项为默认设置，点击 OK 。

（4）设置出口质量流量监视器

操作：Solve → Monitors → Surface...，打开表面监视器对话框，如图 2-2-35 所示。

① 使 Surface Monitors 右侧文本框内数字增加为 1。

② 选中 Plot。

注意：若选择 Write，将意味着质量流量的出流过程将被输出到一个文件中。

③ 点击右侧的 Define... ，打开表面监视器设置对话框，如图 2-2-36 所示。

④ 在 Report Type 下拉列表中，选择 Mass Flow Rate（质量流量）。

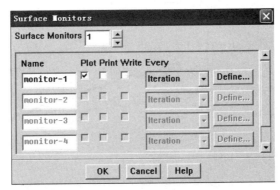

图 2-2-35 表面监视器对话框

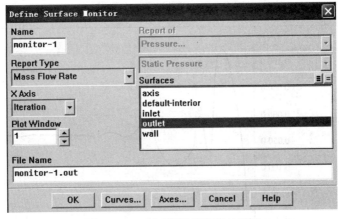

图 2-2-36 表面监视器设置对话框

⑤ 在 Surfaces（表面）下拉列表中，选择 outlet。

⑥ 保留其他默认值，点击 OK 。

（5）保存 case 文件，文件名为：nozss.cas

操作：File → Write → Case....

（6）设置 1 000 次迭代次数，开始计算

操作：Solve → Iterate...，打开迭代计算设置对话框，如图 2-2-37 所示。

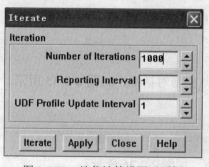

图 2-2-37　迭代计算设置对话框

① 在 Number of Iterations 项填入 1 000。

② 保留其他默认设置，点击 Iterate 。

迭代 391 次后，计算收敛。残差监测曲线如图 2-2-38 所示，质量流量曲线如图 2-2-39 所示。

注意：若仅仅是残差曲线所表示的收敛，而质量流量还没有达到常值，可降低连续性方程的收敛值，使迭代计算继续进行，直到质量流量达到常值为止。

（7）保存 data 文件，文件名：nozss.dat

操作： File → Write → Data...

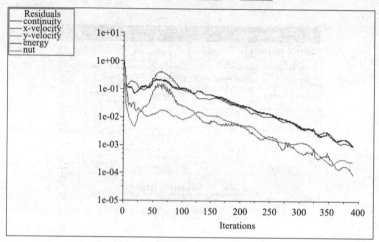

图 2-2-38　残差监测变化曲线

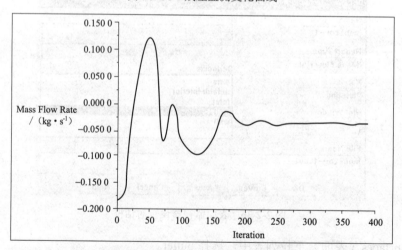

图 2-2-39　出口质量流量监测变化曲线

（8）检查质量流量的连续性

操作： Report → Fluxes，打开流量报告设置对话框，如图 2-2-40 所示。

① 在 Options 项选择 Mass Flow Rate。

② 在 Boundaries 项选择 inlet 和 outlet。

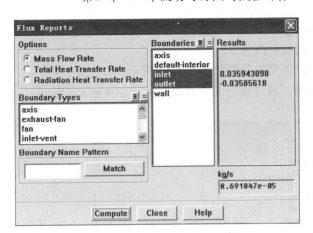

图 2-2-40　流量报告设置对话框

③ 点击 Compute 。

在 Results 项会显示相应边界的流入或流出质量，其中流入为正，流出为负。通过 inlet 边界流入质量为 0.035 943 kg/s；通过 outlet 流出的质量为 0.035 856 kg/s，二者之差显示在下面的栏内，约为 8.7e-5 kg/s。

注意：① 尽管质量流量曲线说明了解的收敛性，还应检查一下通过区域的质量流量是否满足质量守恒定律。

② 流入与流出的质量有一点误差，这一误差应有一个范围，比如，总流量的 1%，若超过这个范围，则应降低收敛临界值后继续计算。

（9）显示定常流动速度矢量

操作：Display → Vectors...，打开速度矢量场设置对话框，如图 2-2-41 所示。

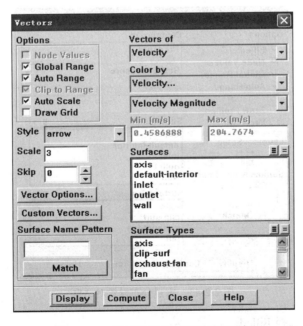

图 2-2-41　显示速度矢量场设置对话框

① 在左侧的 Style 下拉列表中，选择 arrow（箭头）。
② 将 Scale（比例尺）改为 3。
③ 点击 Display，速度矢量图如图 2-2-42 所示。
定常流动计算表明，通过喷管的流速最高可达 204 m/s 左右。

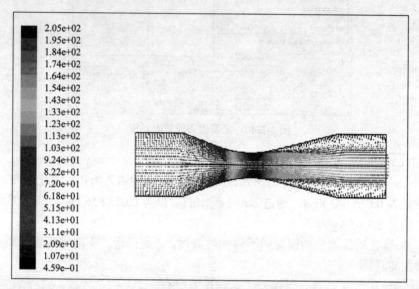

图 2-2-42　速度矢量图

（10）显示压强分布
操作：Display → Contours...，打开压强分布设置对话框，如图 2-2-43 所示。

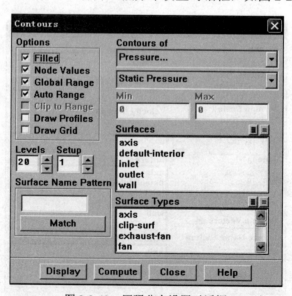

图 2-2-43　压强分布设置对话框

① 在 Options 项选择 Filled。
② 在 Contours of 项选择 Pressure...和 Static Pressure。

③ 保留其他默认设置，点击 Display ，得到区域内压强分布如图 2-2-44 所示。

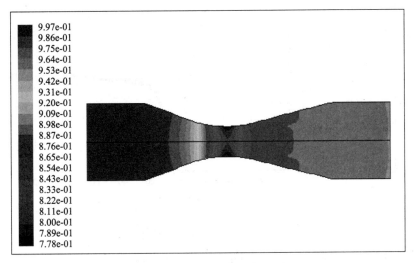

图 2-2-44　喷管内压强分布图

由图中可以明显看出，喷管左边为高压区，右边为低压区，气体在两端压差的作用下流动。在喷管喉部气体流速最快，其压强也最小。

（11）显示喷管壁面上的压强分布

操作：Plot → XY Plot...，打开 XY 曲线设置对话框，如图 2-2-45 所示。

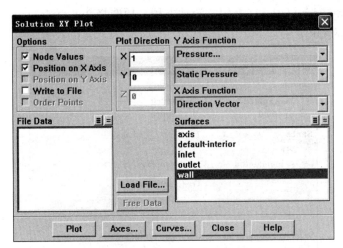

图 2-2-45　XY 曲线设置对话框

① 在 Y Axis Function（Y 轴函数）下拉列表中选择 Pressure... 和 Static Pressure。

② 在 Surface 项选择 wall（喷管壁面）。

③ 点击下面的 Plot ，得到在喷管壁面上的压强分布图，如图 2-2-46 所示。

（12）保存计算结果（保存到 case 和 data 文件中）

操作：File → Write → Case&Date...

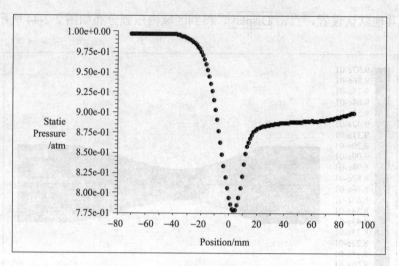

图 2-2-46　喷管壁面上的压强分布图

第 7 步　非定常边界条件的设置以及非定常流动的计算

下面设出口截面上的压强是一个随时间而变动的量，由此使得整个喷管内的流动为一个非定常的流动。

（1）设置非定常流动求解器

操作：Define → Models → Solver...，打开求解器设置对话框，如图 2-2-47 所示。

① 在 Time 项选择 Unsteady（非定常）。

② 在 Unsteady Formulation（非定常流动方程）项选择 2nd-Order Implicit。

③ 点击下面的 OK。

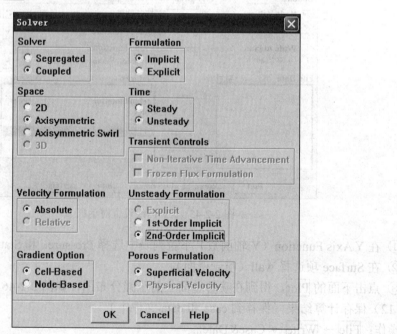

图 2-2-47　求解器设置对话框

注意：① 对于瞬态流动仿真计算，隐式格式的时间推进法要求设置一个时间间隔（而FLUENT 则是基于 Courant 条件来进一步确定内部迭代的时间间隔）。

② 设置二阶隐式（2nd-Order Implicit）时间推进法使计算精度更高。

（2）为喷管出口定义非定常边界条件

定义出口截面上的压力变化曲线为一波形曲线，其控制方程为

$$p_{exit}(t) = A\sin(ft) + \overline{p}_{exit}$$

式中　A——压力波的波幅（atm）；

　　　f——非定常压强的圆频率（rad/s）；

　　　$\overline{p}_{exit}$——平均出口压强（atm）。

并设 $A = 0.08$ atm ；　$f = 2n\pi = 400\pi = 1256.6$ rad/s ；　$\overline{p}_{exit} = 0.9$ atm 。

注意：① 此控制方程是用一个用户自定义函数（pexit.c）来描述的。

② 在用此方程时，要注意单位问题。函数 pexit.c 的值要用一个因数 101 325 去乘，将所选单位（atm）转换为 FLUENT 所要求的 SI 单位（Pa）。

③ 程序应存放在当前目录下。

pexit.c 的源程序的参考代码如图 2-2-48 所示，读者可用记事本等工具编写后保存在当前目录下，文件名为 pexit.c，也可将随书光盘中的相应文件复制到当前目录下。

```
/**********************************************/
/* pexit.c */
/**********************************************/
#include "udf.h"
DEFINE_PROFILE (unsteady_pressure, thread, position)
{
face_t f;
begin_f_loop (f, thread)
{
real t = RP_Get_Real ("flow-time");
F_PROFILE (f, thread, position) =101325* (0.9+ 0.08*sin (1256.6*t)) ;
}
end_f_loop (f, thread)
}
```

图 2-2-48　pexit.c 源程序代码

① 读入自定义函数。

操作：Define → User-Defined → Functions → Interpreted...，打开自定义函数设置对话框，如图 2-2-49 所示。

（i）在 Source File Name 项填入文件名：pexit.c。

（ii）保留其他默认设置，点击下面的 Interpret 。

（iii）点击 Close，关闭 Interpreted UDFs 设置对话框。

② 设置出口处的非定常边界条件。

操作：Define → Boundary...，打开边界选择设置对话框，如图 2-2-50 所示。

（i）在 Zone 下拉列表中选择 outlet。

（ii）在 Type 项下为 pressure-outlet。

图 2-2-49　自定义函数设置对话框

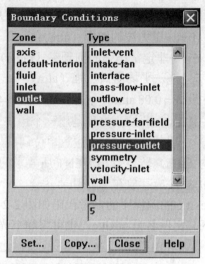

图 2-2-50　边界选择设置对话框

（iii）点击下面的 Set...，打开压力出流边界设置对话框，如图 2-2-51 所示。

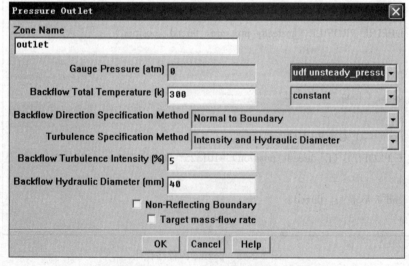

图 2-2-51　压力出流边界设置对话框

（iv）在 Gauge Pressure 右侧的下拉列表中选择 udf unsteady pressure。

（v）保留其他设置不变，点击 OK。

第 8 步　求解非定常流动

（1）设置时间间隔的有关参数

设置时间间隔是进行非定常流动计算的关键一步。设时间间隔为 0.0001，压力波一个周期要求 50 个时间间隔，压力波开始和结束均在喷管的出口处。

操作：$\boxed{\text{Solve}}$ → Iterate...，打开迭代设置对话框，如图 2-2-52 所示。

① 在 Time Step Size（时间间隔大小）右边填入 0.0001。

② 在 Number of Time Steps（时间间隔数）右边填入 300。

③ 在 Max Iterations per Time Step（每时间间隔内最大迭代次数）右边填入 30。

④ 点击下面的 $\boxed{\text{Apply}}$，保存设置。

（2）修改出口处质量流量监视器设置

操作：$\boxed{\text{Solve}}$ → $\boxed{\text{Monitors}}$ → Surface...，打开监视器对话框，如图 2-2-53 所示。

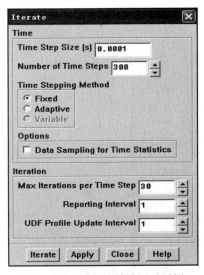

图 2-2-52　迭代计算设置对话框

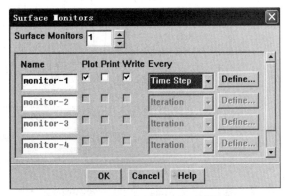

图 2-2-53　表面监视器对话框

① 选择 Plot 和 Write。

② 在 Every 项下拉列表中选择 Time Step。

③ 点击右侧的 $\boxed{\text{Define...}}$，打开表面监视器设置对话框，如图 2-2-54 所示。

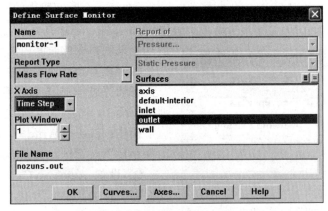

图 2-2-54　表面监视器设置对话框

（i）在 File Name 项下填入输出文件名 nozuns.out。

（ii）在 X Axis 下拉列表中选择 Time Step。

（iii）在 Surfaces 项选择 outlet。

（iv）注意到在 Plot Window 下为 1，点击 OK。

（3）保存求解结果到文件 nozuns.cas

操作：File → Write → Case...

（4）开始非定常瞬态流动计算

在 Iterate 对话框中点击 Iterate，出口处质量流量的出流过程如图 2-2-55 所示。

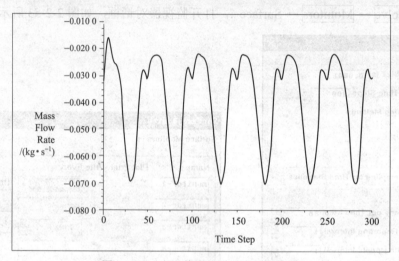

图 2-2-55　出口截面处质量流量变化图

注意：通过 300 个时间间隔的迭代计算，将完成 6 个压力波的流动过程计算。

（5）保存计算结果文件 nozuns.dat

操作：File → Write → Data...

第 9 步　对非定常流动计算数据的保存与后处理

求解结果达到对时间的周期状态后，为研究在一个压力周期内的流动变化规律，再进行 50 次的迭代计算。利用 FLUENT 的动画功能来显示在每一个时间段内的压力变化，再利用自动保存功能来保存每隔 10 个时间间隔的 case 和 data 文件。在计算完成之后，可利用动画播放功能来观察在此时间内的压力变化。

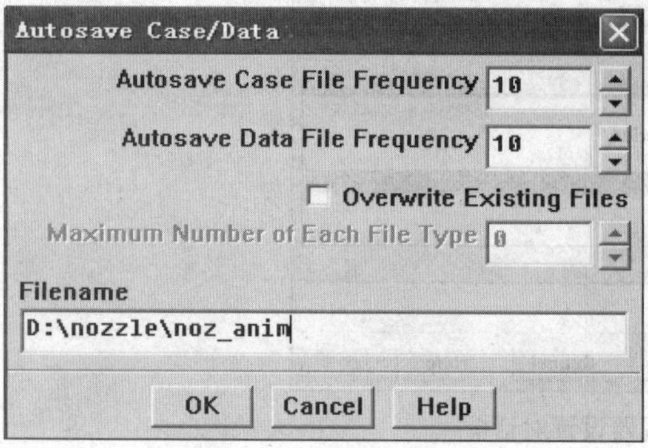

（1）设置自动保存文件

在计算过程中，自动保存 case 和 data 文件，要求每隔 10 个时间间隔保存一次。

操作：File → Write → Autosave...，打开自动保存设置对话框，如图 2-2-56 所示。

① 设置 Autosave Case File Frequency（自动保存文件的频率）为 10。

② 设置 Autosave Data File Frequency（自动保存数据的频率）为 10。

图 2-2-56　自动保存设置对话框

③ 在 Filename 项填入 noz_anim。

④ 点击 OK。

注意：FLUENT 在保存文件时，会在文件名（noz_anim）后面加上显示时间值。例如 noz_anim0340.cas and noz_anim0340.dat，其中 0340 表示时间间隔值。

（2）设置管内压强的动画播放

操作：Solve → Animate → Define...，打开动画设置对话框，如图 2-2-57 所示。

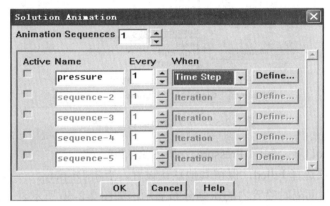

图 2-2-57　动画设置对话框

① 将 Animation Sequences 增加到 1。

② 在 Name 下，第一项填入 pressure。

③ 在 When 项下拉列表中，选择 Time Step。

④ 在 Every 项下保留默认值 1（动画的播放频率为一个时间间隔）。

⑤ 点击 pressure 右边的 Define...，打开动画播放设置对话框，如图 2-2-58 所示。

⑥ 在 Window 右边的数目增加到 2，并点击 Set，打开图形窗口 2。

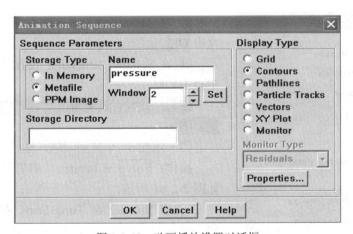

图 2-2-58　动画播放设置对话框

⑦ 在 Display Type 下选择 Contours，打开压力分布图设置对话框，如图 2-2-59 所示。

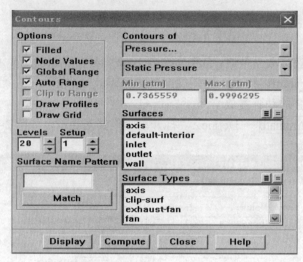

图 2-2-59 压力分布图设置对话框

⑧ 在 Contours of 项，保留 Pressure... 和 Static Pressure。

⑨ 在 Options 项选择 Filled，保留其他默认设置，点击 Display 。

经过 300 个时间间隔时喷管内的压强分布显示，如图 2-2-60 所示。

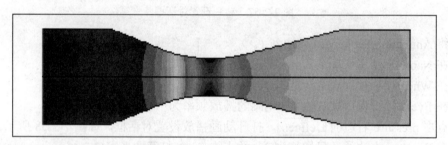

图 2-2-60 喷管内压力分布图

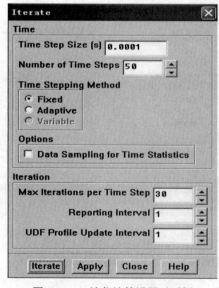

图 2-2-61 迭代计算设置对话框

⑩ 在 Animation Sequence 对话框（图 2-2-58）中点击 OK 。

⑪ 在 Solution Animation 设置对话框（图 2-2-57）中点击 OK 。

注意：此时可调整窗口 2 内的图像，使之显示得更清晰。

（3）增加 50 个时间间隔，继续计算

操作：Solve → Iterate...，打开迭代设置对话框，如图 2-2-61 所示。

① 在 Number of Time Steps 右侧文本框内填入 50。

② 保留其他设置，点击 Iterate ，开始计算。

增加 50 个时间间隔意味着使求解时间增加了 0.005 s，这也是一个压力变化周期的时间。利用自动保存功能，每隔 0.001 s 保存一次 case、data 文件，并保存动画文件。在计算结束后，应有 5 对 case 和 data 文件。

（4）更改显示方式

操作：Display → Options...，打开显示设置对话框，如图 2-2-62 所示。

① 在 Rendering 项下，选择 Double Buffering，这将会使动画的曲线更加光滑。

② 点击 Apply。

（5）演示流场内压力的变化过程

操作：Solve → Animate → Playback...，打开动画演示设置对话框，如图 2-2-63 所示。

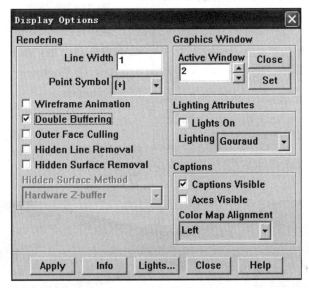

图 2-2-62　显示设置对话框

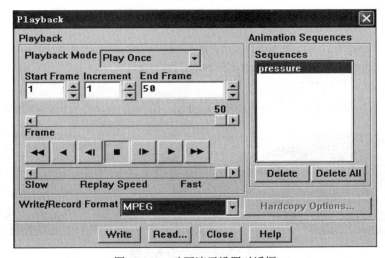

图 2-2-63　动画演示设置对话框

① 在 Animation Sequences 项选择 pressure。

② 保留其他默认设置。

③ 点击播放面板上的播放按钮 ▶，观看喷管内压力的变化。

④ 在 Write/Record Format 项选择 MPEG，点击下面的 Write，可创建 MPEG 格式的动画文件，文件名为 pressure。

（6）查看在 320 时间间隔时刻流场情况

① 读入 Case 和 Data 文件。

操作：File → Read → Case & Data...，打开读入文件对话框，找到并读入名为 noz_anim0320 的 case 和 data 文件。

② 马赫数分布云图。

操作：Display → Contours...，打开绘制云图设置对话框，如图 2-2-64 所示。

（i）在 Contours of 项选择 Velocity...和 Mach Number。

（ii）在 Options 项选择 Filled。

（iii）保留其他默认设置，点击下面的 Display，得到马赫数分布云图，如图 2-2-65 所示。

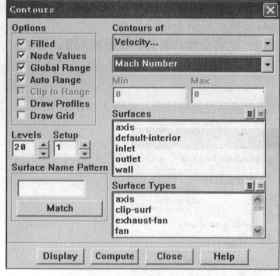

图 2-2-64　绘制云图设置对话框

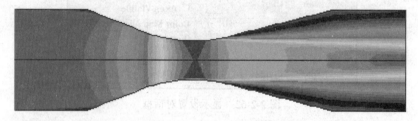

图 2-2-65　马赫数分布云图

③ 压力分布云图。

（i）在 Contours of 项选择 Pressure...和 Static Pressure。

（ii）在 Options 项选择 Filled。

（iii）保留其他默认设置，点击下面的 Display，得到压力分布云图，如图 2-2-66 所示。

图 2-2-66　压力分布云图

④ 等温线。

（i）在 Contours of 项选择 Temperature...和 Static Temperature。

（ii）在 Options 项不选择 Filled（绘制等值线）。

（iii）保留其他默认设置，点击 Display ，得到等温度分布图，如图 2-2-67 所示。

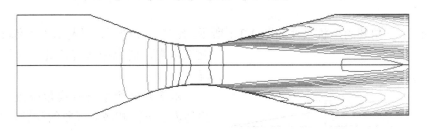

图 2-2-67　等温线分布图

小　结

1. 关于用户自定义函数

用户自定义函数（User-Defined Functions，即 UDFs）是用 C 语言书写的，可以提高 FLUENT 程序的标准计算功能。我们可以用 UDFs 来定义：① 边界条件；② 源项；③ 物性定义（除了比热外）；④ 表面和体积反应速率；⑤ 用户自定义标量输运方程；⑥ 离散相模型（例如体积力，拉力，源项等）；⑦ 变量初始化；⑧ 壁面热流量；⑨ 使用用户自定义标量后处理等。

自定义函数 UDFs 能够产生依赖于时间、位移和流场变量相关的边界条件。例如，我们可以定义依赖于流动时间的 x 方向的速度入口，或定义依赖于位置的温度边界。自定义边界条件 UDFs 用宏 DEFINE_PROFILE 定义；源项 UDFs 用宏 DEFINE_SOURCE 定义；物性 UDFs 用宏 DEFINE_PROPERTY 定义，可用来定义物质的物理性质，例如，我们可以定义依赖于温度的黏性系数；反应速率 UDFs 分别用宏 DEFINE_SR_RATE 和 DEFINE_VR_RATE 来定义表面或体积反应的反应速率；UDFs 还可以对任意用户自定义标量的输运方程进行初始化，定义壁面热流量，或计算存储变量值（用户自定义标量或用户自定义内存量）使之用于后处理。UDFs 有着广泛的应用，本文并不能一一叙述。

2. 动画输出功能

FLUENT 可以将动画文件以 MPEG 格式输出，也可以选择其他的图形格式，包括 TIFF 和 PostScript 格式。

要选择保存为 MPEG 格式文件，应在 Playback 面板的 Write/Record 格式下拉列表中选择，并点击 Write 。MPEG 格式文件将保存在当前工作目录下，并可用 MPEG 播放软件进行播放（Windows 多媒体播放器等）。

本节利用 FLUENT 动态功能特性，对拉法尔喷管进行了计算，并利用 FLUENT 动态输出功能进行了过程的重现。

课 后 练 习

若出口处的压强不变，使入口压强呈动态变化，重新计算。

第三节 三角翼的可压缩外部绕流

问题描述：三角翼的形状尺寸如图 2-3-1 所示。空气自无穷远以马赫数 0.9 和攻角 5°绕流此三角翼，研究空气绕流此三角翼的流动情况。

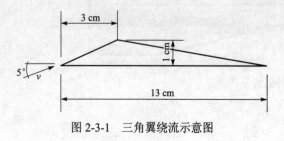

图 2-3-1 三角翼绕流示意图

本例是一个空气有攻角绕流三角翼并发生边界层分离和激波现象的问题。这是一个跨音速问题，求解中使用了 Spalart-Allmaras 湍流模型。

1. 对可压缩流动建模（密度使用理想气体定律）
2. 对外部绕流设置无穷远边界条件
3. 使用 Spalart-Allmaras 湍流模型
4. 使用耦合隐式求解器进行求解计算
5. 使用力和表面点监视器检查解的收敛性
6. 通过 y+分布曲线检查网格的方法
7. 对三角翼壁面上的受力情况进行后处理的几种方法

基本分析：三角翼绕流流域是一个外部绕流问题，流域边界应该是远离三角翼无穷远处。但这对仿真计算来说是不可能的，一般来说，流域尾部边界应在远离 10 倍的翼弦长以上，为此，先对流域进行设计。

流域的示意图如图 2-3-2 所示，设三角翼的绕流区域为一个矩形区域，由于 *HJ* 长 13 cm，为三角翼的翼弦，则可对流域进行如下的设计：

JF——10 倍的 *HJ* 长，130 cm；

BH——5 倍的 *HJ* 长，65 cm；

AB——4 倍的 *HJ* 长，52 cm；

BC——4 倍的 *HJ* 长，52 cm。

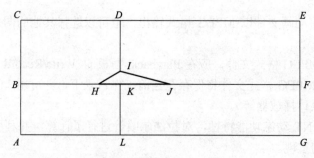

图 2-3-2 流域结构示意图

第 1 步 启动 GAMBIT，创建几何结构图

（1）启动 GAMBIT，设置工作环境

① 在 D 盘建立名为 tri_wing 的文件夹。

② 双击桌面上的 GAMBIT 图标，启动 GAMBIT 对话框，如图 2-3-3 所示。

③ 在 Working Directory 右侧，点击 Browse，选择 D：\tri_wing。

④ 在 Session Id 右侧输入文件名 tri_wing。

⑤ 点击 Run，启动 GAMBIT。

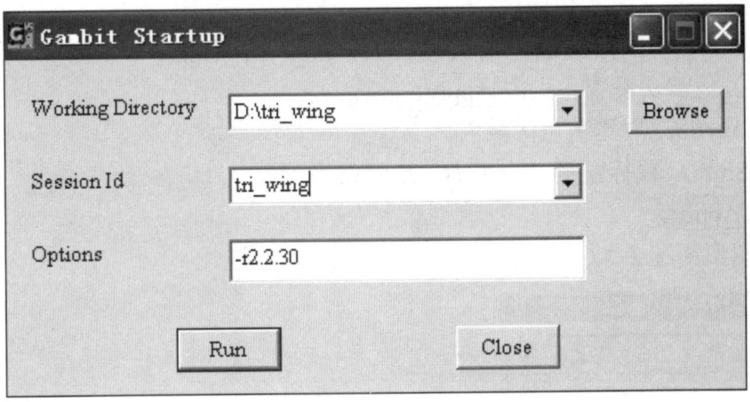

图 2-3-3　GAMBIT 启动对话框

（2）创建区域的节点

① 创建 H 点。

操作：GEOMETRY ▣ →VERTIEX COMMAND BUTTON ▢ →CREATE VERTEX ⌁，打开创建点对话框，如图 2-3-4 所示。

（i）在 x：右侧输入–3（H 点的 x 坐标）。

（ii）在 y：右侧输入 0（H 点的 y 坐标）。

（iii）在 z：右侧输入 0（H 点的 z 坐标）。

（iv）保留其他默认设置，点击 Apply。

经过以上操作，创建 H 点的工作完毕。此时在图形窗口显示有一个白色的十字，位于（–3，0，0）处。

② 仿照以上操作过程，创建其他各点。

其他各点的坐标如表 2-3-1 所示。

注意：① 点击右下角工具栏中的 ▨ 图标，可使显示窗口适应所创建的图形。

② 按住鼠标右键上下拖动，可缩放图形。

③ 按住鼠标中键拖动鼠标，可移动图形。

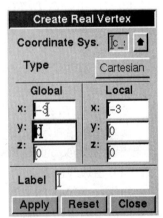

图 2-3-4　创建点对话框

表 2-3-1　其他各点坐标

	各点的坐标											
	A	B	C	D	E	F	G	H	I	J	K	L
x	–68	–68	–68	0	140	140	140	–3	0	10	0	0
y	–52	0	52	52	52	0	–52	0	1	0	0	–52
z	0	0	0	0	0	0	0	0	0	0	0	0

（3）由节点连成直线。

两点可连接成一条直线，这是 GAMBIT 的一个基本功能。

操作：GEOMETRY ▨ → EDGE ▨ → CREATE EDGE ▭，弹出对话框，如图 2-3-5 所示。

① 创建由 *HIJKH* 组成的三角翼边线。

（i）点击 Vertices 右侧黄色区域。

（ii）按下 Shift + 鼠标左键，依次点击 *H*、*I*、*J*、*K* 各点。

（iii）保留其他默认设置，点击 Apply 。

（iv）点击 Vertices 右侧黄色区域内。

（v）按下 Shift + 鼠标左键，点击 *H*、*K* 两点。

（vi）点击 Apply 。

所创建的图形如图 2-3-6 所示。

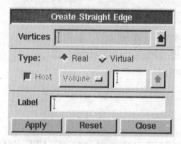

图 2-3-5　创建直线对话框

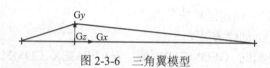

图 2-3-6　三角翼模型

② 创建由 *ABCDEFGLA* 所围成的流域外围边线。

（i）创建 *BA* 线。

操作时，先选 *B* 点，再选 *A* 点，使得线段方向由 *B* 指向 *A*。后面的操作与此类同。

（ii）分别创建 *BC*、*DC*、*DE*、*FE*、*FG*、*LA*、*LG* 和 *KL*，共 8 条线段。

③ 创建内部直线。

分别创建 *HB*、*JF*、*ID*、*KL* 这四条流域内部线。此时所创建的图形如图 2-3-7 所示。

注意：创建线段时应注意线段的方向，这在划分不等距线段网格时很有用。另外，若想改变线段的方向，可按住 Shift 键的同时用鼠标中键点击此线段。

（4）由边线创建面

操作：GEOMETRY ▨ → FACE ▭ → FORM FACE ▭，弹出创建面对话框，如图 2-3-8 所示。需要创建四个面。

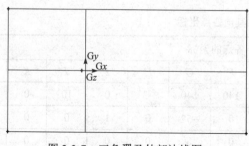

图 2-3-7　三角翼及外部边线图

图 2-3-8　创建面对话框

① 创建由 *BC*、*CD*、*DI*、*IH*、*HB* 组成的面。

（i）点击 Edges 右侧的黄色区域。

（ii）按下 Shift + 鼠标左键，依次点击线段 *BC*、*DC*、*ID*、*HI*、*HB*。

（iii）保留其他默认设置，点击 Apply 。

操作完毕后，形成面的线段由黄色变为蓝色。同时要注意，选择线段不分先后，但一定是封闭的环线才能构成面。

② 创建由 *DE*、*FE*、*JF*、*IJ*、*ID* 组成的面。

（i）按下 Shift + 鼠标左键，依次点击 *DE*、*FE*、*JF*、*IJ*、*ID* 线段。

（ii）点击 Apply 。

③ 创建由 *JK*、*JF*、*FG*、*LG*、*KL* 组成的面。

（i）按下 Shift + 鼠标左键，依次点击 *JK*、*JF*、*FG*、*LG*、*KL* 线段。

（ii）点击 Apply 。

④ 创建由 *AB*、*HB*、*HK*、*KL*、*LA* 组成的面。

（i）按下 Shift + 鼠标左键，依次点击 *AB*、*HB*、*HK*、*KL*、*LA* 线段。

（ii）点击 Apply 。

第 2 步　创建网格

操作：MESH ▦ → EDGE ▱ → MESH EDGES ▨ ，弹出边线网格设置对话框，如图 2-3-9 所示。

（1）创建三角翼边线的网格

在三角翼四条边线上，分别划分等距的网格。

① 点击 Edges 右侧黄色区域。

② 按下 Shift + 鼠标左键，点击 *HI* 线段。

③ 在 Spacing 下面白色区域右侧下拉列表中选择 Interval count。

④ 在 Spacing 下面白色区域内填入网格的个数 15。

⑤ 保留其他默认设置，点击 Apply 。

（2）按照上述过程，做等距网格划分

① *IJ* 线段划分为 45 个网格的等距网格。

② *HK* 线段划分为 15 个网格的等距网格。

③ *JK* 线段划分为 45 个网格的等距网格。

（3）对 *HB* 线段划分不等距网格

将 *HB* 线段划分成首间距为 0.25，共有 45 个网格的线网格。

① 点击 Edges 右侧黄色区域。

② 按下 Shift + 鼠标左键。点击 *HB* 线段。

③ 在 Type 项，右击按钮，选择 First Length。

④ 在 Length 项填入首个网格间隔 0.25。

⑤ 在 Spacing 项选择 Interval count，输入网格数 45。

⑥ 对话框如图 2-3-10 所示，保留其他默认设置，点击 Apply 。

（4）对 *JF* 线段划分不等距网格

操作同上，设首个网格间隔为 0.25，网格数为 100 个。

（5）对 *BA*、*BC*、*ID*、*KL*、*FE*、*FG* 线段划分不等距网格

将这六条线段划分为首个网格间隔为 0.1，网格数为 50 个的网格。

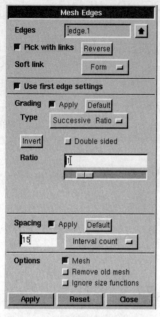

图 2-3-9　边线网格设置对话框

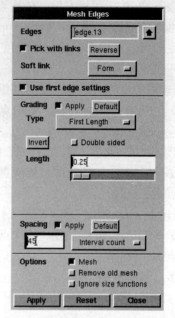

图 2-3-10　边线网格设置对话框

① 点击 Edges 右侧黄色区域。

② 按下 Shift + 鼠标左键，分别点击这六条线段。

③ 在 Type 项，右击按钮，选择 First Length。

④ 在 Length 项填入首个网格间隔 0.1。

⑤ 在 Spacing 项选择 Interval count，输入节点数 50。

⑥ 保留其他默认设置，点击 Apply 。

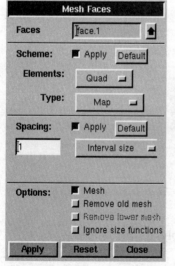

图 2-3-11　面网格设置对话框

（6）对 *DC*、*LA* 线段划分不等距网格

将这两条线段划分为首个网格间隔为 0.25，网格数为 60 的网格。

注意：要想用 Map 方式划分结构网格，必须要求对应边上的网格数相同，即要求 *BC* 边网格数与 *ID* 边网格数相同，同时要求 *DC* 边的网格数与 *HB* 边与 *HI* 边网格数之和相等，这个要求对其他面的网格划分同样适用。当然，若用 Pav 等其他方式划分网格就没有这个要求了。

（7）对 *DE*、*LG* 线段划分不等距网格

将这两条线段划分为首个网格间隔为 0.2，网格节点数为 145 的网格。

（8）创建面网格

操作：MESH ▦ → FACE ▱ → MESH FACES ▨ ，弹出面网格设置对话框，如图 2-3-11 所示。

① 点击 Faces 右侧黄色区域。

② 按下 Shift + 鼠标左键，依次点击四个面上的边线。

③ 保留其他默认设置，点击 Apply。所创建的网格图形如图 2-3-12 所示。

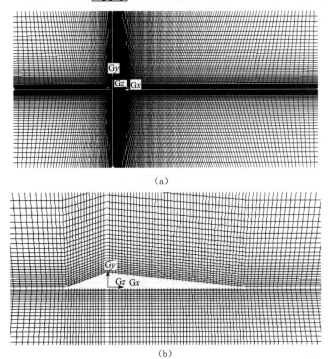

（a）

（b）

图 2-3-12　网格划分图

（a）整个流域网格图；（b）三角翼附近的网格图

第 3 步　设置边界类型并输出网格文件

（1）设置边界类型

操作：ZONES □，→ SPECIFY BOUNDARY TYPES □，
弹出边界类型设置对话框，如图 2-3-13 所示。

① 注意到在 Action 项为 Add。

② 在 Names 项填入边界名 inlet-1。

③ 在 Type 项选择 VELOCITY_INLET。

④ 点击 Edges 右侧黄色区域。

⑤ 按住 Shift 键点击 *BA* 和 *BC* 线段。

⑥ 点击 Apply。

其他三个流域边界和三角翼的上、下表面边界的设置方法
与此相同，相应的类型说明参照表 2-3-1。

（2）输出网格文件

操作：File → export → mesh...，打开输出网格文件对话框，

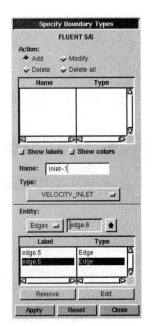

图 2-3-13　边界类型设置对话框

如图 2-3-14 所示。

① 在 File Name 项输入文件名。

② 选取 Export 2-D（X–Y） Mesh（二维网格）。

③ 点击 Accept。

表 2-3-1　边界类型参照表

边界名称	边界类型	组成边线
Inlet-1	Velocity-inlet	*BA、BC*
Inlet-2	Velocity-inlet	*LA、LG*
Outlet-1	Pressure-outlet	*DC、DE*
Outlet-2	Pressure-outlet	*FE、FG*
Wall-1	wall	*HI、IJ*
Wall-2	wall	*HK、KJ*

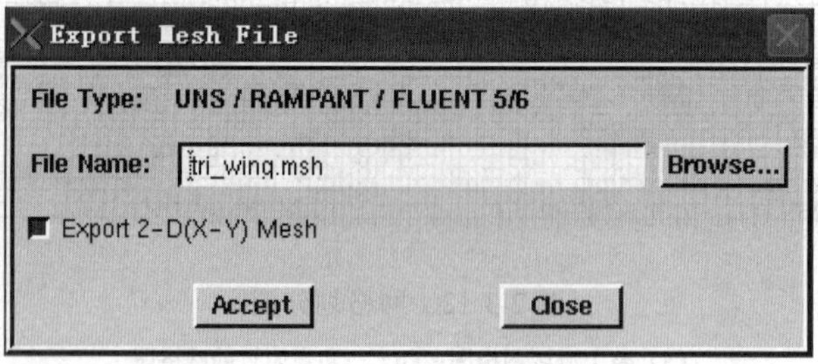

图 2-3-14　网格文件输出对话框

（3）保存文件，退出 GAMBIT

操作：File → exit

点击 Yes，保存文件，退出系统。

操作完毕后，在当前文件夹下应该有四个名为 tri_wing 而扩展名不同的文件。其中.msh 文件是供 FLUENT 读入用的网格文件。

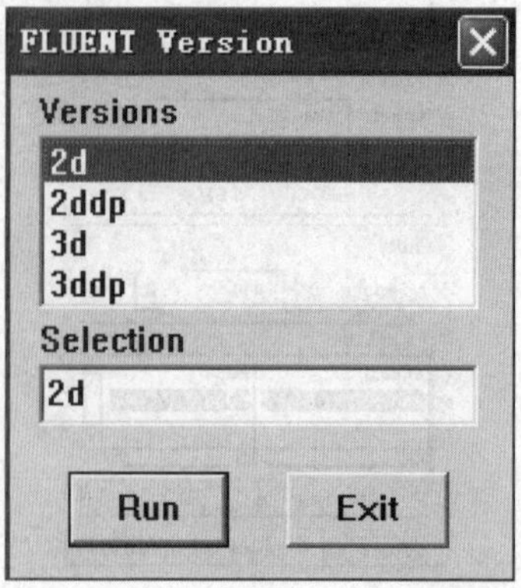

图 2-3-15　启动 FLUENT 对话框

第 4 步　启动 FLUENT 2d 求解器并读入网格文件

（1）启动 FLUENT 2d

点击桌面上的 FLUENT 图标，弹出启动对话框，如图 2-3-15 所示。选择 2d 求解器，点击 Run。

（2）读入网格文件

操作：File → Read → Case...

在工作目录下选择网格文件 tri-wing.msh。

（3）网格检查

操作：Grid → Check

系统反馈的网格检查信息如图 2-3-16 所示。这里要特别注意最后一行一定是 Done，且不能有任何错误警告信息，保证最小面积为正值。否则就需要重新建模。

（4）网格信息

操作：$\boxed{\text{Grid}}$ → $\boxed{\text{Info}}$ → Size...，系统显示的网格信息如图 2-3-17 所示，例如有 20 500 个网格单元等。

（5）确定长度单位

操作：$\boxed{\text{Grid}}$ → Scale...，弹出长度单位设置对话框，如图 2-3-18 所示。

① 在 Grid Was Created 右侧下拉列表中选择长度单位：cm。

② 点击 $\boxed{\text{Change Length Units}}$。

③ 点击 $\boxed{\text{Scale}}$，点击 $\boxed{\text{Close}}$。

```
Grid Check

 Domain Extents:
   x-coordinate: min (m) = -6.800000e+001, max (m) = 1.400000e+002
   y-coordinate: min (m) = -5.200000e+001, max (m) = 5.200000e+001
 Volume statistics:
   minimum volume (m3): 2.000483e-002
   maximum volume (m3): 1.189198e+001
     total volume (m3): 2.162550e+004
 Face area statistics:
   minimum face area (m2): 1.000001e-001
   maximum face area (m2): 4.305977e+000
Checking number of nodes per cell.
Checking number of faces per cell.
Checking thread pointers.
Checking number of cells per face.
Checking face cells.
Checking bridge faces.
Checking right-handed cells.
Checking face handedness.
Checking element type consistency.
Checking boundary types:
Checking face pairs.
Checking periodic boundaries.
Checking node count.
Checking nosolve cell count.
Checking nosolve face count.
Checking face children.
Checking cell children.
Checking storage.
Done.
```

图 2-3-16　网格检查信息

```
Grid Size

Level    Cells    Faces    Nodes    Partitions
    0    20500    41365    20865             1
```

图 2-3-17　网格信息

注意：长度单位用 cm；$x_{\min} = -68$ cm；$x_{\max} = 140$ cm；$y_{\min} = -52$ cm；$y_{\max} = 52$ cm。

（6）显示网格图形

操作：$\boxed{\text{Display}}$ → Grid...

打开网格显示对话框，如图 2-3-19 所示。

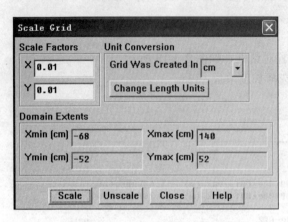

图 2-3-18　长度单位设置对话框

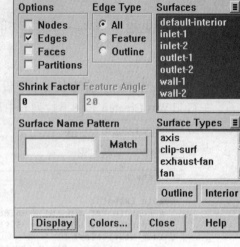

图 2-3-19　网格显示对话框

① 保留默认设置，点击 Display，则网格图形如图 2-3-20 所示。

② 使用鼠标中键局部放大图形。

（i）移动鼠标到方框的左上角。

（ii）按住鼠标中键并将鼠标拖到方框的右下角。

（iii）松开鼠标按键，则方框部分图形将被放大。

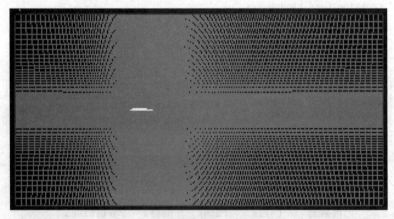

图 2-3-20　计算区域网格图

放大后的网格图形如图 2-3-21 所示。

注意：与上述操作相反，将使图形缩小；按住鼠标左键移动鼠标，可移动图形。

第 5 步　建立计算模型

（1）选择耦合、隐式求解器

操作：[Define] → [Models] → Solver...，打开求解器设置对话框，如图 2-3-22 所示。

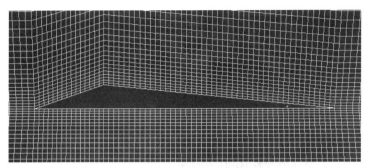

图 2-3-21 局部放大后的网格图

① 在 Solver 项选择 Coupled。

② 在 Formulation 项选择 Implicit。

③ 保留其他默认设置，点击 $\boxed{\text{OK}}$。

在处理高速空气动力学问题时，常采用耦合的求解器。隐式求解器比显式求解器收敛速度快，但会占用更多的内存。对于二维流动（2d）情形来说，网格节点数量较少，故内存容量一般不是问题。

（2）选择热传导能量方程求解

操作：$\boxed{\text{Define}}$ → $\boxed{\text{Models}}$ → Energy...，打开能量方程设置对话框，如图 2-3-23 所示。

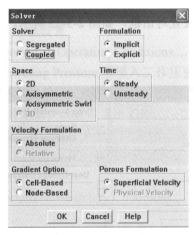

图 2-3-22 求解器设置对话框

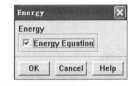

图 2-3-23 能量方程设置对话框

① 选择 Energy Equation。

② 点击 $\boxed{\text{OK}}$，关闭对话框。

（3）选择 Spalart-Allmaras 湍流模型

操作：$\boxed{\text{Define}}$ → $\boxed{\text{Models}}$ → Viscous...，打开湍流模型设置对话框，如图 2-3-24 所示。

① 在 Model 项选择 Spalart-Allmaras。

② 保留其他默认设置，点击 $\boxed{\text{OK}}$。

Spalart-Allmaras 湍流模型是一个相对简单的一方程模型，用于求解模型化了的（高雷诺数区域）运动涡（湍流）黏度传输方程。Spalart-Allmaras 模型是专门用于处理具有壁面边界的空气流动问题的，对于在边界层中具有逆向压力梯度问题，计算结果证明非常有效。

① 改变边界类型。将边界 inlet-1 改为 pressure-far-field 类型。

（i）在 Zone 列表中选择 inlet-1。

（ii）在 Type 列表中选择 pressure-far-field。

此时会弹出确认框，询问是否改变边界类型，当点击 $\boxed{\text{Yes}}$ 确认后，系统会弹出压力远场设置对话框，如图 2-3-29 所示。

② 设置压力远场边界。

（i）在 Gauge Pressure 项填入一个大气压 101 325 Pa。

（ii）在 Mach Number 项填入来流马赫数 0.9。

（iii）在 Temperature 项填入 300。

（iv）在 X-Component of Flow Direction 项填入 0.996 195。

（v）在 Y-Component of Flow Direction 项填入 0.087 155。

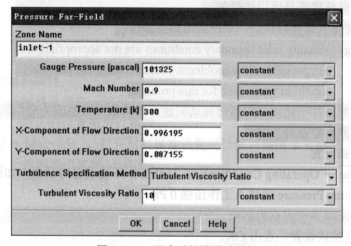

图 2-3-29 压力远场设置对话框

流动方向的 X 和 Y 轴分量的设置是由于攻角（5°）的余弦为 0.996 195，攻角（5°）的正弦为 0.087 155。

（vi）在 Turbulence Specification Method 列表中选择 Turbulent Viscocity Radio。

（vii）在 Turbulent Viscocity Radio 项填入 10。

对于外部绕流，应选择 viscosity ratio（黏性比）在 0 到 10 之间。

（viii）点击 $\boxed{\text{OK}}$。

③ 将所有其他外边界 inlet-2、outlet-1、outlet-2 的类型都改为 pressure-far-field 类型，并都进行相同的设置。

④ 点击 $\boxed{\text{Close}}$，关闭边界类型设置对话框。

第 6 步 利用求解器进行求解

（1）设置求解器控制参数

操作：$\boxed{\text{Solve}}$ → $\boxed{\text{Controls}}$ → Solution....，打开求解控制参数设置对话框，如图 2-3-30 所示。

① 在 Under-Relaxation Factor 项，设置 Modified Turbulent Viscosity 为 0.9。

注意：较大的（接近于 1）松弛因子会加快迭代过程的收敛速度，也会增大解的不稳定性。当出现解的不稳定性时，需要降低松弛因子。

② 在 Solver Parameters 项，设置 Courant Number 为 5。

③ 在 Discretization 项，Modified Turbulent Viscosity 项选择 First Order Upwind。

④ 点击 OK。

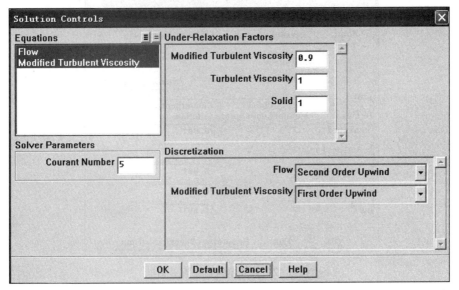

图 2-3-30　求解控制参数设置对话框

（2）流场初始化

操作：Solve → Initialize → Initialize...，打开流场初始化设置对话框，如图 2-3-31 所示。

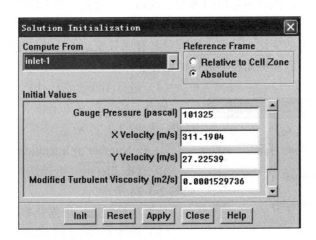

图 2-3-31　流场初始化设置对话框

① 在 Compute From 下拉列表中选择 inlet-1。

② 点击 Init 初始化流场。

③ 点击 Close，关闭对话框。

（3）设置残差监视器

操作：Solve → Monitors → Residual...，打开残差监视器设置对话框，如图 2-3-32 所示。

① 在 Options 项选择 Print 和 Plot，输出残差监测曲线图。

② 保留其他默认设置，点击 OK，关闭对话框。

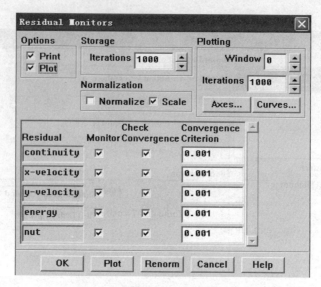

图 2-3-32　残差监视器设置对话框

　　利用残差监测只是迭代计算是否收敛的一个方法，也可利用阻力、升力和力矩系数来监测解的收敛性，要求迭代计算到这些系数均收敛为止。对于刚开始的若干步迭代计算，计算结果是波动的，这些系数的值也是无规则的。这使得曲线图中 Y 轴的范围比较大。为此，可先进行较少的迭代计算，然后再对阻力等的监视器进行设置。由于阻力、升力和力矩系数是全局变量，即使从这一次迭代计算到下一次迭代计算中某些点上的值还有变化，他们也会收敛。为了监测某些点上的变化，还可在物理量具有明显变动的区域创建监测点，并监测表面摩擦系数的值，这些内容在后面将会进行讨论。

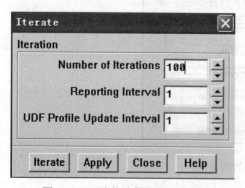

图 2-3-33　迭代计算设置对话框

（4）进行 100 次迭代计算

操作：Solve → Iterate...，打开迭代计算设置对话框，如图 2-3-33 所示。

① 在 Number of Interations 内填入 100。

② 点击 Iterate，开始迭代计算。残差监测曲线如图 2-3-34 所示。

计算结果的流场压强分布如图 2-3-35 所示。

（5）增加 Courant number 的值到 10

操作：Solve → Controls → Solution...

在 Solver Parameters 项，设置 Courant Number 为 10。

　　在解达到比较稳定的情况下，较大的 Courant 数会使解收敛得较快。由于已经进行了若干次迭代计算，解也是稳定的，故可以尝试增大 Courant 数来加速解的收敛。若此时残差无限制的增加，就应减少 Courant 数，再读入以前的 data 文件重新计算。

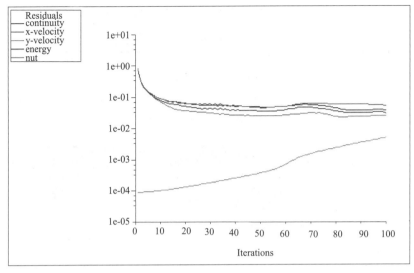

图 2-3-34 残差监测曲线

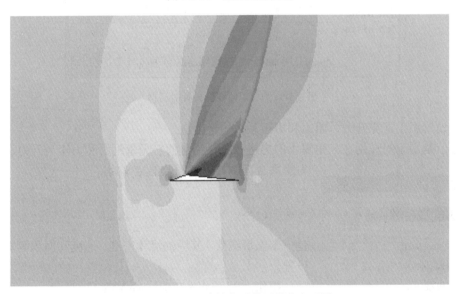

图 2-3-35 100 次迭代后的压强分布云图

（6）设置对 lift（升力）、drag（阻力）和 moment（动量）coefficients（系数）的监测

操作：Solve → Monitors → Force...，打开受力监视器设置对话框，如图 2-3-36 所示。

① 在 Options 项选择 Plot 和 Write。

② 在 Coefficient 项选择 Drag。

③ 在 Wall Zones 列表中选择 wall-1 和 wall-2。

④ 在 Force Vector 项，X=0.996 195，Y = 0.087 155。

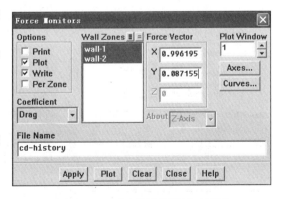

图 2-3-36 受力监视器设置对话框

这些数值的设置是为了确保阻力和升力分别与来流平行和垂直。

⑤ 在 File name 项保留默认文件名 cd-history，点击 Apply。

⑥ 对于升力监测，重复上述步骤：在 Coefficient 项选择 Left；设置 X = −0.087 155，Y = 0.996 195；保留默认文件名 cl-history；点击 Apply。

⑦ 对于力矩的监测，重复上述步骤，在 Coefficient 项选择 Moment，在 Moment Center 下设置 X = 2.5，Y = 0.333；如图 2-3-37 所示，保留默认文件名 cm-history，点击 Apply。

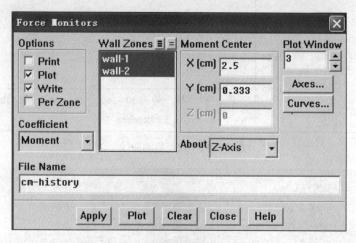

图 2-3-37　力矩监视器设置对话框

（7）设置用于计算升力、阻力和力矩系数的参考值

参考值是用于对作用在三角翼上的力进行无量纲化的。无量纲力和力矩为升力、阻力和力矩系数。例如阻力系数的定义为

$$C_d = \frac{F_d}{\frac{1}{2}\rho v^2 A}$$

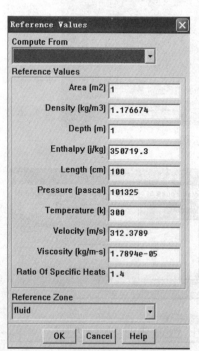

图 2-3-38　参考值设置对话框

是一个无量纲数。其中的流体密度、速度和面积等需要进行设置。

操作： Report → Reference Values...

打开参考值设置对话框，如图 2-3-38 所示。

① 在 Compute From 下拉列表中，选择 inlet-1。

② 保留其他默认设置，点击 OK。

在计算过程中 FLUENT 会根据边界条件修正参考值。

（8）定义一个监视器监测上表面某点处的摩擦系数

① 显示压力分布图。

操作： Display → Contours...

(i) 在 Option 项选择 Filled。

(ii) 点击 Display，压力云图如图 2-3-39 所示。将三角翼上尖点附近区域放大，明显看到压强变化非常大。

② 在三角翼上表面压力变化大的地方创建一个监测点。

操作：Surface → Point...，打开点表面设置对话框，如图 2-3-40 所示。

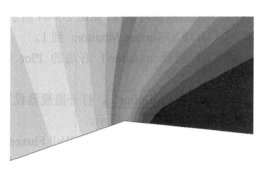

图 2-3-39　尖点处压力分布

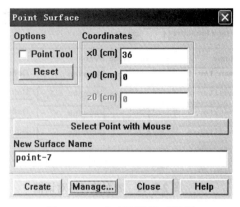

图 2-3-40　点表面设置对话框

（i）显示三角翼上顶点附近的网格，如图 2-3-41 所示。

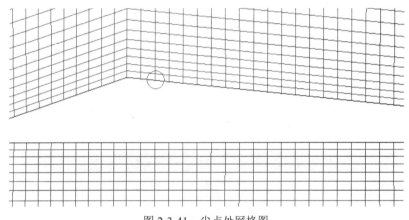

图 2-3-41　尖点处网格图

（ii）点击 Select Point with Mouse，弹出提示框，如图 2-3-42 所示。

（iii）用鼠标右键点击所要监测的单元，如图 2-3-41 所示，返回点表面设置对话框，如图 2-3-43 所示。此时在 Coordinates 项已显示出所选监测点的位置。

图 2-3-42　操作提示框

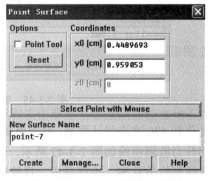

图 2-3-43　点表面设置对话框

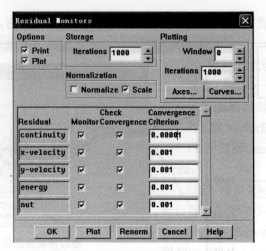

图 2-3-48　残差监视器设置对话框

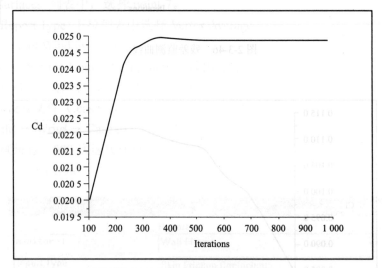

图 2-3-49　三角翼阻力变化曲线

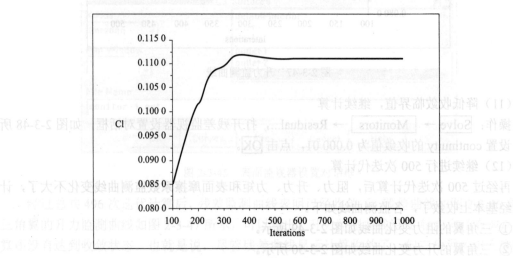

图 2-3-50　三角翼升力变化曲线

③ 三角翼的力矩变化曲线如图 2-3-51 所示。

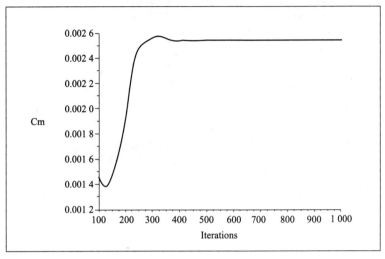

图 2-3-51 三角翼力矩变化曲线

④ 三角翼上监测点处的表面摩擦系数变化曲线如图 2-3-52 所示。

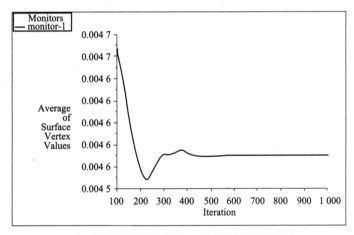

图 2-3-52 监测点处的表面摩擦系数监测曲线

（13）保存文件（tri-wing.dat 文件）

操作：File → Write → Data...

第 7 步 计算结果的后处理

（1）在三角翼上绘制 Y+分布曲线

操作：Plot → XY Plot...，打开 XY 曲线图设置对话框，如图 2-3-53 所示。

① 在 Y Axis Function 下选择 Turbulence... 和 Wall Y plus。

② 在 Surfaces 下拉列表中选择 wall-1 和 wall-2。

③ 在 Options 项不选择 Node Values，点击 Plot。

得到三角翼上的 Y^+ 分布曲线如图 2-3-54 所示。

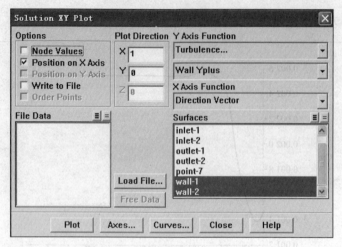

图 2-3-53　XY 分布图设置对话框

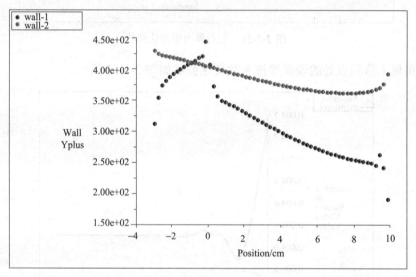

图 2-3-54　三角翼上的 Y^+ 分布曲线图

壁面 Y^+ 函数仅适用于对贴近壁面的第一层单元格的研究。Y^+ 的值依赖于网格的密度和流动的雷诺数，并且仅在边界层内部有意义。与壁面临近单元的 Y^+ 值与壁面切应力密切相关。在使用 Spalart-Allmaras 模型时，应检查一下壁面附近单元的 Y^+ 值，或者很小（类似于 $Y^+=1$），或者大于 30 都是合理的。

Y^+ 值的表达式如下：

$$Y^+ = \frac{y}{\mu}\sqrt{\rho\tau_w}$$

式中，y 是第一层单元中心到壁面的距离；μ 为空气动力黏度。ρ 是空气密度，τ_w 是壁面切应力。

由图 2-3-54 可见，Y^+ 的值都大于 30，所以求解问题的网格密度是可以接受的。若要考虑边界层内部的流动，特别是要讨论到层流底层的问题，第一层网格的高度应很小，且 Y^+ 值应小于 5，这将会使整体网格数量大为增加。

（2）显示马赫数分布曲线

操作：$\boxed{\text{Display}}$ → Contours...，打开云图设置对话框，如图 2-3-55 所示。

① 在 Contours of 下选择 Velocity... 和 Mach Number。

② 保留其他默认设置，点击 $\boxed{\text{Display}}$，得到马赫数分布图，如图 2-3-56 所示。

（3）显示压力分布图

操作：$\boxed{\text{Display}}$ → Contours...

① 在 Contours of 下选择 Pressure... 和 Static Pressure。

② 点击 $\boxed{\text{Display}}$。

得到压力分布云图，如图 2-3-57 所示。

由马赫数和压力分布云图可看出，气体流过三角翼上的顶点后，马赫波为膨胀波，流速加快而压力变小，气流在三角翼后部形成了激波。

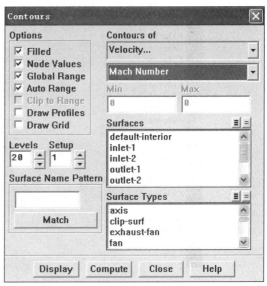

图 2-3-55　绘制云图设置对话框

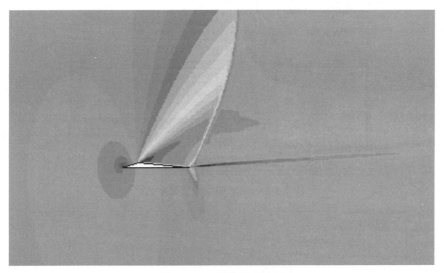

图 2-3-56　马赫数分布图

（4）绘制三角翼上下表面的压力分布图

操作：$\boxed{\text{Plot}}$ → XY Plot...，打开 XY 曲线图设置对话框，如图 2-3-58 所示。

① 在 Y Axis Function 项选择 Pressure...和 Pressure Coefficient。

② 在 Surfaces 项选择 wall-1 和 wall-2。

③ 保留其他默认设置，点击下面的 $\boxed{\text{Plot}}$。

得到三角翼上的压力系数分布，如图 2-3-59 所示。

图 2-3-57 压力分布云图

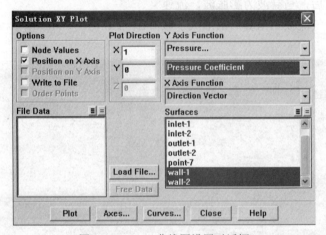

图 2-3-58 XY 曲线图设置对话框

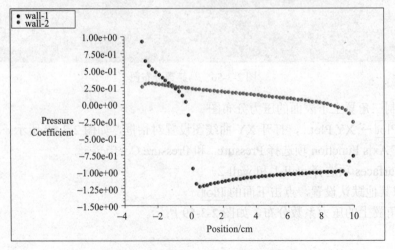

图 2-3-59 三角翼上的压力系数分布图

（5）绘制三角翼表面上壁面切应力的 X 分量

操作：Plot → XY Plot...，打开 XY 曲线图设置对话框，如图 2-3-58 所示。

① 在 Y Axis Function 项选择 Wall Fluxes... 和 X-Wall Shear Stress。

② 其他项设置不变，点击 Plot。得到三角翼上壁面切应力的 X 分量分布，如图 2-3-60 所示。

逆向压力梯度越大，则边界层分离得越严重，分离点就是壁面切应力消失的点。这里，逆向流动可通过壁面切应力的 X 分量是否为负值看出来。

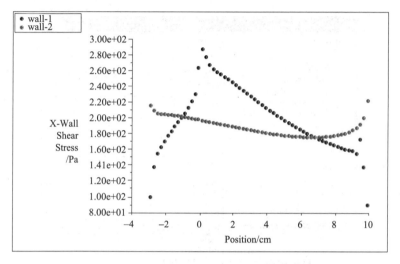

图 2-3-60　壁面切应力的 X 分量分布曲线图

（6）显示速度的 X 分量分布图

操作：Plot → XY Plot...，打开 XY 曲线图设置对话框，如图 2-3-58 所示。

① 在 Y Axis Function 项选择 Velocity...和 X Velocity。

② 其他项设置不变，点击 Plot，得到曲线图如图 2-3-61 所示。

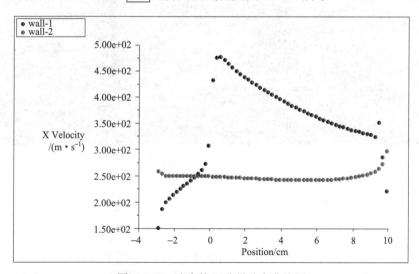

图 2-3-61　速度的 X 分量分布曲线图

（7）绘制速度矢量图

操作：$\boxed{\text{Display}}$ → Vectors...，打开速度矢量图设置对话框，如图 2-3-62 所示。

① 增加 Scale 到 2，设 Skip 项为 2。

② 在 Style 项选择 arrow。

③ 点击 $\boxed{\text{Display}}$，得到速度矢量图，如图 2-3-63 所示。

按下 Shift+鼠标中键，由左上到右下方画出一矩形区域，将该区域放大。

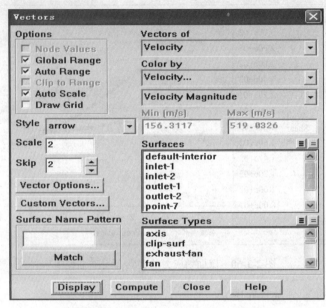

图 2-3-62　速度矢量图设置对话框

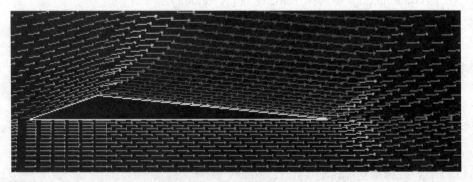

图 2-3-63　速度矢量图

小　结

本部分说明了怎样建立并利用 Spalart-Allmaras 湍流模型求解外部绕流的空气动力学问题，同时还说明了怎样使用残差、力和表面监视器监测求解结果收敛性，另外还使用了几种后处理工具对流动现象进行了分析。

第四节　三角翼不可压缩的外部绕流（空化模型应用）

问题描述：三角翼的形状尺寸如图 2-4-1 所示。研究水以 5°攻角绕流此三角翼的流动情况。

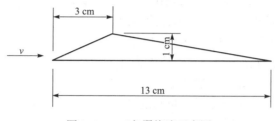

图 2-4-1　三角翼绕流示意图

本例探讨的问题如下：

水以攻角为 5°、速度为 2 m/s 绕流一个三角翼，在考虑空化问题的前提下，研究绕流问题。本问题所使用的模型及网格与第三节相同，故可直接使用第三节中所建立的网格文件。与第三节所不同的是所采用的材料为水，求解的是水绕流三角翼并考虑到可能会发生空化现象的问题。当水流加速流过物体表面时，若在某一点处的压强低于水的汽化压强 p_v 时，水就会汽化，就发生了空化现象。为了更精确地模拟流动现象，需要更细密的网格，并使用非平衡壁面函数。

1. 设置外部绕流的边界条件
2. 有空化现象的多相流混合模型应用
3. 利用非耦合求解器进行计算
4. 使用压力系数监视器监测数值解的收敛性

上一节利用 GAMBIT 对模型进行了建模，读者完全可以用上一节所建网格进行计算。实际上，对仿真计算的前处理，有许多工具，而 GAMBIT 只是其中之一。本节介绍并利用另一个建模软件——Gridgen——对问题进行建模，并利用 FLUENT 进行有空化影响的多相流动计算，Gridgen 是一个建立结构化网格很有用的软件。

第 1 步　Gridgen 界面

Gridgen 启动后，界面右侧为图形区，左侧为状态显示、命令解释、操作提示以及操作菜单区，如图 2-4-2 所示。

① Gridgen 15.08 为软件的版本号。

② 信息区——0 Blocks，0 Domains，0 Connectors，0 Nodes，0 DBs，generic 3D——显示当前的建模状态。

③ 命令提示区——当点击主菜单中的命令按钮时，显

图 2-4-2　Gridgen 操作界面

示相应的操作和提示。

④ 输入区——输入坐标信息等。

⑤ 黑板——显示所选取的对象的编号及网格节点数等信息。

⑥ MAIN MENU（菜单区）——显示所提供的各种操作命令。

（i）Next Page 翻页，进入下一页，右侧的 R 为快捷键。

（ii）Input/Output——文件的输入与输出，快捷键为 e。

（iii）Database——数据资料命令，快捷键为 f。

（iv）Connectors——建立连接体命令，快捷键为 c。

（v）Domains——建立区域命令，快捷键为 d。

（vi）Blocks——建立块命令，快捷键为 b。

（vii）Analysis S/W——数据格式分析与选择命令，快捷键为 a。

（viii）Tutorials——自带教程。

（ix）Defaults——默认设置。

点击 Next Page，还有其他命令，读者可自己试验一下，点击 Prev Page 可还原到上一页菜单。另外，每点击一个主菜单上的命令按钮，在命令解释区都会有相应的解释和提示，可打开相应的下一级操作菜单。

第 2 步　建立三角翼轮廓和尾迹线

（1）创建三角翼的下边线

生成 connector 需要三个步骤：

（i）定义线段的形状，直线、圆弧等。

（ii）给线段设置网格点数（dimension）。

（iii）分配网格节点，等距的或成等比级数分布等。

① 点击主菜单中的 Connectors 按钮，打开创建连接体命令菜单（CONNECTOR COMMANDS）如图 2-4-3 所示。

Connectors（连接体）命令可将一个或多个线段（segments）前后连接，形成曲线，故连接体为复合曲线。其中连接的线段可以是直线，也可以是曲线。

② 点击 Create（或快捷键 n），打开创建连接体菜单（CREATE CONNECTOR），如图 2-4-4 所示。

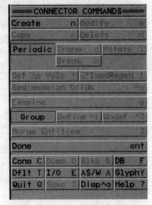

图 2-4-3　连接体命令菜单

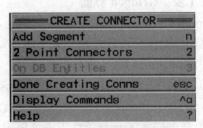

图 2-4-4　创建连接体菜单

生成 connectors 有三个主要命令：

（i）Add Segment 表示添加线段。

（ii）2 Point Connectors 表示生成两点之间的直线。

（iii）On DB Entities 表示根据数据创建线段。

③ 点击 Add Segment （或快捷键 n），打开添加线段菜
单，如图 2-4-5 所示。

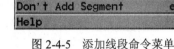

Line——创建直线段

Curve——创建曲线

Conic——创建圆锥曲线

图 2-4-5　添加线段命令菜单

Circle——创建圆弧

④ 点击 3D Space 右侧的 Line；打开创建直线菜单，如图 2-4-6 所示。

三角翼底边为一条直线段，因此选择 Line 命令。

⑤ 点击 Add CP 右侧的 via Keybrd，用键盘输入数据。

⑥ 在输入区输入前缘点的坐标，-3，0，0，点击 Enter。

⑦ 点击 Add CP 右侧的 via Keybrd 按钮，输入 10，0，0，点击 Enter。

⑧ 点击 Next，点击 Done - Save Segment，完成直线的定义，回到 CREATE CONNECTOR
菜单，如图 2-4-7 所示，此时直线变为白色。

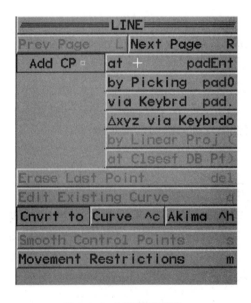

图 2-4-6　创建直线菜单

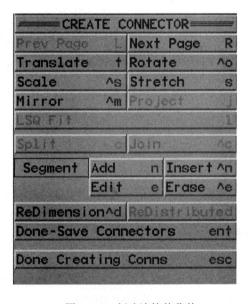

图 2-4-7　创建连接体菜单

注意：输入起始点位置共有 6 个选项。

Add CP　at + 　在当前光标处添加一个点（如信息区显示的位置）。

Add CP　by Picking 　在十字光标处添加一个点。

Add CP　via Keybrd 　在输入区用键盘输入点的坐标（输入区在信息区上方）。

Add CP　Δxyz via Keybrd 　给出距离十字光标的坐标偏离量。

（2）为线段划分网格

① 点击图 2-4-7 中的 ReDimension ，打开创建线网格菜单（REDIMENSION CONNECTORS），如图 2-4-8 所示，为所创建的直线设置网格节点数。

② 点击 From 右侧的 ◇keybrd 图标，输入节点数 50，点击 Enter ，回到创建线网格菜单（REDIMENSION CONNECTORS），如图 2-4-9 所示。

═REDIMENSION CONNECTORS═		
Apply	◇avg Δs	◆dimen
From	◆subcon	◇keybrd
Add In	□MaxDe v	□MaxAn g
	□Surf c	
Erase Last SubConn.		del
Reverse the Direction		h
Restart String		0
Done-ReDimension		ent
Abort-Don't Redimension		esc
Help		?

图 2-4-8　创建线网格菜单

═REDIMENSION CONNECTORS═		
Apply	◇avg Δs	◆dimen
From	◇subcon	◆keybrd
Add In	□MaxDe v	□MaxAn g
	□Surf c	
Erase Last SubConn.		del
Reverse the Direction		h
Restart String		0
Done-ReDimension		ent
Abort-Don't Redimension		esc
Help		?

图 2-4-9　创建线网格菜单

③ 点击 Done-ReDimension ，返回创建连接体菜单（CREATE CONNECTOR）。

④ 点击 Done-Save Connectors ，返回创建连接体菜单（CREATE CONNECTOR）。

（3）创建三角翼上面连接前缘点的一条边线

① 点击 Add Segment （或快捷键 n），打开添加线段菜单。

② 点击 3D Space 右侧的 Line 。

③ 移动十字形光标到前缘点（按住鼠标右键拖动鼠标可移动十字光标）。

④ 点击 Add CP 右侧的 by Picking 。

⑤ 点击 Add CP 右侧的 via Keybrd 。

⑥ 输入三角翼顶点位置：0，1，0，点击 Enter 。

⑦ 点击 Next ，点击 Done-Save Segment，回到创建连接体菜单（CREATE CONNECTOR），如图 2-4-7 所示，此时直线变为白色。

⑧ 点击 ReDimension 。

⑨ 点击 From 右侧的 ◇keybrd 图标，输入节点数 15，点击 Enter 。

⑩ 点击 Done-ReDimension 。

⑪ 点击 Done-Save Connector ，返回创建连接体菜单（CREATE CONNECTOR）。

（4）创建三角翼上面连接后缘点的一条边线

① 点击 Add Segment （或快捷键 n）。

② 点击 3D Space 右侧的 Line 。

③ 移动十字形光标到顶点，点击 Add CP 右侧的 by Picking 。

④ 移动十字形光标到尾缘点，点击 Add CP 右侧的 by Picking 。

⑤ 点击 $\boxed{\text{Next}}$，点击 Done-Save Segment。

⑥ 点击 $\boxed{\text{ReDimension}}$。

⑦ 点击 From 右侧的 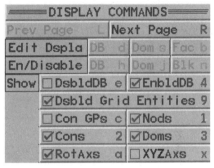 图标，输入节点数 45，点击 $\boxed{\text{Enter}}$。

⑧ 点击 $\boxed{\text{Done-ReDimension}}$。

⑨ 点击 $\boxed{\text{Done-Save Connector}}$，返回 CONNECTOR COMMANDS 菜单。

⑩ 点击 $\boxed{\text{Next Page}}$，显示下一页菜单，如图 2-4-10 所示。点击 $\boxed{\text{Dispa}}$，打开显示命令菜单（DISPLAY COMMANDS），如图 2-4-11 所示。

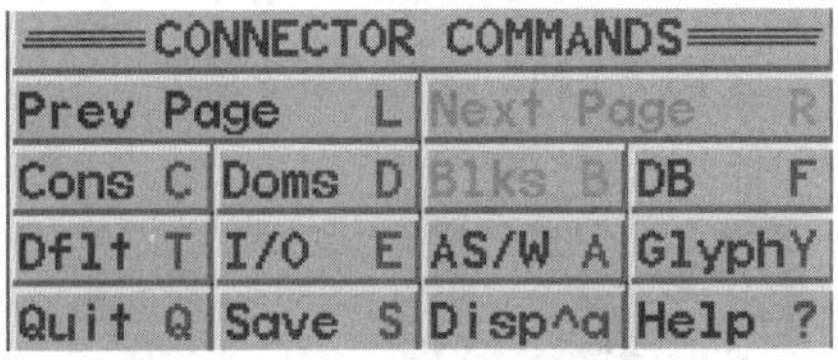

图 2-4-10　连接体命令菜单

图 2-4-11　显示命令菜单

⑪ 选取 Show 右侧的 Con GPs，可以显示三角翼边线网格节点的分布，如图 2-4-12 所示。

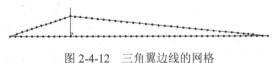

图 2-4-12　三角翼边线的网格

⑫ 点击 $\boxed{\text{Next Page}}$，点击 $\boxed{\text{Done}}$，返回连接体命令菜单（CONNECTOR COMMANDS）。

注意：按住鼠标中键上下移动，可以缩放图形；按住鼠标左键移动，可以移动图形；鼠标右键为移动十字光标或选择边线等。

（5）创建三角翼的尾迹线

尾迹线是指自尾缘点到出口边界的最短直线，其长度一般设为翼弦长度的 10 倍左右。故要创建一条连接尾缘点到（140，0，0）的线段，就是尾迹。

① 点击 $\boxed{\text{Create}}$。

② 点击 $\boxed{\text{2 Point Connectors}}$，打开两点连接菜单（2 POINT LINE），如图 2-4-13 所示。

③ 将十字光标移到尾缘点，点击 Add CP 右侧的 $\boxed{\text{by Picking}}$。

④ 点击 Add CP 右侧的 $\boxed{\text{via Keybrd}}$，输入 140，点击 $\boxed{\text{Enter}}$。

⑤ 点击 $\boxed{\text{Next Page}}$，点击 $\boxed{\text{Done}}$，点击 $\boxed{\text{Done Creating Conns}}$。返回连接体命令菜单（CONNECTOR COMMANDS），如图 2-4-14 所示。

⑥ 点击 $\boxed{\text{Modify}}$，打开修改连接体菜单（MODIFYING CONNECTORS），如图 2-4-15 所示。

⑦ 鼠标右键点击尾迹，点击 $\boxed{\text{Done}}$，打开修改连接体菜单（MODIFY CONNECTOR），如图 2-4-16 所示。

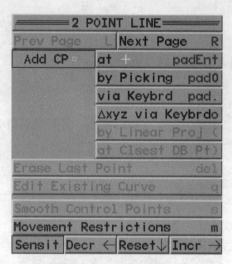

图 2-4-13　两点连线菜单

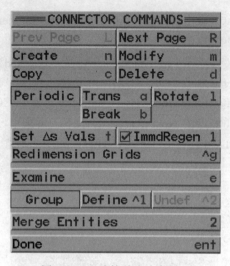

图 2-4-14　连接体命令菜单

图 2-4-15　修改连接体菜单

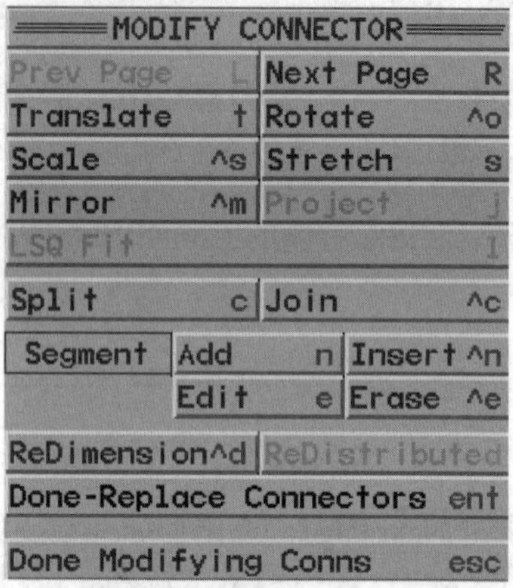

图 2-4-16　修改连接体菜单

⑧ 点击 ReDimension，打开网格节点设置菜单（REDIMENSION CONNECTORS），如图 2-4-17 所示。

⑨ 点击 From 右侧的 ◇keybrd 图标，输入节点数 100，点击 Enter。

⑩ 点击 Done-ReDimension，返回 MODIFY CONNECTOR 菜单（图 2-4-16）。

⑪ 点击 ReDistribute，打开网格点分布菜单（GRID POINT DISTRIBUTION），如图 2-4-18 所示。此时可以看到，尾迹上的网格间隔与三角翼上的相差较多，这不利于计算。现要将尾迹上的网格划分为不等距网格，并将间隔与三角翼相接。

⑫ 点击 Begin. ▲ ^l，输入尾迹第一个网格间隔 0.3，点击 Enter。

⑬ 点击 Ending ▲ 1，输入尾迹最后一个网格间隔 1.5，点击 Enter。

⑭ 点击 Next Page，点击 Done ReDistributing。

⑮ 点击 Done-Replace Connectors，点击 Done，回到主菜单。

所建立的网格节点分布，如图 2-4-19 所示。

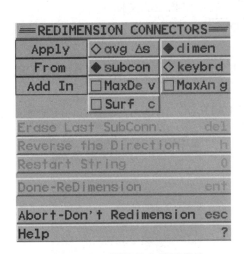

图 2-4-17　网格节点设置菜单

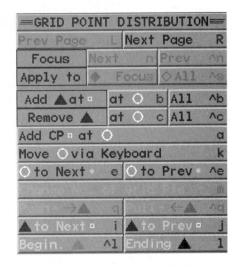

图 2-4-18　网格点分布菜单

图 2-4-19　网格点分布图

（6）保存文件

① 点击主菜单（MAIN MENU）的 Input/Output ，打开输入/输出菜单（INPUT/OUTPUT COMMANDS），如图 2-4-20 所示。

② 点击 Gridgen 右侧的 Export ，打开输出网格文件菜单（OUTPUT Gridgen FILE），如图 2-4-21 所示。

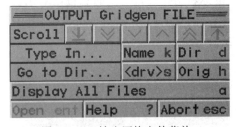

图 2-4-20　输入/输出菜单　　　　　　　　　图 2-4-21　输出网格文件菜单

③ 点击 Name ，输入 tri_wing，点击 Enter 。

文件的扩展名为.gg，保存在 Gridgen 文件夹下 My Grids 中，以后可以随时读入并继续进行建模工作。

第 3 步　利用扩展功能建立流域的网格

（1）读入数据文件

① 启动 Gridgen 后，点击主菜单的 Input/Output 。

② 点击 Gridgen 右侧的 Import ，在信息区显示的内容 如图 2-4-22 所示，意为选择输入的文件，默认扩展名为.gg。

图 2-4-22　输入文件提示

当前文件夹为 C:\GridgenV15\My Grids。下面黑板上显示出相应的文件名。

③ 点选此文件，点击菜单中的 Open，点击 Done，返回主菜单。

（2）建立流域的网格划分

① 点击主菜单中的 DOMAIN；打开流域操作命令菜单（DOMAIN COMMANDS），如图 2-4-23 所示。

② 点击 Create，打开创建流域命令菜单（CREATE DOMAIN），如图 2-4-24 所示。

图 2-4-23 流域操作命令菜单

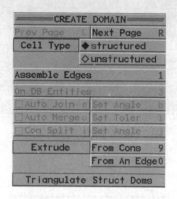

图 2-4-24 创建流域命令菜单

在 Cell Type 右侧的默选项为 structured，意为结构化网格，当然也可以选择 unstructured（非结构化网格）。

③ 点击 Extrude 右侧的 From An Edge，打开边线扩展命令菜单（CREATE EXTRUSION EDGE），如图 2-4-25 所示。

注意：From Cons 选项只允许一条线段选择一次，而 From An Edge 选项允许一条线段使用两次。对于本节，尾迹需要选择两次，尾迹右端点沿 y 轴正、负两个方向扩展。

④ 鼠标右击尾迹，沿逆时针依次右击三角翼的三条边线，最后再右击尾迹。

⑤ 点击图 2-4-25 中 Save Edge，打开流域扩展命令菜单（DOMAIN EXTRUSION），如图 2-4-26 所示。

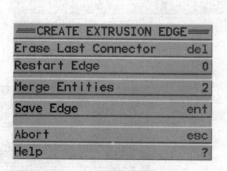

图 2-4-25 边线扩展命令菜单

图 2-4-26 流域扩展命令菜单

⑥ 点击 Set Stop Criteria，打开设置扩展临界值菜单（STOP CRITERIA），如图 2-4-27 所示。

在网格划分过程中，要进行网格检查，特别是雅克比（Jacobian）右侧的四项检查，若有问题，则程序将提出警告或报错。当然下面还有总高度设置（Total Height）、扭曲度设置（Skewness）和长宽比等设置。

⑦ 看到 Jacobian 右侧的四项处于选中状态，点击 Done ，返回流域扩展命令菜单（DOMAIN EXTRUSION）。

⑧ 点击 Set Attributes ，打开扩展属性菜单（EXTRUSION ATTRIBS），如图 2-4-28 所示。

此时图形如图 2-4-29 所示。图中箭头表示扩展的方向，是由边界指向内部的，这是默认设置，需要改变方向，扩展方向应由三角翼边界指向外部。

STOP CRITERIA	EXTRUSION ATTRIBS
图 2-4-27　设置扩展临界值菜单	图 2-4-28　扩展属性菜单

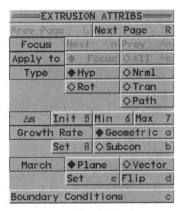

图 2-4-27　设置扩展临界值菜单　　　　图 2-4-28　扩展属性菜单

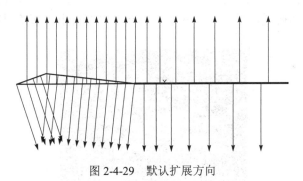

图 2-4-29　默认扩展方向

⑨ 点击 March 项的 Flip ，调整后的扩展方向如图 2-4-30 所示。

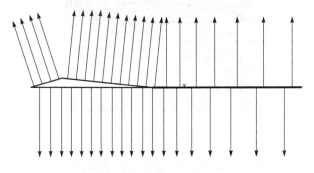

图 2-4-30　调整后的扩展方向

扩展过程中，要求出口边界是一条与 Y 轴平行的线，故还需要对扩展的边界进行设置。

⑩ 点击图 2-4-28 中 Boundary Conditions，打开扩展边界设置菜单（EXTRUSION BCS），如图 2-4-31 所示。

⑪ 在 Edges 项选中 All，并点击 Set，打开边界选择菜单（SELECT FOR EDGE），如图 2-4-32 所示。

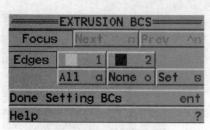

图 2-4-31　扩展边界设置菜单

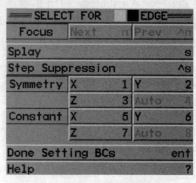

图 2-4-32　边界选择菜单

⑫ 在 Symmetry 项选择 X，返回扩展属性菜单。

⑬ 点击 Next Page，点击 Done，返回流域扩展命令菜单（图 2-4-26）。

⑭ 点击 Run N，输入扩展次数 50，点击 Enter。

由于网格尺度过小，系统给出了警告，如图 2-4-33 所示。如果强行进行扩展，则得到网格如图 2-4-34 所示。网格显示扩展网格的第一层网格尺度过小，应给以改进。

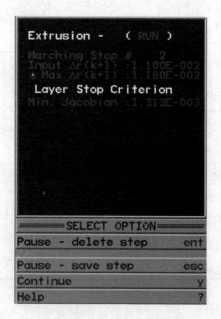

图 2-4-33　警告信息

⑮ 点击 Abort，取消网格扩展操作，点击 Done，回到主菜单。

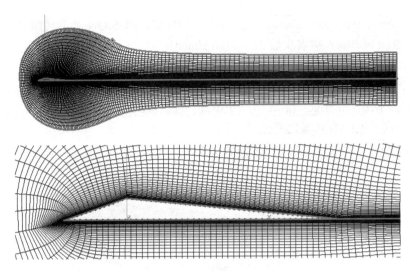

图 2-4-34 扩展后网格图

（3）改变系统默认设置

① 点击主菜单中的 Defaults，打开系统默认设置菜单（SET DEFAULT VALUES），如图 2-4-35 所示。

② 点击 Con Dist 右侧的 **Bgn Δs ^1** 图标，输入 0.1，点击 Enter。

③ 点击 Next Page，点击 Done，返回主菜单。

（4）利用扩展功能划分流域网格

① 点击 Domains，点击 Create，点击 Extrude 右侧的 From An Edge。

② 鼠标依次右击尾迹、三角翼边线、尾迹，点击 Save Edge，返回流域扩展命令菜单（DOMAIN EXTRUSION），如图 2-4-36 所示。

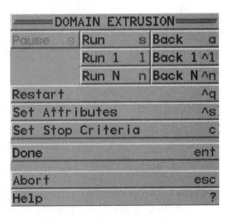

图 2-4-35 系统默认设置菜单   图 2-4-36 流域扩展命令菜单

③ 点击 Set Stop Criteria，点击 Done。

④ 点击 Set Attibutes，点击 March 右侧的 Flip。

⑤ 点击 Boundary Conditions，点击 Edges 右侧的 All，点击 Set。

⑥ 点击 Symmetry 右侧的 X。

⑦ 点击 Next Page，点击 Done，返回 DOMAIN EXTRUSION 菜单（图 2-4-26）。

⑧ 点击 Run N，输入扩展次数 50，点击 Enter。

得到网格如图 2-4-37 所示，三角翼附近的网格如图 2-4-38 所示。

注意：点击 Run，继续向外扩展同样的次数；点击 Back，取消扩展操作；点击 Run 1，继续向外扩展 1 次；点击 Back 1，取消一次扩展；点击 Run N，向外扩展 N 次；点击 Back N，取消最近的 N 次扩展；直到满意为止。

⑨ 点击 Done。返回 DOMAIN COMMANDS 菜单。

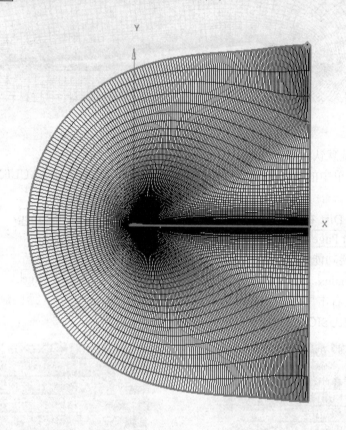

图 2-4-37　扩展后的流域网格图

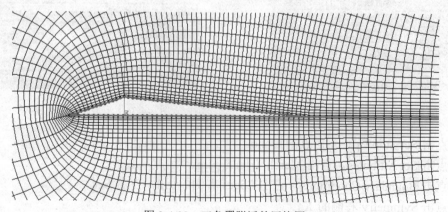

图 2-4-38　三角翼附近的网格图

第4步　确定边界类型

为了完成网格设计，满足在 FLUENT 中的需要，必须选择 AS/W 操作，生成块（block），设置边界条件的类型，才能导出适用的文件。

注意：只有生成了 blocks，才能设置边界条件或者导出分析数据。

（1）选择文件格式

① 点击 DOMAIN COMMANDS 菜单中的 Next Page ，点击 AS/W ；打开分析命令菜单（ANALYSIS S/W COMMANDS），如图 2-4-39 所示。

② 点击 Select Analysis S/W ，打开文件格式选择菜单（SELECT ANALYSIS S/W），如图 2-4-40 所示。

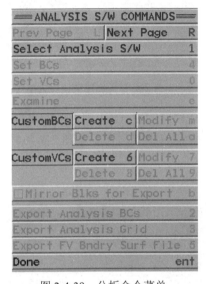

图 2-4-39　分析命令菜单

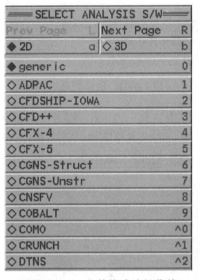

图 2-4-40　文件格式选择菜单

③ 点击 2D （二维网格），点击 Next Page ，点击 Fluent 。

④ 点击 Next Page ，点击 Done 。返回分析命令菜单。

（2）建立块（block）

① 点击 Next Page ，打开文件格式选择菜单如图 2-4-41 所示，点击图中的 Blks 图标；打开块命令菜单（BLOCK COMMANDS），如图 2-4-42 所示。

图 2-4-42　块命令菜单

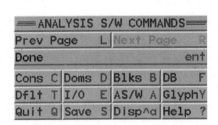

图 2-4-41　文件格式选择菜单

② 点击 Create；打开创建块菜单（CREATE BLOCK），如图 2-4-43 所示。

③ 选择 Cell Type 右侧的 structured，点击 Assemble Faces，打开创建结构块菜单（CREATE A STRUCTURED BLOCK），如图 2-4-44 所示。

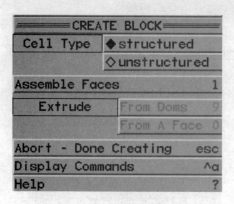

图 2-4-43　创建块菜单

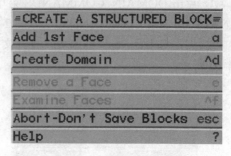

图 2-4-44　创建结构块菜单

④ 点击 Add 1st Face，打开面选择菜单（ASSEMBLE 1ST FACE），如图 2-4-45 所示。

⑤ 鼠标右击网格区域，点击 Save the Face，返回创建结构块菜单，如图 2-4-46 所示。

⑥ 点击 Done-Save Blocks，返回块命令菜单。

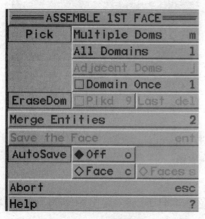

图 2-4-45　面选择菜单

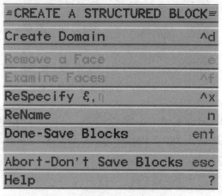

图 2-4-46　创建结构块菜单

（3）设置边界类型

① 点击 AS/W，打开分析命令菜单，如图 2-4-47 所示。

② 点击 Set BCs，打开选择边界线菜单（Select Connectors For BC），如图 2-4-48 所示。

注意：在信息区，系统显示：1 Block（1 个块），1 Domains（1 个区），7 Connectors（7 个连接体），6 Nodes（6 个连接点）等信息。

如图 2-4-49 所示，在黑板上，系统指明了当前的边界线段及边界类型。其中有两条是由尾迹形成的，这是内部线，不用进行边界类型设置。

③ 鼠标右击流域左侧 C 形线段；此时黑板上相应的线段名变为白色，点击 Done，打开边界类型选择菜单（FLUENT BCs），如图 2-4-50 所示。

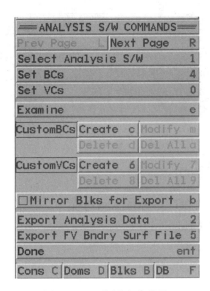

图 2-4-47　分析命令菜单

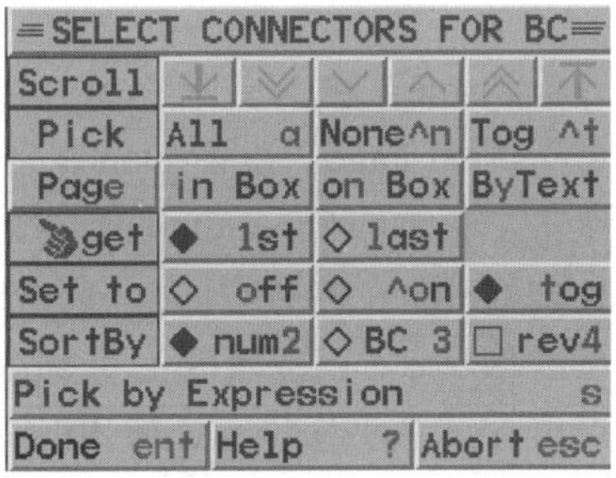

图 2-4-48　边界选择命令菜单

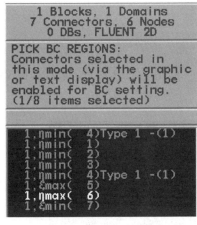

图 2-4-49　系统反馈信息

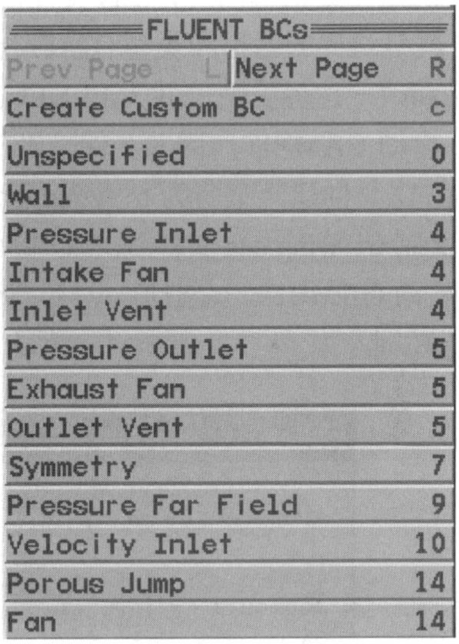

图 2-4-50　边界类型选择菜单

④ 选择 Velocity Inlet，返回边界选择命令菜单。

⑤ 鼠标右击两条出流边界线段，点击 Done，选择 Pressure Outlet。

⑥ 鼠标右击三角翼上边两条线，点击 Done，选择 Wall。

⑦ 鼠标右击三角翼下边一条线；点击 Done，选择 Symmetry。（若设为 Wall，则系统会将三角翼上下边视为同一个边界。另外，可以在 FLUENT 中改变边界类型）。

系统黑板上显示的内容如图 2-4-51 所示，内容显示了不同边界的边界类型设置。

⑧ 点击 Done，返回分析命令菜单。

（4）输出文件，退出系统

① 点击 Export Analysis Data，打开输出文件菜单（EXPORT BC FILE），如图 2-4-52 所示。

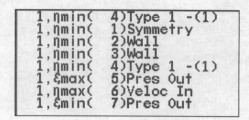

图 2-4-51 边界类型

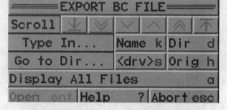

图 2-4-52 输出文件菜单

② 选择 Name，输入文件名 tri_wing，点击 Enter 。

③ 点击 Next Page ，点击 Done ，回到主菜单。

④ 点击主菜单的 Input/Output ，打开 INPUT/OUTPUT COMMANDS 菜单。

⑤ 点击 Gridgen 右侧的 Export ，打开 OUTPUT Gridgen FILE 菜单。

⑥ 点击 Name ，点击黑板上的 tri_wing，点击 Open 。

⑦ 点击 Yes ，点击 Overwrite File 。

⑧ 点击 Quit ，点击 Quit Gridgen ，退出系统。

第 5 步   利用 GAMBIT 改变边界名称和类型

前面的建模结果输出的是.cas 文件，可以直接启动 FLUENT 进行设置和计算。但也有一个问题，就是边界的名称和类型有待改进，这个工作可通过 GAMBIT 读入数据文件，重新给边界命名和改变边界类型，并为 FLUENT 输出网格文件。

（1）启动 GAMBIT，读入文件

① 在 D 盘创建一个名为 tri_wing_cav 的文件夹。

② 复制 tri_wing.cas 文件到此文件夹下。

③ 启动 GAMBIT，点击 Browse ，将 D:\tri_wing_cav 作为工作目录，设置如图 2-4-53 所示，点击 Run 。

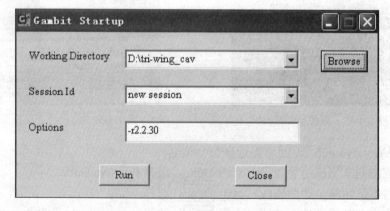

图 2-4-53 GAMBIT 启动对话框

（2）读入 tri_wing.cas 文件

操作：File → Import → Mesh…，打开文件输入对话框，如图 2-4-54 所示。

① 在 Type 项的下拉列表中选取 FLUENT 5/6。

② 在 Dimension 项选择 2D。

③ 点击 File Name 右侧的 Browse...，找到要输入的文件 tri_wing.cas。

④ 点击 Accept。

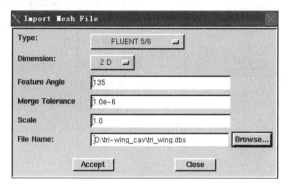

图 2-4-54 输入文件对话框

（3）改变边界名称和类型

操作：ZONES 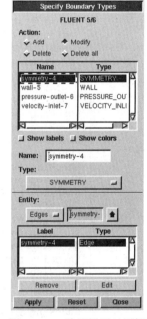→SPESIFY BOUNDARY TYPES

打开边界设置对话框（Specify Boundary Types），如图 2-4-55 所示，其中显示了已有的边界名称和类型。

① 点击 Name 项的 symmetry-4。

② 注意到 Action 项自动改为 Modify，在对话框中部的 Type 项列表中选择 WALL。

③ 保留其他默认设置，点击下面的 Apply。

对另外三个边界也进行相应的改动，最后结果如图 2-4-56 所示。

（4）保存并输出网格文件

① 保存文件。

操作：File → Save As...，打开文件保存对话框，如图 2-4-57 所示。在 ID: 右侧输入 tri_wing，点击 Accept。

② 输出网格文件。

操作：File → Export → Mesh...，打开网格文件输出对话框，如图 2-4-58 所示。选择 Export 2-D（X-Y）Mesh，点击 Accept。

图 2-4-55 边界设置对话框

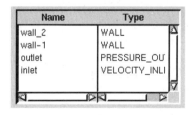

图 2-4-56 改变后的边界名称与类型

图 2-4-57 保存文件对话框

③ 退出系统。

操作：File → Exite，点击 Yes。

第 6 步 启动 FLUENT 2d 求解器并读入网格文件

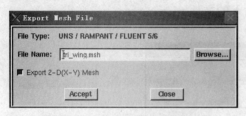

图 2-4-58　输出网格文件对话框

（1）启动 FLUENT 2d 求解器并读入网格文件

操作：File → Read → Case...

在工作目录下选择并读入网格文件 tri-wing.msh。

（2）网格检查

操作：Grid → Check

系统给出的检查信息如图 2-4-59 所示。其中有 x、y 的坐标范围，最小体积（面积）、最大体积和总体积，最小面积（网格间距）、最大面积等内容。这一步要特别注意保证最小面积为正值，且不能有任何警告信息。

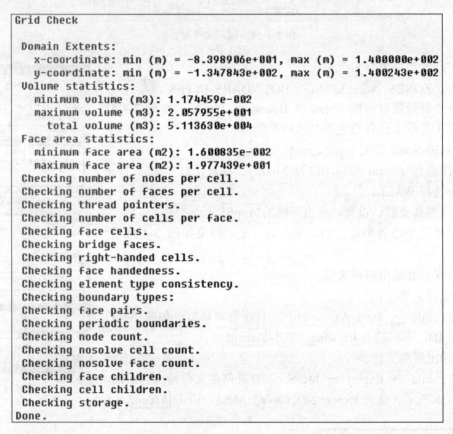

```
Grid Check

 Domain Extents:
   x-coordinate: min (m) = -8.398906e+001, max (m) = 1.400000e+002
   y-coordinate: min (m) = -1.347843e+002, max (m) = 1.400243e+002
 Volume statistics:
   minimum volume (m3): 1.174459e-002
   maximum volume (m3): 2.057955e+001
     total volume (m3): 5.113630e+004
 Face area statistics:
   minimum face area (m2): 1.600835e-002
   maximum face area (m2): 1.977439e+001
Checking number of nodes per cell.
Checking number of faces per cell.
Checking thread pointers.
Checking number of cells per face.
Checking face cells.
Checking bridge faces.
Checking right-handed cells.
Checking face handedness.
Checking element type consistency.
Checking boundary types:
Checking face pairs.
Checking periodic boundaries.
Checking node count.
Checking nosolve cell count.
Checking nosolve face count.
Checking face children.
Checking cell children.
Checking storage.
Done.
```

图 2-4-59　网格检查反馈信息

（3）确定长度单位

操作：Grid → Scale...，弹出长度单位设置对话框，如图 2-4-60 所示。

① 在 Grid Was Created In 右侧下拉列表中选择长度单位 cm。

② 点击 Change Length Units。

③ 点击 Scale，点击 Close。

GAMBIT 中的网格是没有单位的，FLUENT 的默认单位为 m，故必须对长度单位进行设置，这样设置的结果是长度单位用 cm。

（4）显示网格图形

操作：$\boxed{\text{Display}}$ → Grid…

① 保留默认设置，在弹出网格显示对话框中点击 $\boxed{\text{Display}}$，则网格图形显示窗口如图 2-4-61 所示。

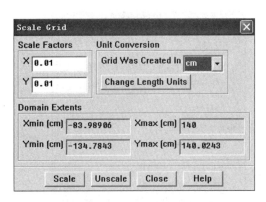

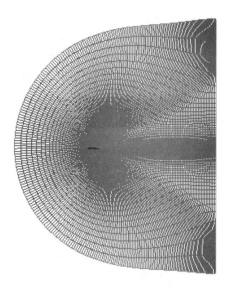

图 2-4-60　长度单位设置对话框　　　　图 2-4-61　计算区域的网格图

② 使用鼠标中键局部放大图形。

（i）移动鼠标到方框的左上角。

（ii）按住鼠标中键并将鼠标拖到方框的右下角。

（iii）松开鼠标按键，则方框部分图形将被放大。

放大后的网格图形如图 2-4-62 所示。

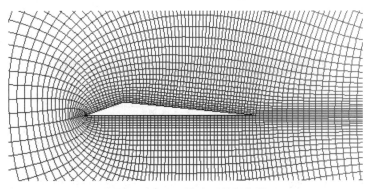

图 2-4-62　局部放大后的网格图

注意：① 反之操作，将使图形缩小。

② 按住鼠标左键移动鼠标，可移动图形。

第 7 步　设置求解器及材料属性

（1）选择定常流动模型

操作：$\boxed{\text{Define}}$ → $\boxed{\text{Models}}$ → Solver…，弹出求解器设置对话框，如图 2-4-63 所示。保留默

认设置，点击 $\boxed{OK}$ 。

注意：对于多相流动计算，在 Solver 项一定要选择非耦合（segregated）型求解器。

若要精确地模拟在水流的冲击下所引起的不规则的起泡过程、气泡的生成、扩大和消失，则应使用非定常的计算方法。本节仅仅利用定常流动的计算方法，模拟在贴近三角翼顶点后部附近气泡的形成。

（2）设置带有空化作用的多相流混合模型

操作： $\boxed{Define}$ → $\boxed{Models}$ → Multiphase...，弹出多相流动模型设置对话框，如图 2-4-64 所示。

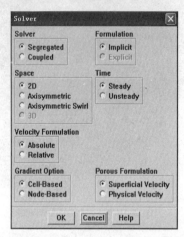
图 2-4-63　求解器设置对话框

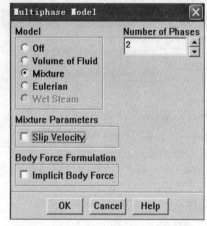
图 2-4-64　多相流模型设置对话框

① 在 Model 项选择 Mixture。

② 在 Mixture Parameters 下面关闭 Slip Velocity 选项。

由于在不同相之间没有明显的速度差异，故不需对速度方程进行光滑处理。

③ 保留其他默认设置，点击 $\boxed{OK}$ 。

（3）设置湍流模型为具有非平衡壁面函数的 k-ε 湍流模型

操作： $\boxed{Define}$ → $\boxed{Models}$ → Viscous...，弹出湍流模型设置对话框，如图 2-4-65 所示。

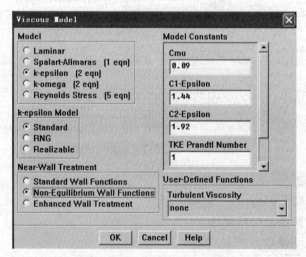
图 2-4-65　湍流模型设置对话框

① 在 Model 项选择 k-epsilon[2 eqn]。

② 在 k-epsilon Model 项下，选择 Standard。

对于贴近壁面附近的流动，当使用非平衡壁面函数（non-equilibrium wall functions）时，利用标准的 k-ε 模型进行数值模拟计算是很有效的。

③ 在 Near-Wall Treatment（贴近壁面处理方式）项下选择 Non-Equilibrium Wall Functions（非平衡壁面函数）。

④ 保留其他默认设置，点击 OK 。

（4）设置流体材料及其物理性质

① 从材料库中复制液态水和气态水，并把它们作为基本相和第二相。

操作：Define → Materials...，在弹出的材料属性设置对话框中点击 Database... ，则打开材料选择对话框，如图 2-4-66 所示。

（i）在 Fluent Fluid Materials（流体材料）下拉列表中选择 water-liquid（$H_2O<1>$）（液态水）。

（ii）点击 Copy ，将相关信息复制到计算模型中。

（iii）在 Fluid Materials 下拉列表中选择 water-vapor（H_2O）（汽态水）。

（iv）点击 Copy ，将相关信息复制到计算模型中。

（v）点击 Close ，关闭材料选择对话框。

（vi）点击 Close ，关闭材料属性设置对话框。

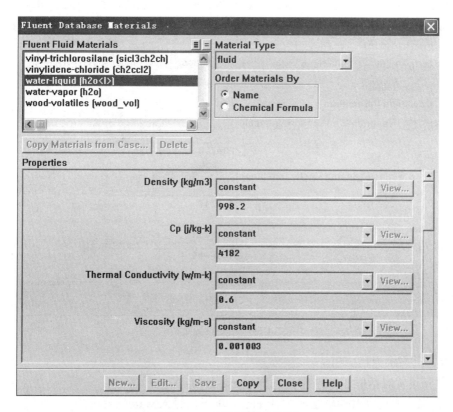

图 2-4-66　材料选择对话框

（5）设置流体的相

① 确定水为基本相。

操作：$\boxed{\text{Define}}$ → Phases...，弹出相设置对话框，如图 2-4-67 所示。

（i）在 Phase 项下选择 phase-1，点击 $\boxed{\text{Set...}}$。

（ii）在弹出的基本相对话框 2-4-68 中 Name 下输入 water。

（iii）在 Phase Material 项下拉列表中选择 water-liquid。

（iv）点击 $\boxed{\text{OK}}$。

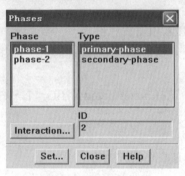

图 2-4-67　相设置对话框

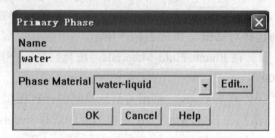

图 2-4-68　基本相设置对话框

（v）点击相设置对话框中的 $\boxed{\text{Interaction...}}$，打开相变设置对话框，如图 2-4-69 所示。

（vi）选择 Cavitation（空化），选择 Mass 选项卡，保留默认设置，点击 $\boxed{\text{OK}}$。

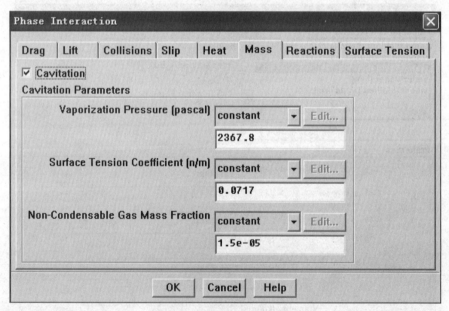

图 2-4-69　相变设置对话框

② 确定汽态水为第二相。

（i）在相设置对话框 2-4-67 中，选择 phase-2，点击 $\boxed{\text{Set...}}$。

（ii）在第二相设置对话框 2-4-70 中 Name 项下，输入 water-vapor。

（iii）在 Phase Material 下拉列表中选择 water-vapor。

（iv）点击 OK 。

③ 点击 Close ，关闭相设置对话框。

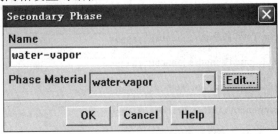

图 2-4-70 第二相设置对话框

第 8 步 设置工作环境及边界条件

本节是一个考虑水发生相变的问题，水的相变条件是绝对压强低于汽化压强，故入流和出流边界都应设为压力相关的边界，而速度边界显然是不适用的。

（1）设置工作压强为 0 Pa

操作： Define → Operating Conditions，打开操作环境设置对话框，如图 2-4-71 所示。设置 Operating Pressure 为 0，点击 OK 。

（2）设置入口边界条件

对于多相流动混合模型，应确定混合相的边界条件，还要确定基本相和第二相在边界处的初始条件。

① 改变速度入口边界为压力入口边界。

操作： Define → Boundary Conditions....，弹出边界类型设置对话框，如图 2-4-72 所示。

（i）在 Zone 项选择 inlet。

（ii）在 Type 项选择 pressure-inlet。

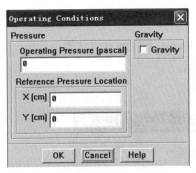

图 2-4-71 操作条件设置对话框

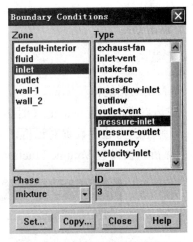

图 2-4-72 边界类型设置对话框

② 为混合相设置条件。

（i）在 Zone 项选择 inlet，在 Phase 项下拉列表中保留 mixture，并点击 Set... ，打开压力入口边界设置对话框，如图 2-4-73 所示。

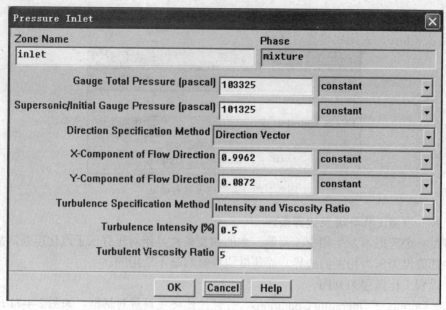

图 2-4-73　混合相压力入口边界设置对话框

（ii）在 Gauge Total Pressure 项输入总压 103 325。

（iii）在 Supersonic/Initial Gauge Pressure 项输入表压 101 325。

（iv）在 Direction Specification Method 项下拉列表中选择 Direction Vector（方向矢量）。

（v）在 X-Component of Flow Direction 项输入 X 方向分量 0.996 2。

（vi）在 Y-Component of Flow Direction 项输入 Y 方向分量 0.087 2。

（vii）在 Turbulence Specification Method 下拉列表中选择 Intensity and Viscosity Ratio。

（viii）在 Turbulence Intensity 项填入 0.5，在 Turbulence Viscosity Ratio 项填入 5。
对于外部绕流，应选择 viscosity ratio 在 1 到 10 之间。

（ix）点击 OK。

注意：总压 = 表压 + $\dfrac{1}{2}\rho v^2$

③ 检查第二相的体积比例。

（i）在边界类型设置对话框（图 2-4-72）中，在 Phase 下拉列表中选择 water-vapor 并点击 Set....，弹出压力边界设置对话框，如图 2-4-74 所示。

（ii）保留默认设置 Volume Fraction 为 0，点击 OK。

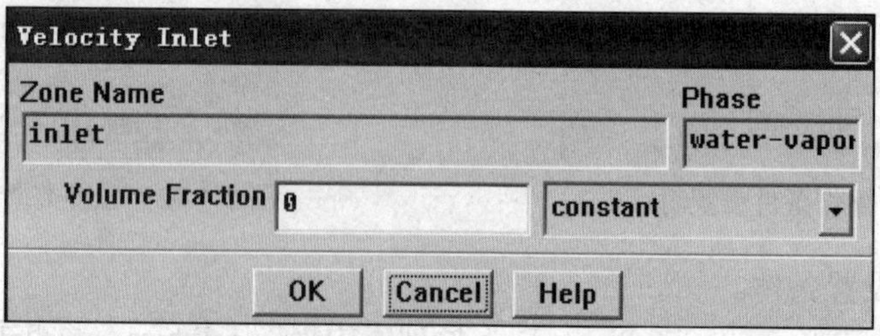

图 2-4-74　第二相压力边界设置对话框

（3）设置压力出流的边界条件

在压力出流边界设置湍流条件仅仅是在有流体流入此边界时才有用，由于希望在压力出流边界没有回流现象，可取与速度入口边界相同的值。在下游区设置相应合理的值是很重要的，本节问题的求解中，在一些点上就有回流现象。

① 为混合相设置出流边界条件。

（i）在边界类型设置对话框（图 2-4-72）中 Zone 项选择 outlet。

（ii）在 Phase 下拉列表中选择 mixture，并点击 Set...，弹出的压力出流边界设置对话框，如图 2-4-75 所示。

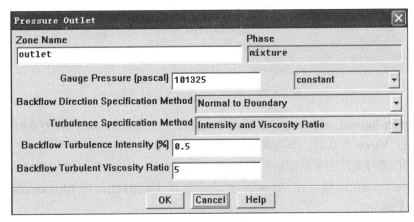

图 2-4-75　压力出流边界设置对话框

（iii）在 Gauge Pressure 项输入压强 101 325。

（iv）在 Turbulence Specification Method 项选择 Intensity and Viscosity Ratio。

（v）设置 Backflow Turbulence Intensity 为 0.5，设置 Backflow Turbulent Viscosity Ratio 为 5。

（vi）点击 OK。

② 检查第二相的体积比。

（i）在边界类型设置对话框（图 2-4-72）中，在 Phase 下拉列表中选择 water-vapor，点击 Set....，打开第二相压力出流边界设置对话框，如图 2-4-76 所示。

（ii）保留默认的体积比（Volume Fraction）0，点击 OK。

（iii）点击 Close，关闭边界类型设置对话框。

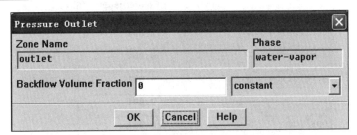

图 2-4-76　第二相压力边界设置对话框

（3）设置求解控制参数

操作：Solve → Controls → Solution...，弹出求解控制参数设置对话框，如图 2-4-77 所示。

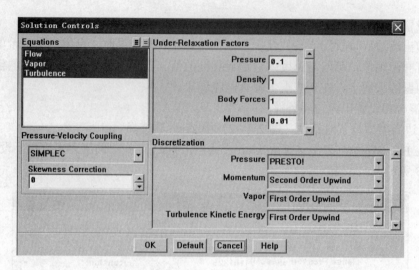

图 2-4-77　求解控制参数设置对话框

① 在 Under-Relaxation Factors 项，设置 Pressure 项为 0.1，Momentum 为 0.01，Vaporization Mass 为 0.001，Vapor 为 0.01，下面两项为 0.2。

汽化问题的源项对压力系数影响非常大，为保证收敛性，对这些源项应设置较小的松弛因数。

② 在 Discretization 项，在 Pressure 列表中选择 PRESTO!；在 Momentum 列表中选择 Second Order Upwind。

③ 在 Pressure-Velocity Coupling 项选择 SIMPLEC 算法。

④ 保留其他默认设置，点击 OK 。

（4）设置残差监视器

操作：Solve → Monitors → Residual...，弹出残差监视器设置对话框，如图 2-4-78 所示。

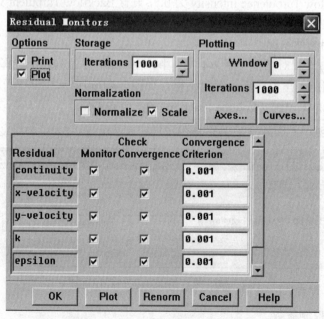

图 2-4-78　残差监视器设置对话框

① 在 Options 项下，选择 Plot。

② 保留其他默认设置，点击 $\boxed{\text{OK}}$。

（5）求解初始化

操作：$\boxed{\text{Solve}}$ → $\boxed{\text{Initialize}}$ → Initialize…，弹出求解初始化设置对话框，如图 2-4-79 所示。

① 在 Compute From 下拉列表中，选择 inlet。

② 点击下面的 $\boxed{\text{Init}}$，点击 $\boxed{\text{Close}}$。

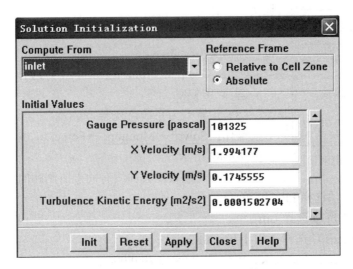

图 2-4-79　求解初始化设置对话框

（6）开始迭代计算

操作：$\boxed{\text{Solve}}$ → Iterate…，进行 100 次迭代计算，残差监测曲线如图 2-4-80 所示。

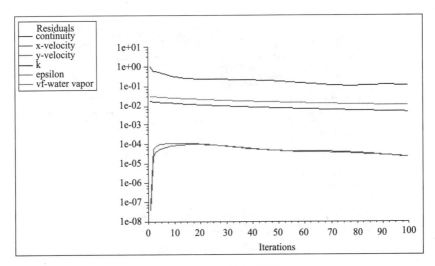

图 2-4-80　残差监测曲线

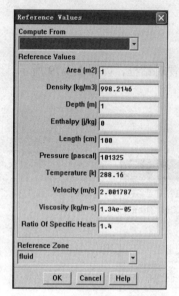

图 2-4-81　参考值设置对话框

（7）设置参考值

选取作用在外边界上的压力系数面积平均值作为监测计算收敛的判据。为使压力系数计算正确，必须正确选取参考值，FLUENT 是使用参考密度来计算压力系数的。

对于初始的迭代计算，由于求解的结果是波动的，故压力系数曲线也呈不规则形状出现。逐渐地随着迭代次数的增多，压力系数的波动也随之变小，此时，应及时调整监视器 Y 轴的比例。

操作：Report → Reference Values…，弹出参考值设置对话框，如图 2-4-81 所示。

① 在 Compute From 下拉列表中，选择 inlet。

② 点击 OK。

（8）设置升力系数监视器

操作：Solve → Monitors →Force…，弹出监视器对话框，如图 2-4-82 所示。

设置升力系数观察曲线有助于监测解的收敛性。

① 在 Options 项选择 Plot 和 Write。

② 在 Coefficient 项选择 Lift。

③ 在 Wall Zones 项选择 wall-1 和 wall-2。

④ 在 Force Vector 项输入 X、Y 分量–0.087 2 和 0.996 2。

⑤ 在 File Name 项输入文件名 cl-history_2m。

⑥ 设置 Plot Window 为 1。

⑦ 保留其他默认设置，点击 OK。

（9）保存计算结果（保存到 tri-wing_2m）

操作：File → Write → Case & Data…

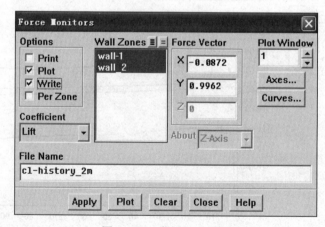

图 2-4-82　监视器对话框

（10）继续进行迭代计算

经过总共 642 次迭代计算，残差收敛，监测曲线如图 2-4-83 所示，三角翼的升力监测曲线如图 2-4-84 所示。

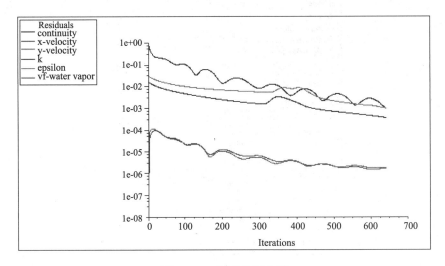

图 2-4-83　残差监测曲线

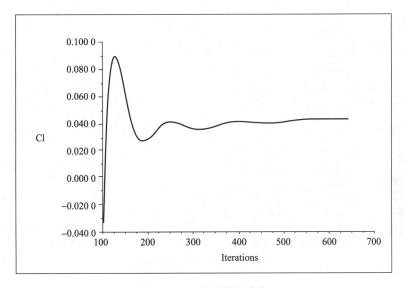

图 2-4-84　升力监测曲线

第 9 步　对计算结果的后处理

（1）三角翼附近的压力分布图

操作：Display → Contours...，打开绘制云图设置对话框，如图 2-4-85 所示。

① 在 Contours of 列表中选择 Pressure...和 Static Pressure。

② 在 Options 下选择 Filled。

③ 点击 Display，则三角翼表面附近的压力分布如图 2-4-86 所示。

注意：在三角翼上表面的尖角处是一个低压区，在这一区域有可能发生空化现象。

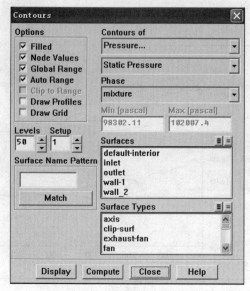

图 2-4-85　绘制云图设置对话框

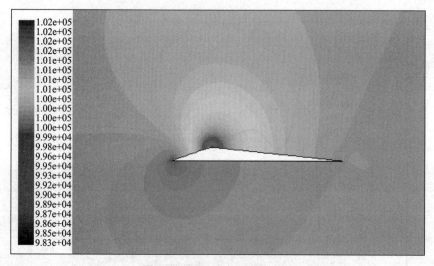

图 2-4-86　区域内压强分布图

（2）绘制三角翼表面的压力系数分布图

操作：Plot → XY Plot…，打开 XY 曲线设置对话框，如图 2-4-87 所示。

① 在 Y Axis Function 下选择 Pressure…和 Pressure Coefficient。

② 在 Surfaces 下选择 wall-1 和 wall-2。

③ 点击 Plot，得到压力系数分布，如图 2-4-88 所示。

第 10 步　有空化发生的情况

前面的计算中，绕流流场内最低压强也比水的汽化压强高，所以没有发生水的汽化现象。现在假设水流速度为 10 m/s，重新计算。

其他设置都是相同的，不同的有如下几项。

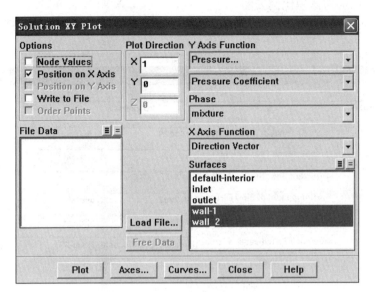

图 2-4-87　XY 曲线设置对话框

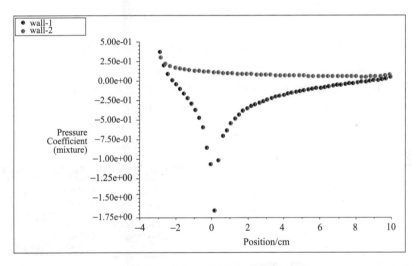

图 2-4-88　三角翼表面压力系数分布图

（1）压力入口边界条件

这一项的设置如图 2-4-89 所示。

（2）重新设置参考值

操作：Report → Reference Values…

（3）初始化流场

操作：Solve → Initialize → Initialize…，流场初始化设置如图 2-4-90 所示。

（4）迭代计算

操作：Solve → Iterate…，进行 500 次迭代计算。

（5）绘制汽化水的体积比例云图

操作：$\boxed{\text{Display}}$ → Contours...，打开绘制云图设置对话框，如图 2-4-91 所示。

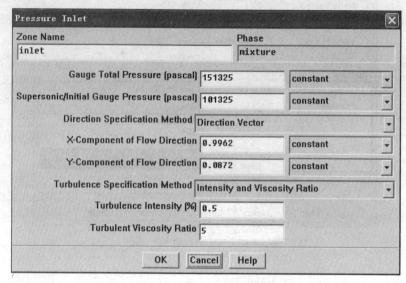

图 2-4-89　压力入口边界条件设置对话框

① 在 Contours of 列表中选择 Phases...和 Volume fraction of water-vapor。

② 点击 $\boxed{\text{Display}}$。

汽化水在三角翼上表面尖角后的体积分布如图 2-4-92 所示。明显看出，在三角翼上尖点后部出现了汽化。汽化现象的发生，对翼型表面有腐蚀作用，且伴有噪声，是应该避免的现象。

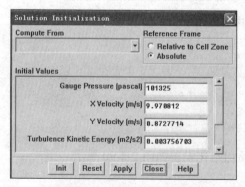

图 2-4-90　流场初始化设置对话框

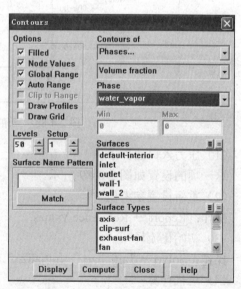

图 2-4-91　绘制云图设置对话框

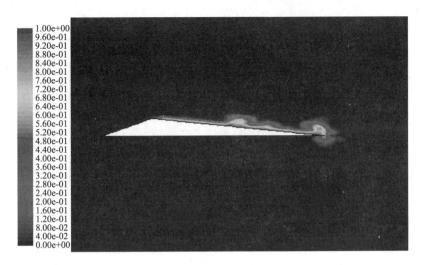

图 2-4-92   三角翼表面附近出现汽化

小   结

本节说明了怎样利用 FLUENT 中带有空化作用的多相流动模型求解三角形水翼的绕流流动。通过本节的学习，应该掌握外部绕流的边界条件的设置以及怎样使用力监视器监测解的收敛性。本节利用定常流动的求解器计算并模拟了三角翼尖角附近气泡的形成。进一步的计算，例如计算气泡的形成、成长、漂流与破碎，还需要进行非定常流动的更加精确的计算与模拟。

课后练习

1. 绘制速度矢量图。

2. 对于水流速度为 2 m/s，若不考虑空化问题，试重新进行计算，并把两者的结果进行对比。

第五节   有自由表面的水流（VOF 模型的应用）

问题描述：一个敞开到大气的大容器（图 2-5-1），顶部半径为 1 m，高为 1 m，内部高度的 1/3 充满了水，水的上部为空气。容器以角速度 3 rad/sec 匀角速旋转。利用 FLUENT-2d 求解器计算容器内部的水流情况以及自由表面形状的变化过程。

本例将要研究在旋转物体中的二维湍流流动。

1. 使用非耦合的求解器解决带有自由表面的瞬态流动

2. 重力模型的应用

3. 从资料库中拷贝材料

4. 在区域的子集中修补初始条件

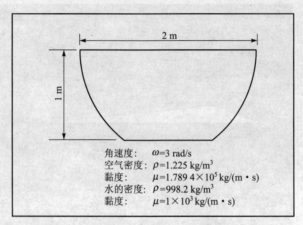

图 2-5-1 容器结构示意图

5. 定义一个函数

6. 在图形窗口中进行镜像和转动图形

7. 使用速度矢量和体积比例曲线察看流体的流动和自由表面形状

注意：本节要求对 FLUENT 达到比较熟悉的水平，同时还应有一定的多相流动的知识。

一、利用 GAMBIT 建立计算模型

第 1 步 启动 GAMBIT

在 D 盘根目录下创建一个名为 rotat 的文件夹。

点击桌面上的 GAMBIT 图标，启动 GAMBIT，将 rotat 文件夹作为工作目录，并取文件名为 rotat，设置如图 2-5-2 所示。

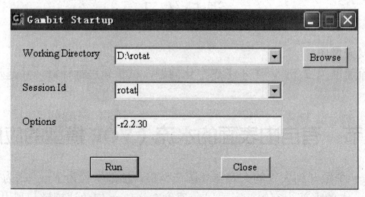

图 2-5-2 GAMBIT 启动对话框

第 2 步 建立坐标网格并创建节点

（1）创建坐标网格

操作：TOLLS![icon] → COORDINATE SYSTEM![icon] → DISPLAY GRID![icon]，打开坐标网格设置对话框（Display Grid），如图 2-5-3 所示。

① 在 Plane 项选择 XY 平面。

② 在 Axis 项选择 X 轴；在 Minimum 右侧填入 0；在 Maximum 右侧填入 15；在 Increment 右侧填入 5；点击 Update list。

③ 在 Axis 项选择 Y 轴；在 Minimum 右侧填入 –5；在 Maximum 右侧填入 10；在 Increment 右侧填入 5；点击 Update list。

④ 在 Options 项选择 Snap。

⑤ 在 Grid 项选择 Lines。

⑥ 点击 Apply。

得到坐标网格，如图 2-5-4 所示。

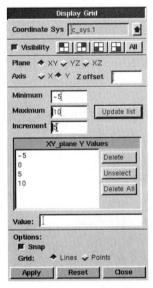

图 2-5-3 坐标网格设置对话框

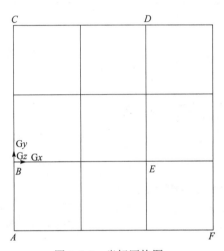

图 2-5-4 坐标网格图

注意：在所设的坐标网格中，一个格是 50 cm，这一点在后面用 FLUENT 计算时，涉及长度单位的重新设置。

（2）创建节点

① 按下 Ctrl + 鼠标右键，依次点击 A、B、C、D、E、F 点。

② 点击坐标网格设置对话框中的 Visibility 项左侧按钮，使其处于非选中状态。

③ 点击 Apply，并点击 Close。

注意：容器外圆的一部分是以 A 点为圆心，C 和 F 点为端点的圆弧中的一部分；AC 为容器的上端面，DE 为容器的底端面，BE 为转动轴。

第 3 步 由节点连成直线段

操作：GEOMETRY ▢ → EDGE ▢ → CREATE EDGE S Straight，打开创建直线对话框，如图 2-5-5 所示。

① 点击 Vertices 右侧黄色区域。

② 按下 Shift + 鼠标左键，依次点击 C、B、E、D。

③ 点击 Apply。

此时，由这四个节点连成的直线，如图 2-5-6 所示。

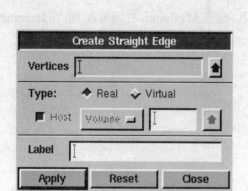

图 2-5-5　创建直线对话框

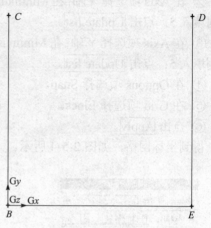

图 2-5-6　直线图

图 2-5-7　圆弧设置对话框

第 4 步　创建圆弧

操作：GEOMETRY ▦ → EDGE ▦ → CREATE EDGE ▭ R

⌒ Arc ，打开圆弧设置对话框，如图 2-5-7 所示。

① 点击 Center 右侧黄色区域。

② 按下 Shift + 鼠标左键，点击 *A* 点。

③ 点击 End-Points 右侧黄色区域。

④ 按下 Shift + 鼠标左键，点击 *C* 点和 *F* 点。

⑤ 点击 Apply。

得到直线与圆弧配置图，如图 2-5-8 所示。

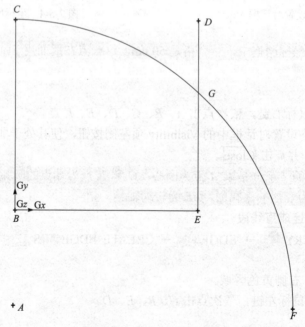

图 2-5-8　直线与圆弧配置图

第 5 步　创建线段的交点 G

G 点是由 CF 圆弧和 DE 直线相交而成的点。

操作：GEOMETRY ▤ → VERTEX ▯ → CREATE VERTEX ⋌ 〖At Intersections〗，打开线段交点设置对话框，如图 2-5-9 所示。

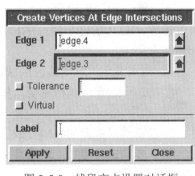

图 2-5-9　线段交点设置对话框

① 点击 Edge 1 右侧黄色区域，选择第一条交线。

② 按下 Shift + 鼠标左键，点击 CF 圆弧。

③ 点击 Edge 2 右侧黄色区域，选择第二条交线。

④ 按下 Shift+鼠标左键，点击 DE 直线。

⑤ 点击 Apply 。

此时会在图上看到两条线的交点处有一个白色的×，此即为 G 点。

第 6 步　将两条线在 G 点处分别断开

操作：GEOMETRY ▤ → EDGE ▯ → SPLIT/MERGE EDGE ⊩，打开线段分割设置对话框，如图 2-5-10 所示。

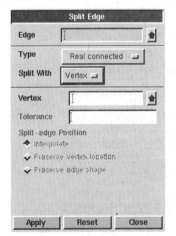

图 2-5-10　线段分割设置对话框

① 点击 Edge 右侧黄色区域。

② 按下 Shift + 鼠标左键，点击 CF 圆弧线。

③ 在 Split With 右边的下拉列表中，选择 Vertex。

④ 点击 Vertex 右侧区域。

⑤ 按下 Shift + 鼠标左键，点击 G 点。

⑥ 点击 Apply 。

同样的方法将 DE 直线在 G 点分开。

第 7 步　删除 DG 直线和 FG 弧线

操作：GEOMETRY ▤ → EDGE ▯ → DELETE EDGES ✐，打开删除线段设置对话框，如图 2-5-11 所示。

① 点击 Edges 右侧黄色区域。

② 按下 Shift + 鼠标左键，点击 DG 段直线和 FG 段圆弧。

③ 点击 Apply 。

此时图形轮廓如图 2-5-12 所示。

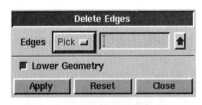

图 2-5-11　删除线段设置对话框

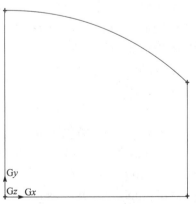

图 2-5-12　半个容器的轮廓图

第8步　由边创建面

操作：GEOMETRY ▦ → FACE ▱ → FORM FACE ▫，打开创建面对话框，如图 2-5-13 所示。

① 点击 Edges 右侧黄色区域。

② 按下 Shift + 鼠标左键，依次点击 4 条线段。

③ 点击 |Apply|。

可以看到形成面的线段变成了天蓝色。

第9步　定义边线上的节点分布

操作：MESH ▦ → EDGE ▱ → MESH EDGES ▨，打开边线网格分布设置对话框，如图 2-5-14 所示。

图 2-5-13　创建面对话框

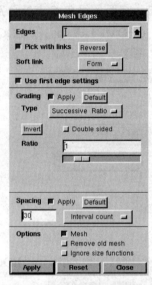

图 2-5-14　边线网格分布设置对话框

（1）对 *BC* 和 *EG* 直线进行节点分布设置

① 点击 Edges 右侧黄色区域。

② 按下 Shift + 鼠标左键，点击 *BC* 和 *EG* 两条直线。

③ 在 Spacing 项右下方下拉列表中，选择 Interval Count。

④ 在 Spacing 下方填入 30。

⑤ 在 Option 项选择 Mesh。

⑥ 点击 |Apply|。

（2）对 *BE* 直线和 *CG* 段弧线进行节点分布设置

① 点击 Edges 右侧黄色区域。

② 按下 Shift + 鼠标左键，点击 *CG* 弧线和 *BE* 直线。

③ 在 Spacing 下方填入 40。

④ 点击 |Apply|，点击 |Close|。

四条边线上的节点分布如图 2-5-15 所示。

第 10 步 在面上创建结构化网格

操作: MESH 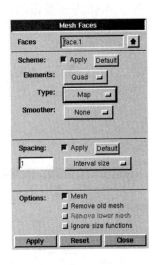 → FACE □ → MESH FACES ⬛, 打开面网格设置对话框, 如图 2-5-16 所示。

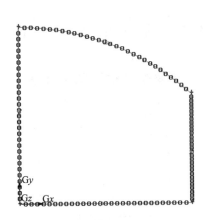

图 2-5-15 线网格分布图

图 2-5-16 面网格设置对话框

① 点击 Faces 右侧黄色区域。

② 按下 Shift + 鼠标左键, 点击所创建的面。

③ 在 Elements 项下拉列表中选择 Quad。

④ 在 Type 项下拉列表中选择 Map。

⑤ 在 Options 项选择 Mesh。

⑥ 保留其他默认设置; 点击 Apply。

⑦ 点击 Close, 关闭对话框。

所建的网格如图 2-5-17 所示。

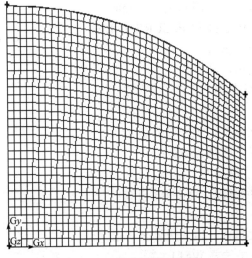

图 2-5-17 计算区域网格图

第 11 步　设置边界类型

（1）隐藏网格线

操作：点击右下方工具栏中的图标▣，打开显示属性设置对话框，如图 2-5-18 所示。

① 点击 Mesh 左侧按钮，并选择右侧的 Off。

② 点击 |Apply|，点击 |Close|。

（2）设置边界类型

操作：ZONES▣ → SPECIFY BOUNDARY TYPES▣，打开边界类型设置对话框，如图 2-5-19 所示，在 Action 项选中 Add。

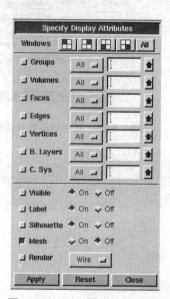

图 2-5-18　显示属性设置对话框

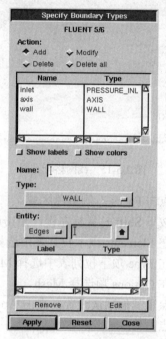

图 2-5-19　边界类型设置对话框

① 点击 Name 右侧文本框，填入边界名 inlet。

（i）在 Type 下拉列表中选择 PRESSURE_INLET。

（ii）在 Entity 项选择 Edges。

（iii）点击 Edges 右侧黄色区域。

（iv）按下 Shift + 鼠标左键，点击 BC 直线。

（v）点击 |Apply|。

② 点击 Name 右侧文本框，填入边界名 axis。

（i）在 Type 下拉列表中选择 AXIS。

（ii）点击 Edges 右侧黄色区域。

（iii）按下 Shift + 鼠标左键，点击 BE 直线。

（iv）点击 |Apply|。

③ 点击 Name 右侧文本框，填入边界名 wall。

（i）在 Type 下拉列表中选择 WALL。

（ⅱ）点击 Edges 右侧黄色区域。

（ⅲ）按下 Shift + 鼠标左键，点击 *CG* 和 *GE* 直线。

（ⅳ）点击 Apply。

④ 点击 Close，关闭对话框。

第 12 步　输出网格文件并保存文件

（1）输出网格文件

操作：File → Export →Mesh...，打开网格文件输出对话框，如图 2-5-20 所示。

① 确认文件名 rotat.msh。

② 点击 Export 2–D（X–Y）Mesh，输出二维网格。

③ 点击 Accept。

（2）保存文件

操作：File → Exit，打开保存文件对话框，如图 2-5-21 所示。点击 Yes，保存文件。

图 2-5-20　网格文件输出对话框

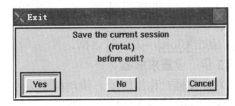

图 2-5-21　保存文件对话框

二、利用 FLUENT 2d 求解器进行求解

第 1 步　启动 FLUENT-2d 求解器，读入、显示网格并设置长度单位

（1）启动 FLUENT-2d 求解器

点击 FLUENT 图标，选择 2d，点击 Run。

（2）读入网格文件 rotat.msh

操作：File → Read → Case...，读入 D 盘 rotat 文件夹中的网格文件 rotat.msh。

注意：在 FLUENT 信息反馈窗口显示如下内容：

> Warning: Use of axis boundary condition is not appropriate for
> a 2D/3D flow problem. Please consider changing the zone
> type to symmetry or wall，or the problem to axi-symmetric.

意思是提示我们，由于有一个轴边界，区域应该设置为轴对称型。

（3）显示网格

操作：Display → Grid...，显示的网格如图 2-5-22 所示。

注意：图示部分仅是容器的一半，其一个边界为对称轴（中心线）。另外，容器是被横着放置的，在用图形方法进行数据显示时，还应将其以中心线为对称轴进行镜面反射成整体，并将其旋转 90° 的操作。

（4）设置容器的长度单位

操作：Grid → Scale...，打开长度单位设置对话框，如图 2-5-23 所示。

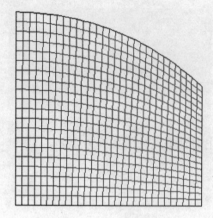

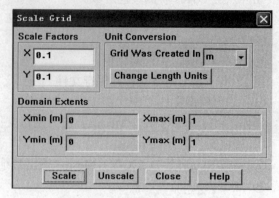

图 2-5-22 半个容器的网格图　　　　　　　　·图 2-5-23 长度单位设置对话框

① 在 Scale Factors 下面的 X、Y 项右边分别填入 0.1。

② 在 Units Conversion 项下的 Grid Was Created In 下拉列表中选择 m。

③ 点击最下方的 Scale 。

④ 点击 Close ，关闭对话框。

第 2 步　设置求解器

（1）定义轴对称旋转瞬态流动模型

操作： Define → Models → Solver..，打开求解器设置对话框，如图 2-5-24 所示。

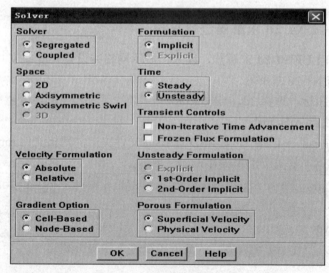

图 2-5-24 求解器设置对话框

① 在 Solver 项选择 Segregated（非耦合的求解器）。

② 在 Formulation 项选择 Implicit（隐式算法）。

③ 在 Space 项选择 Axisymmetric Swirl（轴对称旋转流动）。

④ 在 Time 项选择 Unsteady（非定常流动）。

⑤ 在 Velocity Formulation 项选择 Absolute（绝对速度）。

⑥ 在 Unsteady Formulation 项选择 1st-Order Implicit（一阶隐式格式）。

⑦ 点击 OK 。

（2）设置 VOF 模型

操作：Define → Models → Multiphase...，打开多相流模型设置对话框，如图 2-5-25 所示。

① 在 Model 项选择 Volume of Fluid。

② 在 VOF Scheme 项选择 Geo-Reconstruct（几何重构）。

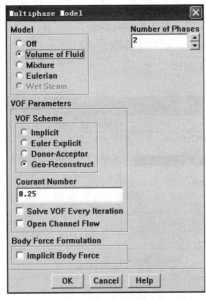

图 2-5-25　多相流模型设置对话框

注意：这是最精确的界面跟踪方法，也是对大多数瞬态 VOF 计算所推荐使用的方法。

③ 在 Number of Phases（相的数量）栏填入 2。

④ 点击 OK 。

（3）设置湍流模型

操作：Define → Models → Viscous...，打开湍流模型设置对话框，如图 2-5-26 所示。

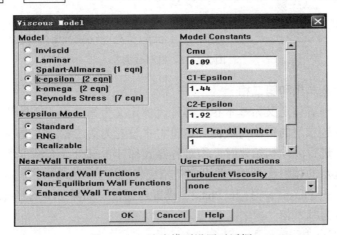

图 2-5-26　湍流模型设置对话框

① 在 Model 项选择 k-epsilon[2 eqn]。

② 保留其他默认设置，点击 OK。

第 3 步　设置流体材料及属性

从材料数据库中复制液态水，并将其作为第二个流体，这样在系统中就有空气和水两种工作流体。

操作：Define → Materials...，打开材料库对话框。

① 点击 Database...，弹出材料数据库，如图 2-5-27 所示。

② 在 Fluid Materials 项选择 water liquid[$H_2O<1>$]。

③ 点击 Copy，点击 Close，关闭材料数据库。

④ 点击材料库对话框的 Close。

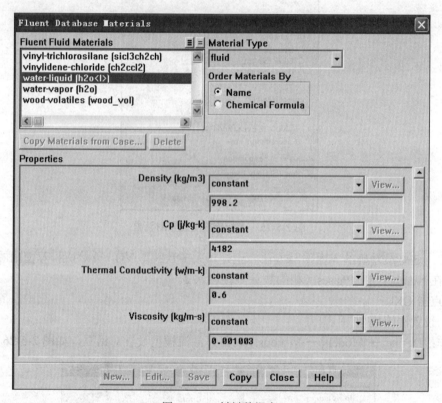

图 2-5-27　材料数据库

第 4 步　设置基本相和第二相

一般来说，哪种流体定义为基本相，哪种流体定义为第二相，都是可以的，但应考虑到建模的方便和对问题求解的精确与快捷。这里将水设置为第二相，主要是为了对问题设定时的方便。另外，在进行流场初始化时，需对容器底部 1/3 部分（充满了水）进行补充设置，这一区域补充设置水的体积比为 1，并设定初始旋转速度。

操作：Define → Phase...，打开 Phases 设置对话框，如图 2-5-28 所示。

（1）定义空气为基本相

① 在 Phase 下点击 phase-1。

② 点击 Set...，弹出基本相设置对话框，如图 2-5-29 所示。

③ 在 Name 下填入相的名字 air。

④ 在 Phase Material 项选择 air。

⑤ 保留其他默认设置，点击 OK。

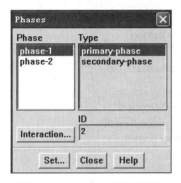

图 2-5-28　Phases 设置对话框

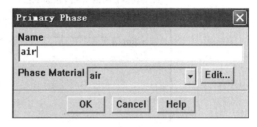

图 2-5-29　基本相设置对话框

（2）定义水为第二相

① 在 Phases 设置对话框中，点击 phase-2。

② 点击 Set...，弹出第二相设置对话框，如图 2-5-30 所示。

③ 在 Name 下填入 water。

④ 在 Phase Material 下拉列表中，选择 water-liquid。

⑤ 点击 OK，点击 Phases 设置对话框中的 Close。

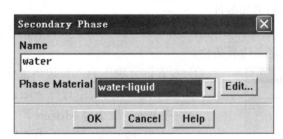

图 2-5-30　第二相设置对话框

第 5 步　设置操作环境

（1）设置重力加速度

操作：Define → Operating Conditions...，打开操作环境设置对话框，如图 2-5-31 所示。

① 在 Gravity 项，点击 Gravity 左侧按钮。

② 设置在 X 轴方向上的加速度为 9.81 m/s²。由于中心线是 X 轴，重力加速度应沿着 X 轴的正方向。

（2）设置工作流体的密度（operating density）

① 在 Variable-Density Parameters 下，点击 Specified Operating Density 左侧按钮。

② 保留在 Operating Density 下的默认数据（空气密度为 1.225 kg/m³）。

注意：设置工作流体的密度为较轻相的密度是一个好方法，这样设置排除了在较轻相中建立水静压力的计算，改善了动量平衡计算的精度。

③ 保留其他默认设置，点击 OK。

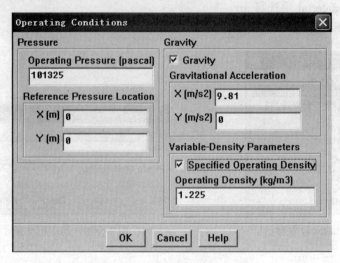

图 2-5-31　操作环境设置对话框

注意：Reference Pressure Location（0，0）（参考压强位置）应该是位于流体永远是 100% 的某一相（空气）的区域，这样有利于计算过程的快速收敛。

第 6 步　设置边界条件

操作：Define → Boundary Conditions...，打开边界设置对话框，如图 2-5-32 所示。

（1）设置容器顶部的边界条件

对于 VOF 模型，应定义混合物的边界条件（即作用于所有相的条件）以及第二相的边界条件，而无需对基本相定义边界条件。

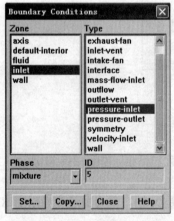

图 2-5-32　边界设置对话框

① 设置混合物压力入口边界条件。

（i）在 Zone 项列表中选择 inlet。

（ii）在 Phase 项选择 Mixture。

（iii）点击 Set...，打开压力入口边界条件设置对话框，如图 2-5-33 所示。

（iv）设置 Turb. Kinetic Energy（湍动能）项为 2.25e-2。

（v）设置 Turb.Dissipation Rate（湍流耗散）项为 7.92e-3。

（vi）点击 OK。

由于最初在 inlet 边界上没有流动，需要明确定义 k 和 ε。这时不能使用其他的湍流定义方法，因为其他定义方法都需要湍流强度（turbulence intensity），而此时这个值为 0。此时湍动能 k 和耗散项 ε 的值可由下式计算：

$$k = (Iw_{wall})^2$$

$$\varepsilon = \frac{0.09^{3/4} k^{3/2}}{l}$$

在上面两个计算式中，湍流强度取 $I = 0.05$（接近于 0），壁面运动最大速度 $w_{wall} = 3$ m/s；则湍动能 $k = 0.022\ 5\ [m^2/s^2]$；对于耗散项，$l = 0.07$（容器的最大半径乘以 0.07），则有 $\varepsilon = 0.007\ 92\ [m^2/s^3]$。

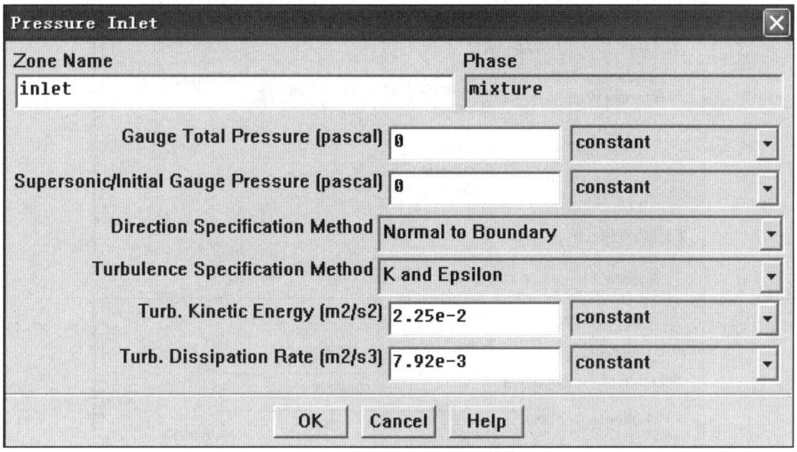

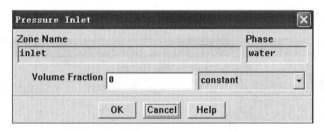

图 2-5-33　压力入口边界条件设置对话框

② 检查第二相（水）的体积比例

（i）在边界设置对话框（图 2-5-32）中的 Phase 项下拉列表中，选择 water。

（ii）点击 Set...，弹出压力入口边界设置对话框，如图 2-5-34 所示。

（iii）保留体积比例为 0 的默认设置。水的体积比例为 0，表明在压力入口边界上只有空气。

（iv）点击 OK。

图 2-5-34　压力入口边界设置对话框

（2）设置容器固壁的边界条件

对于壁面边界，所有的条件都是为混合物而定义的，没有对流体的定义。

① 在 Zones 下选择 wall。

② 在边界设置对话框中，在 Phase 项下拉列表中，选择 mixture。

③ 点击 Set...，弹出壁面边界条件设置对话框，如图 2-5-35 所示。

④ 点击 Momentum 选项卡，在 Wall Motion 项下选择 Moving Wall。

⑤ 在 Motion 项下选择 Relative to Adjacent Cell Zone 和 Rotational。

⑥ 在 Speed [rad/s] 下面填入 3。

⑦ 保留其他默认设置，点击 OK。

（3）在边界条件设置对话框内，点击 Close，关闭边界条件设置对话框

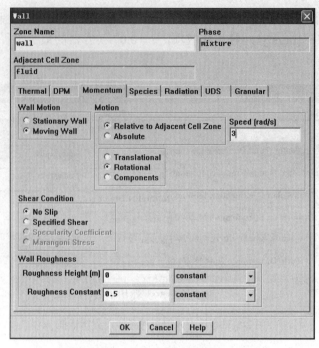

图 2-5-35　壁面边界条件设置对话框

第 7 步　求解

对于简单流动，在开始计算时松弛系数（under-relaxation factors）通常是取较大的值，当选用 VOF 模型时更是如此，这可大大改善求解器的性能。

（1）设置求解控制参数

操作：$\boxed{\text{Solve}}$ → $\boxed{\text{Controls}}$ → Solution...，打开求解控制参数设置对话框，如图 2-5-36 所示。

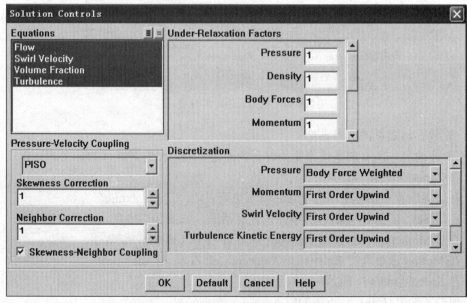

图 2-5-36　求解控制参数设置对话框

① 在 Under-Relaxation Factors 项下，设置所有的松弛因子为 1。

注意：在 Under-Relaxation Factors 下，用滑块来定位所有的项，并设置值 1。

② 在 Discretization 项的 Pressure 项下拉列表中选择 Body Force Weighted（在求解包含有重力加速度的 VOF 问题时，推荐选择 Body-Force-Weighted）。

③ 在 Pressure-Velocity Coupling 项选择 PISO 算法（对于非定常流动，推荐使用 PISO 算法，收敛性很好）。

④ 其他项保留默认设置，点击 OK。

（2）设置计算过程中的残差监视器

操作：Solve → Monitors → Residual...，打开残差监视器设置对话框，如图 2-5-37 所示。

① 在 Options 项下，选中 Print 和 Plot。

② 保留其他默认设置，点击 OK。

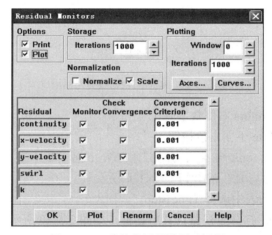

图 2-5-37　残差监视器设置对话框

（3）设置监测点

对于瞬态流动，观察某一特定变量值随时间的变化是很有用的。首先定义跟踪的点，然后再定义监测参数。

① 定义容器外表面上的一个点。

操作：Surface → Point...，弹出监测点设置对话框，如图 2-5-38 所示。

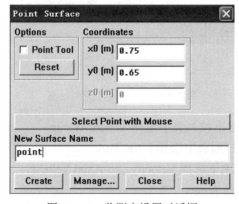

图 2-5-38　监测点设置对话框

（ⅰ）设置 X0 和 Y0 坐标分别为 0.75 和 0.65。

（ⅱ）在 New Surface Name 项下输入 point。

（ⅲ）点击 Create，点击 Close。

② 定义监测参数。

操作：Solve → Monitors → Surface...，弹出表面监视器设置对话框，如图 2-5-39 所示。

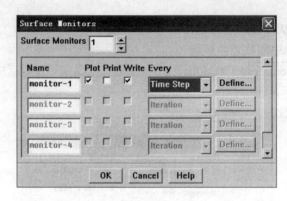

图 2-5-39　表面监视器设置对话框

（ⅰ）增加 Surface Monitors 右侧数字到 1。

（ⅱ）点击 Plot 和 Write 下面白色按钮。

注意：当在 Surface Monitors 对话框中选中 Write 操作时，速度变化过程将会被写入文件中，否则，速度变化过程会在退出 FLUENT 后丢失掉。

（ⅲ）在 Every 下拉列表中选择 Time Step。

（ⅳ）点击 Define...，打开监视器设置对话框，如图 2-5-40 所示。

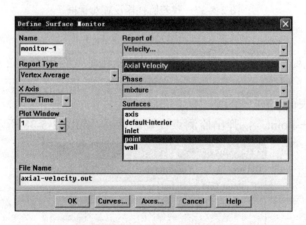

图 2-5-40　监视器设置对话框

（ⅴ）在左侧 Report Type 下拉列表中选择 Vertex Average。

（ⅵ）在左侧 X Axis 下拉列表中选择 Flow Time。

（ⅶ）在右侧 Report of 项下选择 Velocity...和 Axial Velocity。

（ⅷ）在 Surfaces 项选择 point。

（ix）在 File Name 项下，输入文件名：axial-velocity.out。

（x）点击 $\boxed{OK}$，关闭监视器设置对话框。

（xi）点击 $\boxed{OK}$，关闭表面监视器设置对话框。

（4）求解初始化

操作：$\boxed{Solve}$ → $\boxed{Initialize}$ → Initialize...，弹出求解初始化设置对话框，如图 2-5-41 所示。

① 在 Compute From 下拉列表中选择 inlet；除湍流项外，所有的初始值都设置为 0。

② 点击 $\boxed{Init}$，点击 $\boxed{Close}$，关闭对话框。

（5）设置水的初始分布

在容器的下部 1/3 内，水的体积比例为 1.0，并以 3 rad/s 的角速度旋转。这是需要在迭代计算之前定义好的。因此需要为此区域定义一个单元或记录器，另外，还需为容器的旋转速度定义一个自定义函数。

① 定义自底部起 1/3 的区域。

操作：$\boxed{Adapt}$ → Region...，弹出区域设置对话框，如图 2-5-42 所示。

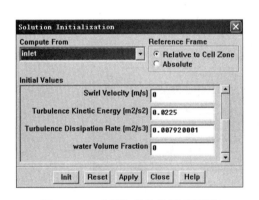

图 2-5-41 求解初始化设置对话框　　　图 2-5-42 区域设置对话框

（i）在 Input Coordinates 项设置最小点（X_{min}，Y_{min}）坐标为（0.66，0）。

（ii）在 Input Coordinates 项设置最大点（X_{max}，Y_{max}）坐标为（1，1）。

（iii）点击 $\boxed{Mark}$。

以上操作结果是创建了一个包含本区域所有单元的记录器。

② 检查区域的正确性。

操作：$\boxed{Adapt}$ → Manage...，弹出区域注册器设置对话框，如图 2-5-43 所示。

（i）在注册器列表（Registers）中选择记录器 hexahedron-r0。

（ii）点击 $\boxed{Display}$，点击 $\boxed{Close}$。

得到所定义区域的图形如图 2-5-44 所示。容器底部 1/3 部分变为红色，这一部分区域内的流体为水。

③ 创建一个自定义函数，旋转函数 w=3r。

操作：$\boxed{Define}$ → Custom Field Functions...，弹出自定义函数设置对话框，如图 2-5-45 所示。

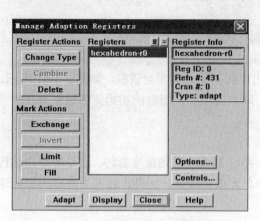

图 2-5-43　区域注册器设置对话框

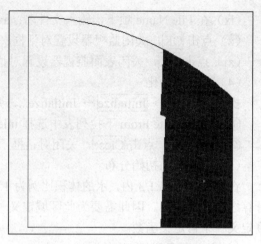

图 2-5-44　容器底部 1/3 部分为水

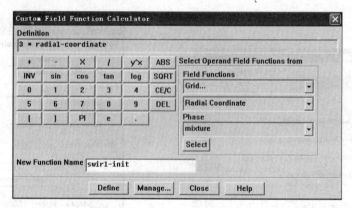

图 2-5-45　自定义函数设置对话框

（i）在计算器面板上点击 3，就会在自定义函数编辑栏内显示数字 3。若出现错误，可点击 DEL 删除前一次操作。

（ii）在计算器面板上点击×（乘号）。

（iii）在 Field Functions 下拉列表中选择 Grid...和 Radial Coordinate，点击 Select，就会在自定义函数编辑栏内显示出 radial-coordinate。

（iv）在 New Function Name 右边文本框内输入新的函数名：swirl-init。

（v）点击 Define，点击 Close 退出。

注意：检查函数定义的方法是点击 Manage...，选择 swirl-init。

④ 定义初始时刻在容器底部 1/3 内水的体积比。

操作：Solve → Initialize → Patch...，弹出补充定义对话框，如图 2-5-46 所示。

（i）在 Registers To Patch 列表中选择 hexahedron-r0。

（ii）在 Phase 项选择 water。

（iii）在 Variable（变量）列表中选择 Volume Fraction。

（iv）在 Value 内填入 1,点击下面的 Patch。

由此，定义了容器底部 1/3 体积部分为水。

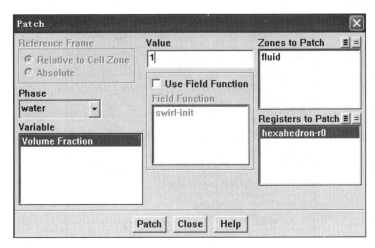

图 2-5-46　补充定义对话框

⑤ 补充定义在容器底部 1/3 内的旋转速度，如图 2-5-47 所示。

（i）在 Phase 项选择 mixture。

（ii）在 Variable 列表中选择 Swirl Velocity。

（iii）点击 Use Field Function 左侧的按钮并选择 swirl-init，点击 Patch 。
补充定义后，还需显示一下水的体积分数分布图，检查一下设置结果。

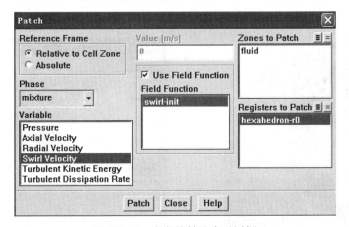

图 2-5-47　定义旋转速度对话框

⑥ 显示旋转速度分布。

操作： Display → Contours…，打开绘制云图设置对话框，如图 2-5-48 所示。

（i）在 Contours of 列表中选择 Velocity…和 Swirl Velocity。

（ii）在 Options 项选择 Filled 并不选 Node Values。

由于所补充定义的值是单元的值，还应看一下单元的值，而不是节点上的值，看一下补充定义的值是否正确（FLUENT 通过单元值取平均来计算单元的值）。

（iii）点击 Display ，得到初始速度分布图，如图 2-5-49 所示。

为使结果的图像显示更加形象，还应将图像以中心线为对称线进行反射，再将其沿顺时针方向转动 90°。

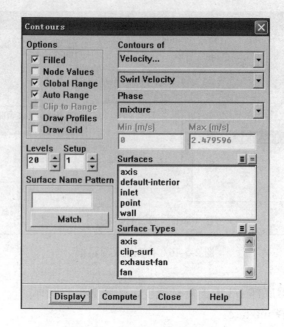

图 2-5-48　绘制云图设置对话框

⑦ 将图形以中心线为对称面进行映射并沿顺时针方向转动 90°。

操作：$\boxed{\text{Display}}$ → Views…，打开视角设置对话框，如图 2-5-50 所示。

图 2-5-49　初始速度分布图

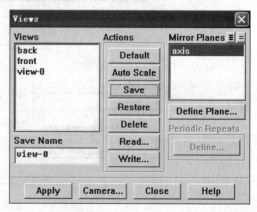

图 2-5-50　视角设置对话框

（i）在 Mirror Planes 列表中选择 axis。

（ii）在 Save Name 项保留默认的 view-0，点击 $\boxed{\text{Apply}}$。

（iii）使用鼠标中键缩放图形，使用鼠标左键移动图形，使整个图形都能显示出来。

（iv）点击 $\boxed{\text{Camera…}}$，打开视角参数设置对话框，如图 2-5-51 所示。

（v）使用鼠标左键转动指针，使容器呈竖直向上状态显示。

（vi）点击 $\boxed{\text{Close}}$，关闭视角参数设置对话框。

（vii）在 Views 设置对话框中，点击 Actions 下的 $\boxed{\text{Save}}$。

（viii）点击 $\boxed{\text{Close}}$，关闭对话框。

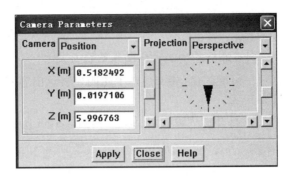

图 2-5-51　视角参数设置对话框

这样，view-0 会增加到 Views 列表中。处理后的图像如图 2-5-52 所示，在容器底部 1/3 内的区域充满了角速度为 3 rad 的水。

图 2-5-52　匀角速旋转的速度分布图

⑧ 显示水的体积比例分布图。

操作：Display → Contours…，打开分布图设置对话框，如图 2-5-53 所示。

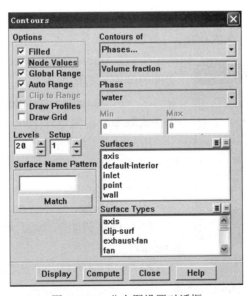

图 2-5-53　分布图设置对话框

（i）在 Contours of 列表中选择 Phases...和 Volume fraction。

（ii）在 Phase 项选择 water。

（iii）点击 Display，得到水的分布云图，如图 2-5-54 所示。

本题目中体积比只有两种可能的值：0 或 1，上图明显表示出容器下部 1/3 内的水。

（6）设置迭代计算时间间隔

操作：Solve → Iterate...，打开迭代设置对话框，如图 2-5-55 所示。

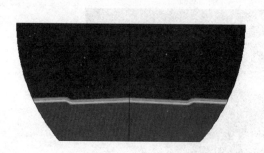

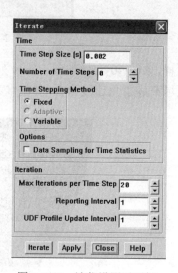

图 2-5-54　容器内的初始水、气分布图　　　图 2-5-55　迭代设置对话框

① 设置 Time Step Size 为 0.002 s。

② 保留其他默认设置，点击 Apply，把时间间隔保存到 case 文件中。

（7）设置自动保存

每 100 次时间间隔保存一次数据。

操作：File → Write → Autosave...，弹出自动保存设置对话框，如图 2-5-56 所示。

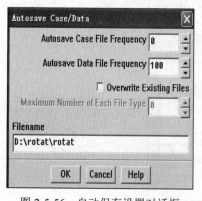

① 在 Autosave Case File Frequency（自动保存 Case 文件的频率）右侧填入 0。

② 在 Autosave Data File Frequency（自动保存 Data 文件的频率）右侧填入 100。

FLUENT 会在文件名后显示时间间隔值，也就是说将会生成类似于 rotat100.dat 的文件，其中 100 就是时间间隔数值。

③ 点击 OK。

（8）保存初始的 case 和 data 文件（rotat.cas 和 rotat.dat）

操作：File → Write → Case & Data...

图 2-5-56　自动保存设置对话框

（9）设置 1 000 个时间间隔的计算

操作：Solve → Iterate...，打开迭代计算设置对话框，如图 2-5-57 所示。

① 在 Time Step Size 项填入 0.002。

② 在 Number of Time Steps 项填入 1 000。

③ 保留其他默认设置，点击 Iterate。

监测点轴向（上下）速度的变化计算结果如图 2-5-58 所示。

由于时间间隔为 0.002 s，在计算 $t=2$ s 内的流动过程中，FLUENT 会每隔 0.2 s 自动保存一次 data 文件，因此将会为后处理获得 10 个 data 文件。下图显示了轴向速度随时间的变化过程。速度明显是波动的。波动的周期为 1 s，但波幅显示出下降趋势。轴向速度从正值变为负值说明水在容器的边上是上下晃动的，流体质点趋向于达到一个平衡位置。波幅的衰减说明在某一点上会达到这一平衡。可以证明，这种周期性的流动情况仅仅会在容器旋转的起始阶段发生。

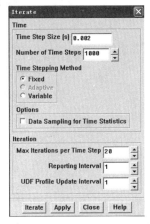

图 2-5-57 迭代计算设置对话框

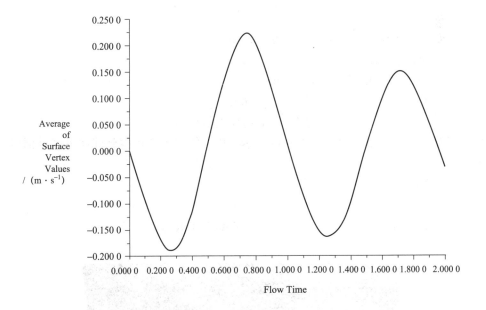

图 2-5-58 监测点轴向速度变化图

第 8 步 计算结果的后处理

图 2-5-58 中，轴向速度的变化说明流场是一个周期性波动的流场。下面将利用计算过程中所输出的 data 文件察看在几个不同时刻的流动情况。

（1）显示 $t=0.4$ s 时容器内的水气分布云图

① 读入数据文件。

操作： File → Read → data…，读入 roat0200.dat 数据文件（$t=0.4$ s）。

② 显示水的体积比分布云图。

操作： Display → Contours…，打开分布图设置对话框，如图 2-5-59 所示。

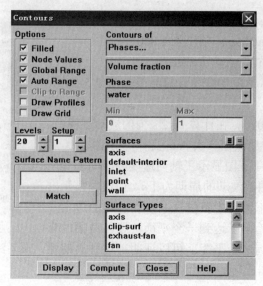

图 2-5-59　分布图设置对话框

（i）在 Contours of 列表中选择 Phases...和 Volume fraction。

（ii）在 Phase 项选择 water。

（iii）保留其他默认设置，点击 Display。

（iv）用鼠标左键和中键调整图形位置和大小。

（v）用 Display → view...中的 Camera 功能调整视角。

得到容器中水的分布云图如图 2-5-60 所示。用同样的方法可得到其他不同时刻容器中的水分布图。

（2）显示 $t=0.6$ s 时刻的水面图形

① 读入数据文件。

操作：File → Read → data...，读入 roat0300.dat 数据文件（$t=0.6$ s）。

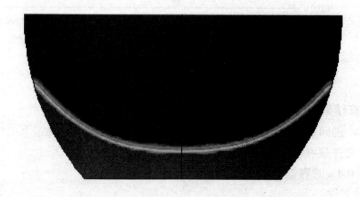

图 2-5-60　在 0.4 s 时水的分布图

② 显示 $t=0.6$ s 时的水气分布云图。

在图 2-5-59 中点击 Display，得到水面图形，如图 2-5-61 所示。

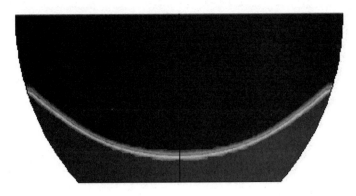

图 2-5-61　在 0.6 s 时水的分布图

（3）显示 $t=0.8$ s 时刻的水面图形。

① 读入数据文件。

操作： File → Read → data…，读入 roat0400.dat 数据文件（$t=0.8$ s）。

② 显示 $t=0.8$ s 时的水面图。

在图 2-5-59 中点击 Display ，得到水面图形，如图 2-5-62 所示。

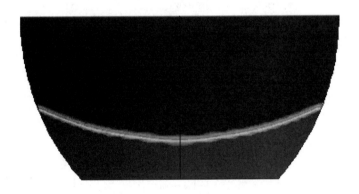

图 2-5-62　在 0.8 s 时水的分布图

（4）显示 $t=1.0$ s 时刻的水气分布云图

① 读入数据文件。

操作： File → Read → data…，读入 roat0500.dat 数据文件（$t=1.0$ s）。

② 显示 $t=1.0$ s 时的水面图。

在图 2-5-59 中点击 Display ，得到水面图形如图 2-5-63 所示。

由于速度是随时间而波动并逐渐衰减的，可以预期继续计算的结果是水面将逐渐趋于平衡，当重力和离心力平衡时，水面达到了平衡。请读者继续计算，直至达到平衡。

（5）绘制等流函数云图

操作： Display → Contour…，打开绘制云图设置对话框，如图 2-5-64 所示。

① 在 Contours of 下拉列表中选择 Velocity…和 Stream Function。

② 在 Phase 项选择 mixture。

③ 在 Options 中选中 Filled。

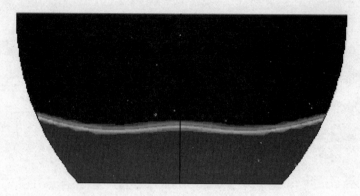

图 2-5-63 在 1.0 s 时水的分布图

④ 将 Levels 数目增加到 30。

⑤ 显示 $t=0.4$ s 时刻的流线图。读入文件 rotat0200.dat，点击 Display，得到 $t=0.4$ s 时刻的流线图，如图 2-5-65 所示。

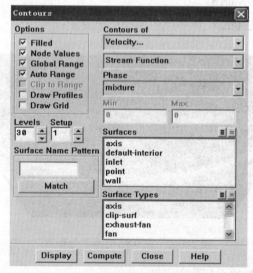

图 2-5-64 绘制云图设置对话框

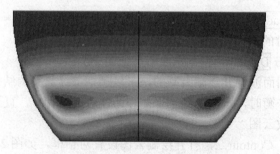

图 2-5-65 $t=0.4$ s 时刻的流线云图

⑥ 显示 $t=0.6$ s 时刻的流线图。读入文件 rotat0300.dat，点击 Display，得到 $t=0.6$ s 时刻的流线云图，如图 2-5-66 所示。

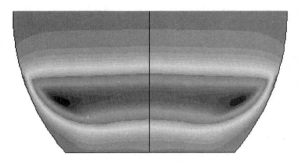

图 2-5-66　$t = 0.6$ s 时刻的流线云图

⑦　显示 $t = 0.8$ s 时刻的流线图。读入文件 rotat0400.dat，点击 Display ，得到 $t = 0.8$ s 时刻的流线云图，如图 2-5-67 所示。

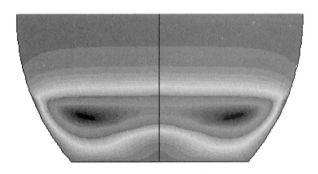

图 2-5-67　$t = 0.8$ s 时刻的流线云图

⑧　显示 $t = 1.0$ s 时刻的流线图。读入文件 rotat0500.dat，点击 Display ，得到 $t = 1.0$ s 时刻的流线云图，如图 2-5-68 所示。

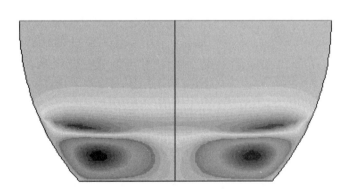

图 2-5-68　$t = 1.0$ s 时刻的流线云图

图中显示了一个水面上下波动的循环流动。为了更好地观察流动情况，下面来看一下速度矢量图。

（6）绘制速度矢量图

操作：Display → Vectors...，打开速度矢量图设置对话框，如图 2-5-69 所示。

① 在 Scale 项，将比例因数增加到 6。

② 增大 Skip 值为 1。

③ 点击 Vector Options...，打开矢量设置对话框，如图 2-5-70 所示。

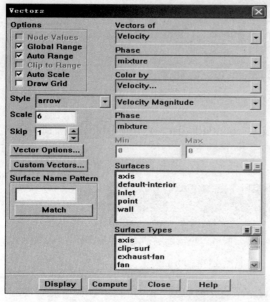

图 2-5-69　速度矢量图设置对话框

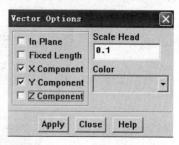

图 2-5-70　矢量设置对话框

④ 关闭 Z Component。

⑤ 点击 Apply，点击 Close。

⑥ 显示 $t=0.4$ s 时刻的速度矢量图。读入数据文件 rotat0200.dat，在图 2-5-69 中点击 Display，得到 $t=0.4$ s 时刻的速度矢量图，如图 2-5-71 所示。

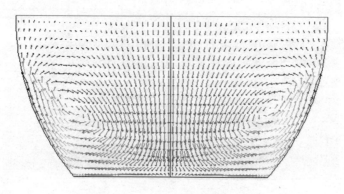

图 2-5-71　$t=0.4$ s 时刻的速度矢量图

⑦ 显示 $t=0.6$ s 时刻的速度矢量图。读入数据文件 rotat0300.dat，在图 2-5-69 中点击 Display，得到 $t=0.6$ s 时刻的速度矢量图，如图 2-5-72 所示。

⑧ 显示 $t=0.8$ s 时刻的速度矢量图。读入数据文件 rotat0400.dat，在图 2-5-69 中点击 Display，得到 $t=0.8$ s 时刻的速度矢量图，如图 2-5-73 所示。

⑨ 显示 $t=1.0$ s 时刻的速度矢量图。读入数据文件 rotat0500.dat，在图 2-5-69 中点击 Display，得到 $t=1.0$ s 时刻的速度矢量图，如图 2-5-74 所示。

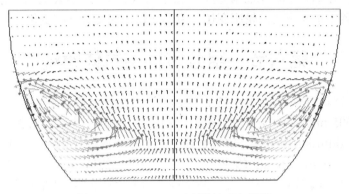

图 2-5-72 $t=0.6$ s 时刻的速度矢量图

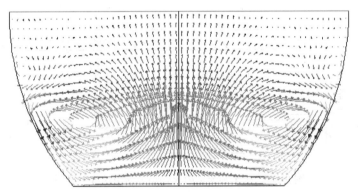

图 2-5-73 $t=0.8$ s 时刻的速度矢量图

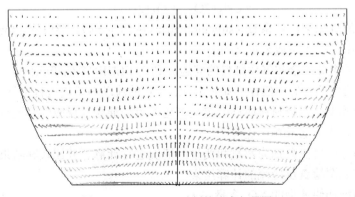

图 2-5-74 $t=1.0$ s 时刻的速度矢量图

这四幅图显示了在 $t=0.4$ s～$t=1$ s 之间水和空气的流谱变化。

小　结

在本节中，利用 VOF 自由表面模型对容器中的水和空气的流动进行了求解。根据求解的结果，观察了容器中水和空气的轮廓变化、流动变化和速度矢量的变化。

第六节　组分传输与气体燃烧

问题描述：长为 2 m、直径为 0.45 m 的圆筒形燃烧器结构如图 2-6-1 所示，燃烧筒壁上嵌有三块厚为 0.005 m，高 0.05 m 的薄板，以利于甲烷与空气的混合。燃烧火焰为湍流扩散火焰（turbulence diffusion flame）。在燃烧器中心有一个直径为 0.01 m、长 0.01 m、壁厚为 0.002 m 的小喷嘴，甲烷以 60 m/s 的速度从小喷嘴注入燃烧器。空气从喷嘴周围以 0.5 m/s 的速度进入燃烧器。总当量比（overall equivalence ratio）大约是 0.76（甲烷含量超过空气约 28%），甲烷气体在燃烧器中高速流动，并与低速流动的空气混合，基于甲烷喷口直径的雷诺数约为 5.7×10^3。

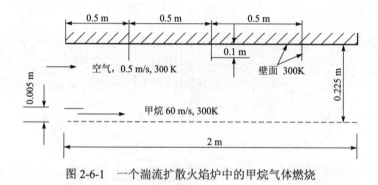

图 2-6-1　一个湍流扩散火焰炉中的甲烷气体燃烧

本节使用通用的 finite-rate 化学模型分析甲烷-空气混合与燃烧过程。同时假定燃料完全燃烧并转换为 CO_2 和 H_2O。反应方程为

$$CH_4 + 2O_2 \rightarrow CO_2 + 2H_2O$$

反应过程是通过化学计量系数（stoichiometric coefficients）、形成焓（formation enthalpy）和控制化学反应率的相应参数来定义的。

本节介绍化学组分混合和气体燃料的问题。利用 FLUENT 的 finite-rate 化学反应模型对一个圆筒形燃烧器内的甲烷（CH_4）和空气的混合物的流动与燃烧过程进行研究。

1. 建立物理模型，选择材料属性，定义带化学组分混合与反应的湍流流动边界条件
2. 使用非耦合求解器求解燃烧问题
3. 对燃烧组分的比热分别为常量和变量的情况进行计算，并比较其结果
4. 利用分布云图检查反应流的计算结果
5. 预测热力型和快速型的 NO_x 含量
6. 使用场函数计算器（custom field functions）进行 NO 含量计算

一、利用 GAMBIT 建立计算模型

第 1 步　启动 GAMBIT，建立基本结构

分析：圆筒燃烧器是一个轴对称的结构，可简化为二维流动，故只要建立轴对称面上的二维结构就可以了，几何结构如图 2-6-2 所示。

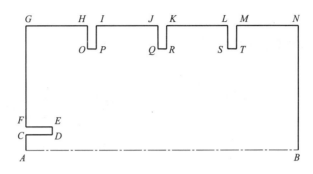

图 2-6-2　几何结构示意图

（1）建立新文件夹

在 D 盘根目录下建立一个名为 combustion 的文件夹。

（2）启动 GAMBIT

启动 GAMBIT 如图 2-6-3 所示，确定工作目录为 D：\combustion，确定创建的文件名为 combustion，点击 Run 。

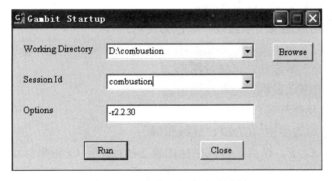

图 2-6-3　GAMBIT 启动对话框

（3）创建对称轴

① 创建两个端点。

操作：GEOMETRY ▣ →VERTIEX COMMAND ▱ →CREATE VERTEX ⤴，打开创建点对话框，如图 2-6-4 所示。

（i）Global 项，在 x：右侧输入 0（A 点的 x 坐标）。

（ii）在 y：右侧输入 0（A 点的 y 坐标）。

（iii）在 z：右侧输入 0（A 点的 z 坐标）。

（iv）保留其他默认设置，点击 Apply 。

经过以上操作，创建 A 点的工作完毕。此时在图形窗口显示有一个白色的十字，位于（0，0，0）处。

仿照以上操作，创建 B 点，坐标为（2，0，0）。

② 将两个端点连成线。

操作：GEOMETRY ▣ → EDGE ▣ → CREATE EDGE ▭，弹出创建线对话框，如图 2-6-5 所示。

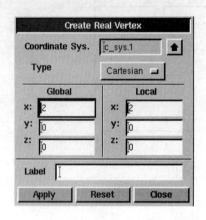

图 2-6-4　创建点对话框

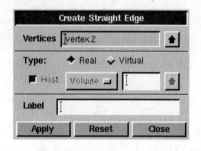

图 2-6-5　创建线对话框

（i）点击 Vertices 右侧黄色区域内。

（ii）按下 Shift + 鼠标左键，依次点击 A、B 两点。

（iii）保留其他默认设置，点击 Apply 。

此时，由 A、B 两点连成一条直线，颜色为黄色。

注意：① 点击右下角工具栏中的 ⬚ 图标，可使显示窗口适应所创建的图形。

② 按住鼠标右键上下拖动，可缩放图形。

③ 按住鼠标中键拖动鼠标，可移动图形。

（4）创建小喷嘴及空气进口边界

小喷嘴及空气进口边界由 ACDEFG 连线组成。

① 创建 C、D、E、F、G 点。各点坐标如表 2-6-1 所示（z 轴坐标均为 0）。

表 2-6-1　各点坐标

	C	D	E	F	G
x	0	0.01	0.01	0	0
y	0.005	0.005	0.007	0.007	0.225

② 连接 AC、CD、DE、EF、FG 线段。

（5）创建燃烧筒壁面、隔板和出口

燃烧筒壁面由 GHOPIJQRKLSTMN 连线组成。

① 创建 H、I、J、K、L、M、N 点。各点坐标如表 2-6-2 所示（y 轴坐标均为 0.225，z 轴坐标均为 0）。

表 2-6-2 各点坐标

	H	I	J	K	L	M	N
x	0.500	0.505	1.000	1.005	1.500	1.505	2.000

② 将 H、I、J、K、L、M、N 向下（y轴负方向）复制，距离为板的高度 0.05。

操作：GEOMETRY ⬛ →VERTIEX ▱ →Move/Copy ↗，打开点复制对话框，如图 2-6-6 所示。

（i）点击 Vertices 右侧黄色区域。

（ii）按住 Shift 键依次点击 H、I、J、K、L、M 点。

（iii）选择 Copy 操作。

（iv）在 Global 项输入各项，如图 2-6-6 所示；点击 Apply。

③ 连接 GH、HO、OP、PI、IJ、JQ、QR、RK、KL、LS、ST、TM、MN、NB 各线段。

（6）创建流域

以上线段所围的区域即为所要研究的流域，为此需要用这些线创建面。

操作：GEOMETRY ⬛ → FACE ▱ → FORM FACE ▱，弹出创建面对话框，如图 2-6-7 所示。

① 点击 Edges 右侧向上的箭头，打开线段选择列表对话框，如图 2-6-8 所示。

② 点击 All→，点击 Close；

③ 保留其他默认设置，点击 Apply。

操作完毕后，形成面的线段由黄色变为蓝色，所创建的面如图 2-6-9 所示。

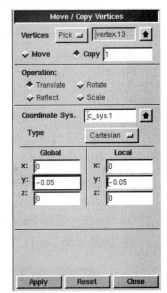

图 2-6-6 点复制对话框

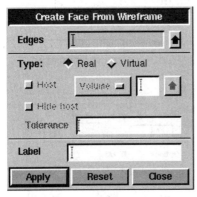

图 2-6-7 创建面对话框

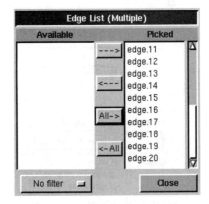

图 2-6-8 线段选择列表对话框

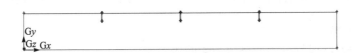

图 2-6-9 燃烧筒对称面

第 2 步　对空气进口边界进行网格划分

（1）划分甲烷进口边界为等距网格

操作：MESH 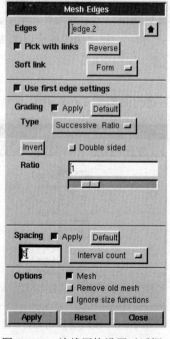 → EDGE □ → MESH EDGES ✎，弹出边线网格设置对话框，如图 2-6-10 所示。

① 点击 Edges 右侧黄色区域。

② 按下 Shift + 鼠标左键，点击 AC 线段。

③ Type 选 Successive Ratio，Ratio 选 1。

④ 在 Spacing 下面白色区域右侧下拉列表中选择 Interval count。

⑤ 在 Spacing 下面白色区域内填入网格的个数 5。

⑥ 保留其他默认设置，点击 Apply 。

（2）划分空气入口边界为不等距网格

① 选择 FG 线时，若线段方向由 F 指向 G，则按住 Shift 键，用鼠标中键点击 FG 线段，使线段方向由 G 指向 F。

② 在 Type 项选择 Exponent（指数分布）。

③ 在 Ratio 项输入 0.38。

④ Spacing 选择 Interval size 并输入 0.005。

⑤ 设置如图 2-6-11 所示，保留其他默认设置，点击 Apply 。

图 2-6-10　边线网格设置对话框

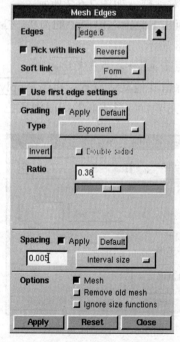

图 2-6-11　边线网格设置对话框

（3）划分小喷嘴壁面为等距网格

① 把 CD、EF 线段划分为网格数为 4 的等距网格。

② 把 DE 线段划分为网格数为 3 的等距网格。

（4）划分燃烧器出口边界为等距网格

把燃烧器出口边界 *BN* 划分为 35 个等距离网格。

（5）划分燃烧器壁面为网格

燃烧器壁面由 *GH*、*IJ*、*KL*、*MN* 组成。

① 在 Edges 项选择 *GH*、*IJ*、*KL*、*MN* 四条线段。

② 在 Type 项选择 Bi-exponent，在 Ratio 项输入 0.55。

③ 在 Spacing 项选择 Interval count，并输入 62。

④ 如图 2-6-12 所示，保留其他默认设置，点击 Apply。

（6）对筒壁上的三个隔板进行网格划分

① 把六个竖直边 *HO*、*IP*、*JQ*、*KR*、*LS*、*MT* 分别划分为 10 个等距网格。

② 把三个横边 *OP*、*QR*、*ST* 分别划分为 2 个等距网格。

至此，边线网格划分情况如图 2-6-13 所示。可以看出，还没有对轴线 *AB* 划分网格，对 *AB* 线段的网格划分可在划分面网格时自动完成。

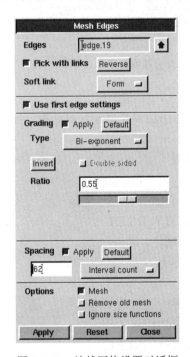

图 2-6-12　边线网格设置对话框　　　　　　　图 2-6-13　边线网格划分图

（7）对整个计算域进行面网格划分

操作：MESH → FACE → MESH FACES，弹出面网格设置对话框，如图 2-6-14 所示。

① 点击 Faces 右侧黄色区域。

② 按下 Shift + 鼠标左键，点击面上的边线。

③ 在 Elements 选择 Quad（四边形面网格）。

④ 在 Type 项选择 Pave（非结构网格）。

⑤ 在 Spacing 项选择 Interval size，并输入网格间距 0.008（*AB* 线段网格为间距 0.008 的均匀分布网格）。

⑥ 保留其他默认设置，点击 Apply 。所创建的网格部分图形如图 2-6-15 所示。

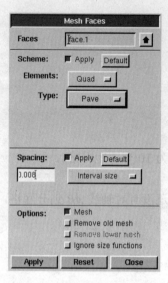

图 2-6-14　面网格设置对话框

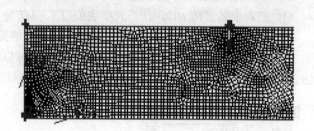

图 2-6-15　部分面网格图形

第 3 步　设置边界类型并输出文件

操作：ZONES ▦ → SPECIFY BOUNDARY TYPES ▦ ，弹出边界类型设置对话框，如图 2-6-16 所示。

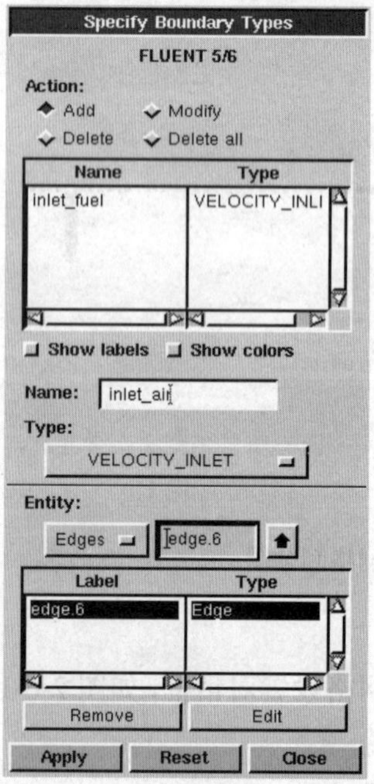

（1）设置甲烷速度入口边界

① 在 Action 项为 Add。

② 在 Name 项填入边界名 inlet-fuel。

③ 在 Type 项选择 VELOCITY_INLET。

④ 点击 Edges 右侧黄色区域。

⑤ 按住 Shift 键点击 *AC* 线段。

⑥ 点击 Apply 。

（2）设置空气速度入口边界

① 在 Name 项填入边界名 inlet-air。

② 在 Type 项选择 VELOCITY_INLET。

③ 在 Edges 项选择 *FG* 线段。

④ 点击 Apply 。

（3）设置压力出流边界

① 在 Name 项填入边界名 outlet。

② 在 Type 项选择 PRESSURE_OUT。

③ 在 Edges 项选择 *BN* 线段。

图 2-6-16　边界类型设置对话框

④ 点击 Apply 。

（4）设置对称轴边界

① 在 Name 项填入边界名 axis。

② 在 Type 项选择 AXIS。

③ 在 Edges 项选择 *AB* 线段。

④ 点击 Apply 。

（5）设置小喷嘴的边界类型

① 在 Name 项填入边界名 zozzle。

② 在 Type 项选择 WALL。

③ 在 Edges 项选择 *CD*、*DE*、*EF* 线段。

④ 点击 Apply 。

最后边界类型设置结果如图 2-6-17 所示，对于其他未加说明的边界，系统默认这些边界的类型为 WALL。

（6）输出网格文件

操作：File → Export → Mesh…，打开文件输出对话框，如图 2-6-18 所示。

① 在 File Name 项确认文件名。

② 选择 Export 2–D（X–Y）Mesh。

③ 点击 Accept 。

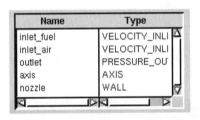

图 2-6-17　边界名称与类型

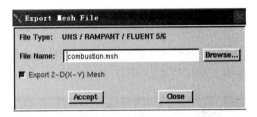

图 2-6-18　文件输出对话框

二、利用 FLUENT-2d 求解器进行模拟计算

第 1 步　启动 FLUENT-2d 求解器，读入网格文件

（1）启动 FLUENT-2d 求解器

（2）读入网格文件 combustion.msh

操作： File → Read →Case…

（3）检查网格

操作： Grid →Check

网格检查报告列出网格的最小和最大的 x 与 y 值，并报告网格的特征或错误，特别注意网格体积（面积）不能为负值，否则要重新建模。

（4）网格信息

操作： Grid → Inf →Size…

在信息反馈窗口中显示网格数量、节点数量等信息，如图 2-6-19 所示。

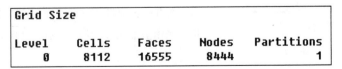

图 2-6-19　网格信息

（5）网格长度单位设置

操作：$\boxed{\text{Grid}}$→Scale...，打开长度单位设置对话框，如图 2-6-20 所示。系统默认单位为 m，模型建模时的单位就是以 m 为单位进行的，因此不必改变本问题的长度单位。点击$\boxed{\text{Close}}$，关闭对话框。

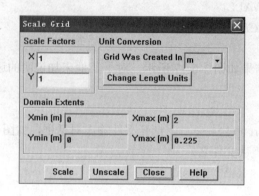

图 2-6-20　长度单位设置对话框

（6）显示网格

操作：$\boxed{\text{Display}}$ → Grid...，打开网格显示对话框。保留默认设置，点击$\boxed{\text{Display}}$，得到燃烧筒网格图，如图 2-6-21 所示。

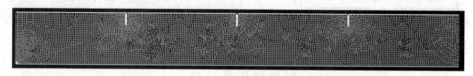

图 2-6-21　燃烧筒网格图

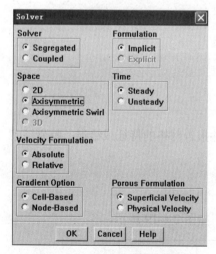

图 2-6-22　求解器设置对话框

注意：可以使用鼠标右键检查相应边界的区号。如果用鼠标右键点击图形窗口中的某一网格边界，对应边界的区号、名字和类型将会在 FLUENT 的信息反馈窗口中显示出来。

第 2 步　设置求解模型

（1）设置求解器

操作：$\boxed{\text{Define}}$→$\boxed{\text{Models}}$→Solver...，打开求解器设置对话框，如图 2-6-22 所示。

① 在 Solver 项选择 Segregated。

② 在 Formulation 项选择 Implicit。

③ 在 Space 项选择 Axisymmetric（轴对称）。

④ 在 Time 项选择 Steady（定常流动）。

⑤ 保留其他默认设置，点击$\boxed{\text{OK}}$。

（2）选用 k-ε 湍流模型

操作：$\boxed{\text{Define}}$ →$\boxed{\text{Models}}$ →Viscous...，打开湍流模型设置对话框，如图 2-6-23 所示。

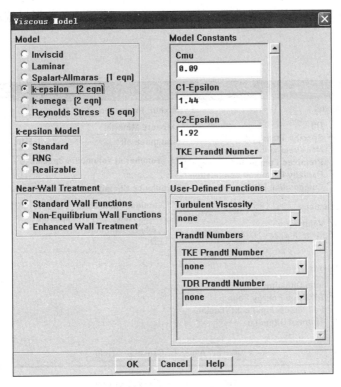

图 2-6-23　湍流模型设置对话框

① 在 Model 项选择 k-epsilon（2 eqn）。

② 保留其他默认设置，点击 OK。

（3）激活能量方程

操作：Define →Models →Energy…，打开能量方程设置
对话框，如图 2-6-24 所示。

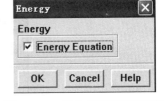

① 选择 Energy Equation。

② 点击 OK。

图 2-6-24　能量方程设置对话框

（4）启动化学组分传输和反应

操作：Define → Models → Species → Transport & Reaction…，打开组分模型设置对
话框，如图 2-6-25 所示。

① 在 Model 下选择 Species Transport。

② 在 Reactions 下选择 Volumetric。

③ 在 Options 下选择 Diffusion Energy Source。

④ 在 Mixture Material 下拉列表中选择 methane-air（甲烷-空气）。

Mixture Material 下拉列表中包含了 FLUENT 数据库中存在的各类化学混合物的组合。选
择定义好的混合物，可以直接获取化学反应系统的完整属性，即通过选择相应的混合材料而
确定系统内的化学组分及其物理和热力学特性。也可以使用 Material 对话框改变对混合物材
料的选择，也可以修改混合物材料的物性。

⑤ 在 Turbulence-Chemistry Interaction 下选择 Eddy-Dissipation。

在计算反应率时选取涡-耗散模型，是假定化学动力学反应要比通过湍流扰动（涡）对反应物的混合要快速。

⑥ 点击 OK。

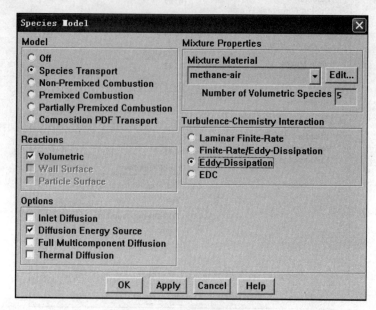

图 2-6-25 组分模型设置对话框

在信息反馈窗口中，将列出已经启动模型的属性。系统弹出信息框，如图 2-6-26 所示，提醒确认从数据库中被提取的属性值，点击 OK 继续。

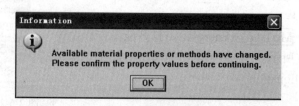

图 2-6-26 提示信息

第 3 步 流体材料设置

操作：Define→Materials…，打开流体材料设置对话框，如图 2-6-27 所示。

Material 面板中显示出在 Species Model 对话框中已启动的混合材料，甲烷-空气。此混合物的物性已从 FLUENT 数据库拷贝出来，并且也可以在这里修正这些数据。

可以通过启动气体准则方程来修正混合物的缺省设定值。缺省情况下，混合物材料的物性不变。可以保持现有的常物性假设，而只允许混合物的密度随温度和成分而改变。可变物性的输入值对在燃烧预测的影响，将在本节以后的部分中看到。

① 在 Density 下拉列表中选择 incompressible-ideal-gas（不可压缩理想气体）。

② 在 Cp 项选择 Constance，输入 1 000。

③ 点击 Mixture Species 右边的 Edit…，打开 Species 面板，如图 2-6-28 所示。

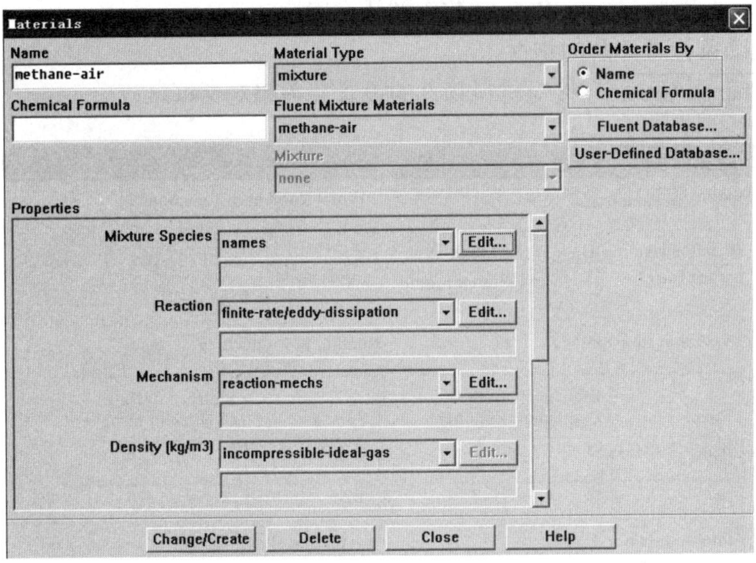

图 2-6-27　流体材料设置对话框

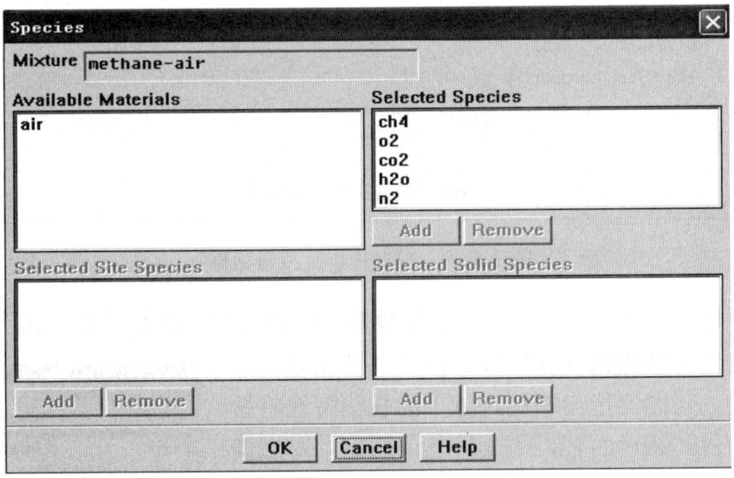

图 2-6-28　材料组分对话框

可以在该对话框中添加或删除混合物材料的组分。这里，构成甲烷-空气混合物的组分已被预先定义且不必修改。

④ 点击 Cancel，关闭该面板，不作任何改变。

⑤ 在 Material 面板中，点击 Reaction 下拉列表右边的 Edit...，打开材料化学反应对话框，如图 2-6-29 所示。

注意：涡-耗散反应模型忽略化学动力学（Arrhenius Rate），并仅使用在 Reaction 对话框中的混合率（Mixing Rate）参数。因此该面板中的 Arrhenius Rate 部分未被激活。（Rate Exponent 和 Arrhenius Rate 包括在数据库中，当使用可互换的 finite-rate/涡-耗散模型时，这些数据将会被用到）。

⑥ 点击 $\boxed{\text{OK}}$，接受 Mixing Rate 常数的默认设置。

⑦ 使用滚动条检查其余的物性。

⑧ 点击 $\boxed{\text{Change/Create}}$，接受材料物性的设置并关闭对话框。

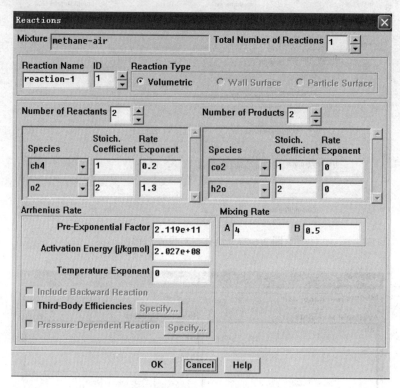

图 2-6-29　材料化学反应对话框

　　如上所述，假定除了密度以外的所有物性不变，并进行初始化计算。因为流动为完全发展湍流，所以使用常传输物性（黏性、热导率和质量扩散系数）是可以的。与湍流传输相比，分子的传输特性将扮演一个次要的角色。相对而言，不变比热的假定，对燃烧的求解有较大影响，在步骤 6（采用变比热容的解法）中，将改变这一物性的定义。

第 4 步　设置边界条件

（1）打开边界条件面板

操作： $\boxed{\text{Define}}$ →Boundary Conditions…，打开边界条件对话框，如图 2-6-30 所示。

（2）设定空气进口 inlet_air 的边界条件

① 在 Zone 项选择 inlet_air（空气进口边界）。

② 确定在 Type 项为 velocity-inlet，点击 $\boxed{\text{Set…}}$，打开空气速度入口边界设置对话框，如图 2-6-31 所示。

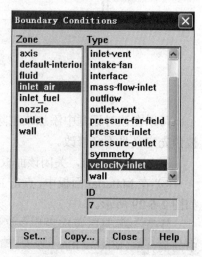

图 2-6-30　边界条件对话框

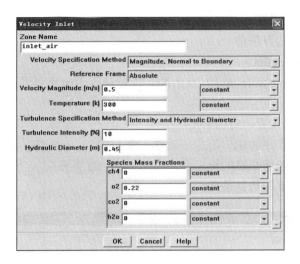

图 2-6-31　空气速度入口边界设置对话框

③ 在 Velocity Magnitude 项输入空气入口速度 0.5。

④ 在 Turbulence Specification Method 项选 Intensity and Hydraulic Diameter（湍流强度与水力直径）。

⑤ 在 Turbulence Intensity 项输入 10。

⑥ 在 Hydraulic Diameter 项输入燃烧筒直径 0.45。

⑦ Species Mass Fractions 项均为常数，且在 O_2 项输入 0.22（氧气的体积比）。

⑧ 点击 OK。

（3）设定燃料进口边界条件

① 在 Zone 项选择 inlet_fuel。

② 确定 Type 项为 velocity-inlet，点击 Set...，打开燃料速度入口边界设置对话框，如图 2-6-32 所示。

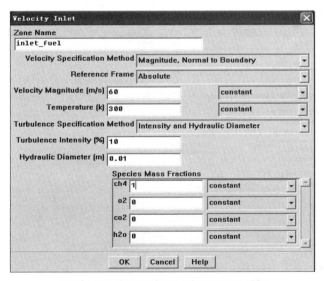

图 2-6-32　燃料速度入口边界设置对话框

③ 进行图中所示的设置，点击 OK。

（4）设定压力出口边界条件

① 在 Zone 项选择 outlet。

② 确定 Type 项为 pressure-outlet，点击 Set...，打开压力出流边界设置对话框，如图 2-6-33 所示。

③ 进行图中所示的设置，点击 OK。

注意：只有当回流在压力出口发生的时候，面板中的 Backflow 值才被利用。回流可能在迭代计算中发生并可能影响解的稳定性，因此，总是应该分配一个合理的值。

（5）设定燃烧筒外壁的边界条件

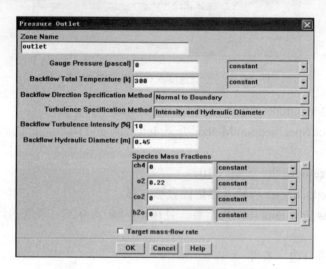

图 2-6-33　压力出流边界对话框

① 在 Zone 项选择 wall。

② 点击 Set，打开壁面边界条件设置对话框，如图 2-6-34 所示。

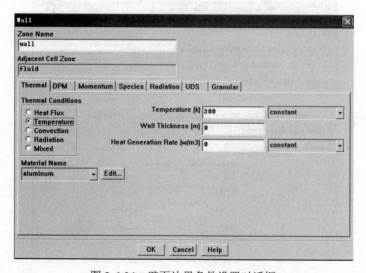

图 2-6-34　壁面边界条件设置对话框

③ 在 Thermal 选项卡中的 Thermal Conditions 项选择 Temperature。

④ 在 Temperature 项输入温度 300。

⑤ 保留其他默认设置，点击 OK。

（6）设置燃料进口喷嘴壁面的边界条件

① 在 Zone 项选择 nozzle。

② 点击 Set，打开喷嘴壁面边界设置对话框，如图 2-6-35 所示。

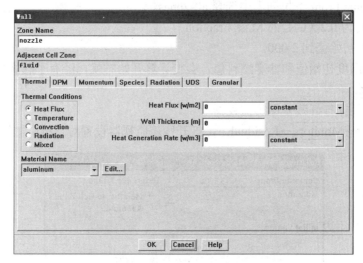

图 2-6-35　喷嘴壁面边界条件设置对话框

③ 在 Thermal 选项卡中 Thermal Conditions 项，选择 Heat Flux。

④ 在 Heat Flux［W/m^2］项保留默认的零值（绝热壁）。

⑤ 保留其他默认设置，点击 OK。

第 5 步　初始化流场并求解

（1）设置求解控制参数

操作：Solve → Controls → Solution…，打开求解控制参数设置对话框，如图 2-6-36 所示。

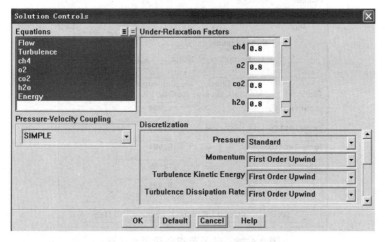

图 2-6-36　求解控制参数设置对话框

① 在 Under-Relaxation Factors 项，设置每个组分的松弛因子为 0.8。

② 保留其他默认设置，点击 $\boxed{\text{OK}}$ 。

FLUENT 中缺省的松弛参数设置为高值。对于燃烧模型来说，应该减小松弛因子来提高求解稳定性，本节中组分的松弛因子减小到 0.8。

（2）流场初始化

操作： $\boxed{\text{Solve}}$ → $\boxed{\text{Initialize}}$ →Initialize…，打开初始化设置对话框，如图 2-6-37 所示。

① 在 Compute From 下拉列表中选择 all-zones。

② 设置 CH_4 为 0.2（CH_4 的 Mass Fraction）。

③ 调整温度初始值到 2 000。

设定较高的温度初始值和非零燃料值，会使计算开始时就已经有了燃烧反应。

④ 点击 $\boxed{\text{Init}}$ 。

（3）在计算期间打开残差图形监视器

操作： $\boxed{\text{Solve}}$ → $\boxed{\text{Monitors}}$ →Residual…，打开残差监视器设置对话框，如图 2-6-38 所示。

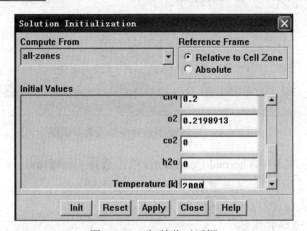

图 2-6-37　初始化对话框

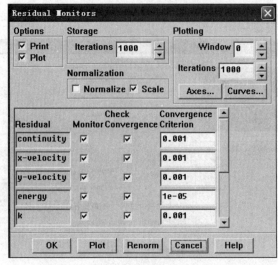

图 2-6-38　残差监视器设置对话框

① 在 Options 下，选择 Print 和 Plot。

② 调整 energy 残差收敛标准为 1e-05。

③ 保留其他默认设置，点击 OK 。

（4）保存 case 文件

操作： File → Write →Case…，打开文件保存对话框。键入文件名字 combustion1，点击 OK 。

（5）进行 1 000 步迭代计算。

操作： Solve →Iterate…，打开迭代计算对话框，如图 2-6-39 所示。

经过 348 次迭代后残差收敛，监测曲线如图 2-6-40 所示。

（6）保存 case 和 data 文件

操作： File → Write →Case&Data…，保存的文件名为 combustion1.cas 和 combustion1.dat。

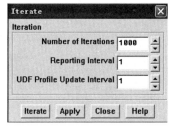

图 2-6-39　迭代计算对话框

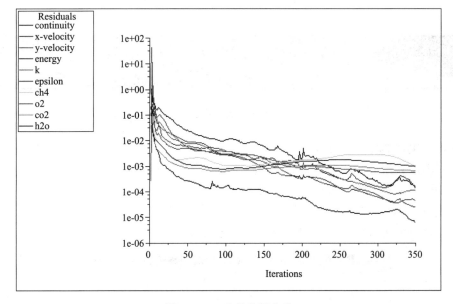

图 2-6-40　残差监测曲线

（7）绘制温度分布云图

通过查看温度的等高线图来检查当前解的情况。

操作： Display →Contours…，打开绘制分布云图设置对话框，如图 2-6-41 所示。

① 在 Options 项选择 Filled。

② 在 Contours of 下拉列表中选择 Temperature…和 Static Temperature。

③ 保留其他默认设置，点击 Display 。

得到燃烧筒内的温度分布云图如图 2-6-42 所示。采用 1 000 J/kg·K 常热容计算得到的最高温度超过 2 900 K。火焰温度的计算结果偏高，可以通过一个更真实的依赖于温度和组分的热容模型来修正（将在下面举例说明）。

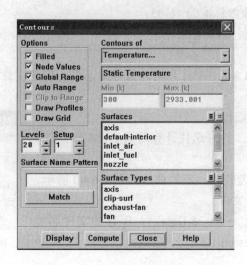

图 2-6-41 绘制分布云图设置对话框

图 2-6-42 温度分布云图——常热容 c_p

第6步 采用变比热容重新计算

比热对温度和组分的依赖性将对火焰温度的计算结果有明显的影响。下面使用 FLUENT 数据库中随温度变化的物性数据再进行深入计算。

（1）设置比热对组分的变化规律

操作：Define→Materials…，打开材料设置对话框，如图 2-6-43 所示。

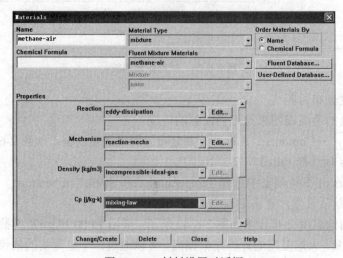

图 2-6-43 材料设置对话框

① 在 c_p 旁边的下拉列表中，选择 mixing-law（比热计算方法）。

② 点击 Change/Create 。

选择 mixing-law 会得到基于全部组分质量分数加权平均的混合比热。

（2）启动组分比热随温度的变化特性

① 在 Material Type 下拉列表中，选 fluid，打开流体材料设置对话框，如图 2-6-44 所示。

② 在 Fluent Fluid Materials 下拉列表中选择二氧化碳（CO_2）。

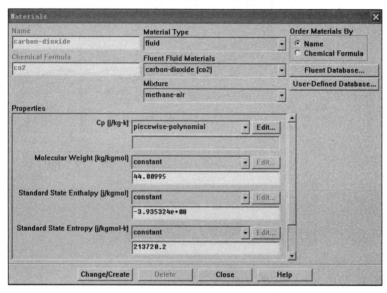

图 2-6-44　流体材料设置对话框

③ 在 c_p 中选择 piecewise-polynomial，打开分段多项式设置对话框，如图 2-6-45 所示。

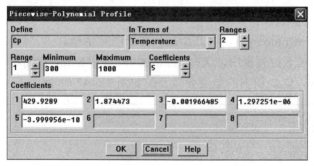

图 2-6-45　分段多项式设置对话框

④ 点击 OK ，接受描述二氧化碳的 c_p 温度变化的默认系数设置。

默认值描述了一个 FLUENT 物性数据库随温度变化的 $c_p(T)$ 多项式。

⑤ 点击 Change/Create ，接受 CO_2 物性方面的改变。

重复步骤②和③来处理其他组分（CH_4，N_2，O_2 和 H_2O）。特别注意要点击 Change/Create 以接受每个组分的改变。

（3）进行 500 步迭代计算

操作：Solve →Iterate…

迭代计算进行到 463 次后，残差收敛，残差监测曲线如图 2-6-46 所示。

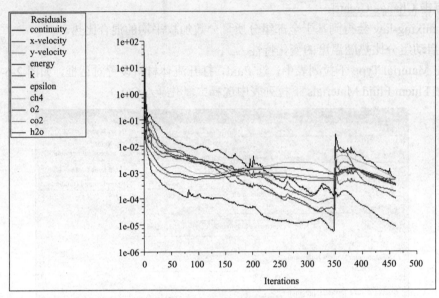

图 2-6-46　残差监测曲线

注意：随着求解带入新的比热值，残差将产生显著的跳升。

（4）保存新的 case 和 data 文件

操作： File → Write →Case&Data…

保存文件名为 combustion2.cas 和 combustion2.dat。

第 7 步　计算结果的后处理

由计算结果的图形显示和燃烧器出口的面积分等数据来检查求解情况。

（1）绘制温度分布云图

操作： Display →Contours…，打开绘制分布云图对话框。

① 在 Contours of 下拉列表中，选择 Temperature…和 Static Temperature。

② 点击 Display ，燃烧筒内的温度分布云图如图 2-6-47 所示。

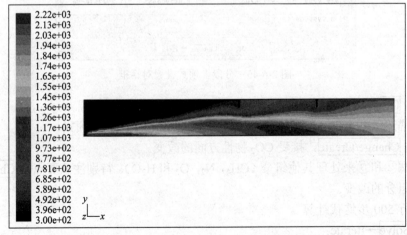

图 2-6-47　温度分布云图——变 c_p 值

温度分布云图显示,采用随温度和组分变化的比热后,最高温度已经降低到大约 2 200 K。

（2）绘制比热分布云图

操作：Display →Contours…

① 在 Contours of 下拉列表中，选择 Properties…和 Specific Heat（c_p）。

② 点击 Display，得到混合物比热分布云图，如图 2-6-48 所示。

在 CH_4 浓度高的地方，即在燃料入口附近，混合比热总是最大的。相对以前用过的常物性比热值，热容的增加显著地降低了燃烧温度的最高值。

（3）显示速度矢量图

操作：Display→Vectors…，打开速度矢量设置对话框，如图 2-6-49 所示。

① 在 Scale 项输入 0.02，Skip 项设定为 5。

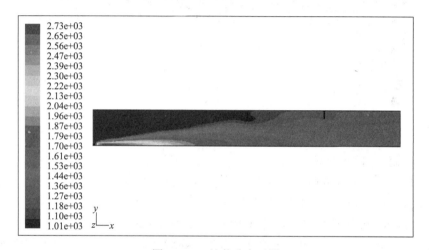

图 2-6-48　比热分布云图

② 点击 Vector Options…，打开矢量选项对话框，如图 2-6-50 所示。

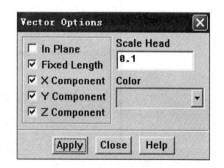

图 2-6-49　速度矢量设置对话框　　　　图 2-6-50　矢量选项对话框

③ 选择 Fixed Length 选项，点击 Apply。

当矢量值的大小变动剧烈时，为方便显示，可以选固定的矢量长度选项。当固定矢量的长度后，速度大小只以颜色描述。

④ 在 Vector 面板中，点击 Display，速度矢量分布如图 2-6-51 所示。

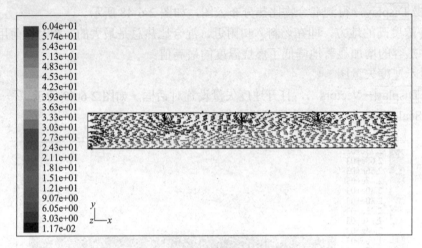

图 2-6-51　速度矢量——变 c_p 值

（4）绘制流函数的等值线

操作：Display →Contours…，打开绘制等值线对话框，如图 2-6-52 所示。

① 在 Options 项不选 Filled（绘制等值线）。

② 在 Contours of 下拉列表中，选择 Velocity…和 Stream Function。

③ 点击 Display，得到流函数等值线，如图 2-6-53 所示。空气进入高速甲烷喷气之内，在流线图中清晰可见。

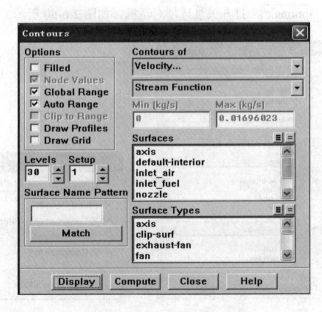

图 2-6-52　绘制等值线对话框

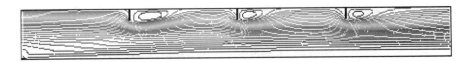

图 2-6-53　流函数等值线——变 c_p 值

（5）显示每个组分的质量分数等高线

操作：$\boxed{\text{Display}}$ →Contours...，打开流函数等值线对话框，如图 2-6-54 所示。

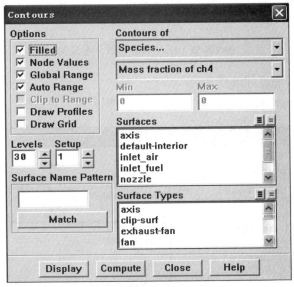

图 2-6-54　流函数等值线——变 c_p 值

① 在 Options 项选择 Filled。

② 在 Contours of 下拉列表中，选择 Species...和 Mass fraction of CH_4。

③ 点击 $\boxed{\text{Display}}$，CH_4 质量分数分布云图如图 2-6-55 所示。

图 2-6-55　CH_4 质量分数分布云图

重复以上步骤，显示其他组分的质量分数分布云图。图 2-6-56、图 2-6-57 和图 2-6-58 分别显示了 O_2、CO_2 和 H_2O 的质量分数分布。

图 2-6-56　O_2 质量分数分布云图

图 2-6-57　CO₂ 质量分数分布云图

图 2-6-58　H₂O 质量分数分布云图

（6）确定平均出口温度和速度

操作： Report →Surface Intergrals…，打开表面积分设置对话框，如图 2-6-59 所示。

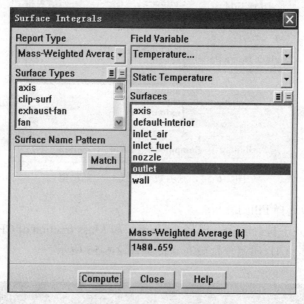

图 2-6-59　表面积分设置对话框

① 在 Report Type 下拉菜单中，选 Mass-Weighted Average。

② 在 Field Variable 下拉菜单中，选 Temperature…和 Static Temperature。

③ 在 Surfaces 项选 outlet 为积分面。

④ 点击 Compute，得到出口截面质量加权平均温度约为 1 480.7 K。

质量加权平均温度是通过下式计算得到的。

$$\bar{T} = \frac{\int T\rho\vec{v}\cdot\mathrm{d}\vec{A}}{\int \rho\vec{v}\cdot\mathrm{d}\vec{A}}$$

⑤ 在 Report Type 中选 Area-Weighted Average（如图 2-6-60 所示）。

⑥ 在 Field Variable 中选 Velocity…和 Velocity Magnitude。

⑦ 在 Surfaces 项选 outlet 为积分面。

⑧ 点击 Compute，得到出口截面处的面积平均速度约为 2.62 m/s。

面积加权速度平均值是通过下式计算得到的。

$$\overline{v} = \frac{1}{A} \int v \mathrm{d}A$$

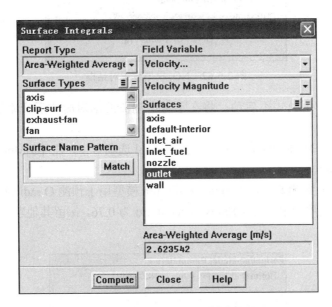

图 2-6-60　表面积分对话框

第 8 步　NO$_x$ 预测

（1）启动 NO$_x$ 模型

操作：Define → Models → Species →NO$_x$...，打开 NO$_x$ 模型设置对话框，如图 2-6-61 所示。

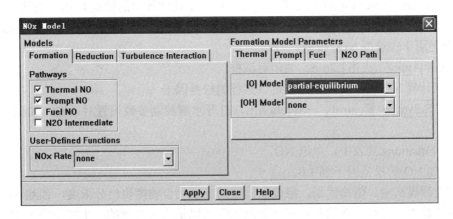

图 2-6-61　NO$_x$ 模型设置对话框

① 在 Models 下的 Formation 选项卡中，选择 Thermal NO 和 Prompt NO。

② 在 Turbulence Interaction 下的 PDF Mode 下拉表中选 Temperature，启动湍流交互作用

模式（如图 2-6-62 所示）。

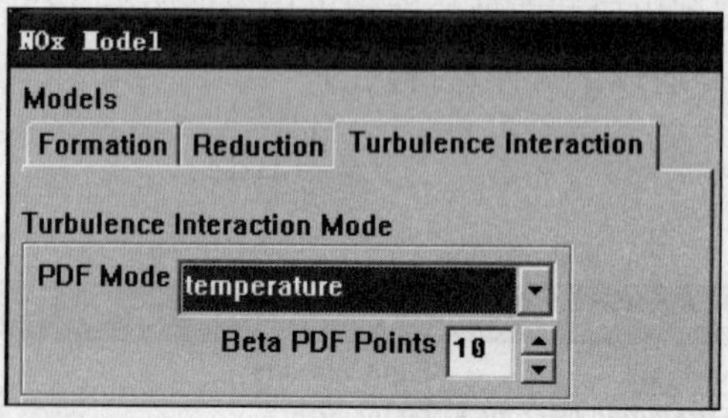

图 2-6-62　NOₓ 模型设置对话框

如果湍流交互作用模式不启动，将在不考虑湍流波动对时均反应率影响的情况下计算
NOₓ 的生成。

③ 在 Formation Model Parameters 下的 Thermal 选项卡中，在 [O]Model 下拉列表中，选
择 Partial-equilibrium。

根据热力型 NOₓ 预测要求，Partial-equilibrium 模型用于预测 O radical 浓度。

④ 在 Prompt 选项卡中，设置 Equivalence Ratio 为 0.76，保留其他默认设置（如图 2-6-63
所示）。

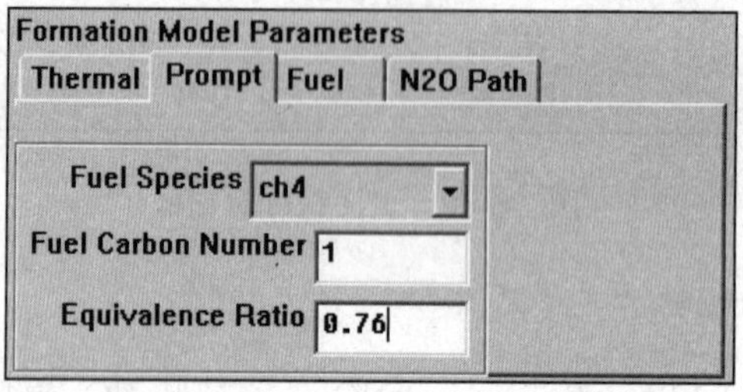

图 2-6-63　NOₓ 模型设置对话框

当量比（equivalence ratio）定义了燃-空比（相对于化学计量的情况），用于快速型 NOₓ 形
成的计算。Fuel Carbon Number 是燃料的每摩尔碳原子的数量，用于快速型 NOₓ 预测。Fuel
Species 也是用于快速型 NOₓ 模型。

⑤ 点击 Apply，点击 Close，关闭对话框。

（2）仅计算 NO 组分反应，并设定该方程的松弛因子

操作：Solve → Controls →Solution…，打开求解控制参数设置对话框，如图 2-6-64 所
示。

① 在 Equations 列表中，单选 NO。

② 增加 NO 的松弛因子到 1.0。

在后处理模式中，借由流场，温度和固定的碳水化合物燃烧组分浓度，预测 NOₓ 生成。
因此，仅计算 NO 方程。在这种模式下预测 NO 可以认为是合理的，主要是因为 NO 浓度非
常低，并且对碳水化合物燃烧影响甚微。

（3）调整 NO 组分方程的收敛标准

操作：Solve→Monitors→Residual…，打开残差监视器设置对话框，如图 2-6-65 所示。

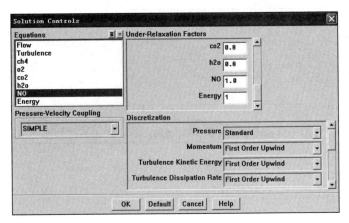

图 2-6-64　求解控制参数设置对话框

将收敛标准设定为 1e-5，点击 OK 。

（4）继续进行 50 步迭代

操作： Solve →Iterate…，大约 5 次迭代后收敛。

（5）保存新的 case 和 data 文件（combustion3.cas 和 combustion3.dat）

（6）显示 NO 的质量分数等高线，并检查求解结果

操作： Display →Contours…，打开绘制云图设置对话框，如图 2-6-66 所示。

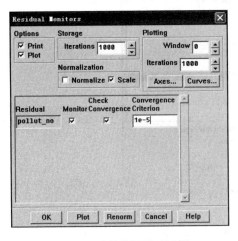
图 2-6-65　残差监视器对话框

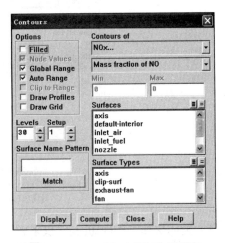
图 2-6-66　绘制云图设置对话框

① 在 Contours of 下拉列表中，选 NO_x…和 Mass fraction of NO。

② 在 Option 下不选 Filled，并点击 Display 。

得到 NO 质量分数等值线，如图 2-6-67 所示。NO 的最高浓度位于氧和氮充足的高温区。

（7）计算平均出口 NO 质量分数

操作： Report →Surface Integrals…，打开表面积分设置对话框，如图 2-6-68 所示。

① 在 Report Type 下拉表中选 Mass-Weighted Average。

② 在 Field Variable 下拉表中选 NO_x…和 Mass fraction of NO。

③ 在 Surfaces 项选 outlet 为积分面。

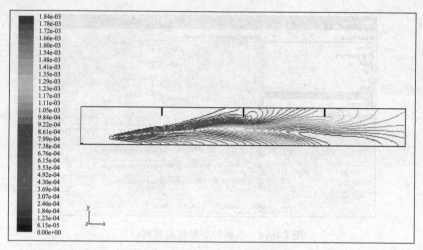

图 2-6-67　NO 质量分数等值线（快速型和热力型 NO$_x$）

④ 点击 $\boxed{\text{Compute}}$ 。

得到出口截面质量加权平均 NO 质量分数约为 0.001 55。

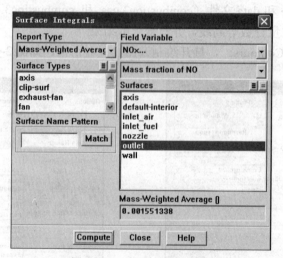

图 2-6-68　表面积分对话框

（8）关闭快速型 NO$_x$ 机制，仅求解热力型 NO$_x$

操作：$\boxed{\text{Define}}$ → $\boxed{\text{Models}}$ → $\boxed{\text{Species}}$ →NO$_x$…，打开 NO$_x$ 模型设置对话框，如图 2-6-69 所示。

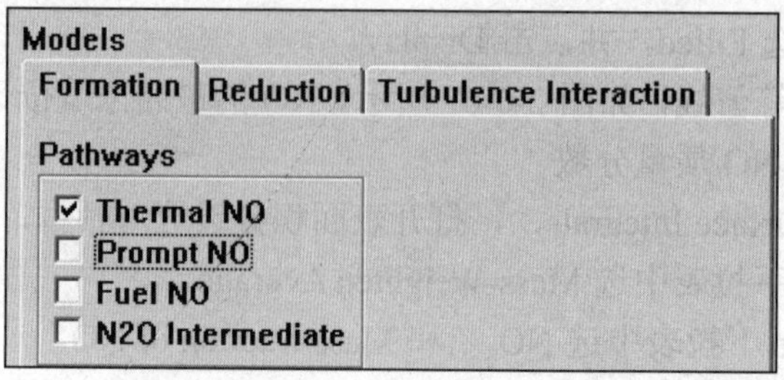

图 2-6-69　NO$_x$ 模型设置对话框

① 关闭 Model 下的 Prompt NO 机制，点击 OK。

② 进行 50 次迭代计算。求解大约 3 步后收敛。

③ 查看 NO 质量分数等值线，检验热力型 NO_x 的解。

操作：Display →Contours…，打开绘制云图设置对话框。

（i）在 Contour of 下拉列表中，选择 NO_x…和 Mass fraction of NO。

（ii）点击 Display。

得到 NO 质量分数等值线，如图 2-6-70 所示。明显看出，没有快速型 NO_x 机制的 NO 浓度要略低一些。

图 2-6-70　NO 的质量分数等高线——热力型 NO_x 的生成

④ 计算仅热力型 NO_x 生成的平均出口 NO 质量分数

操作：Report →Surface Integrals…

结果如图 2-6-71 所示，有热力型但没有快速型 NO_x 生成的质量加权平均的出口 NO 质量分数约为 0.001 525 7。

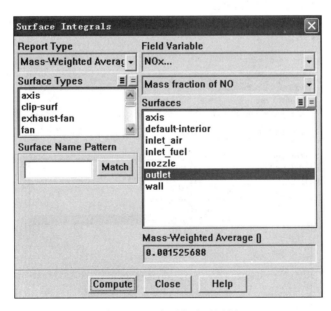

图 2-6-71　表面积分对话框

（9）求解仅有快速型 NO_x 质量分数

操作：Define → Models → Species →NO_x…

① 在 Models 下，关闭 Thermal NO，打开 Prompt NO，如图 2-6-72 所示，点击 OK。

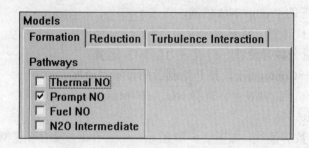

图 2-6-72 NOx 模型设置对话框

② 进行 50 次迭代计算。求解大约 6 步后收敛。

③ 查看 NO 的质量分数等值线，检查快速型 NOx 解。

NO 的质量分数等值线如图 2-6-73 所示。

图 2-6-73 NO 的质量分数等值线——快速型 NOx 的生成

④ 计算仅有快速型 NOx 生成的平均出口 NO 质量分数。

操作： Report →Surface Integrals…

结果如图 2-6-74 所示，仅有快速型 NOx 生成的质量加权平均的出口 NO 质量分数约为 0.000 034。

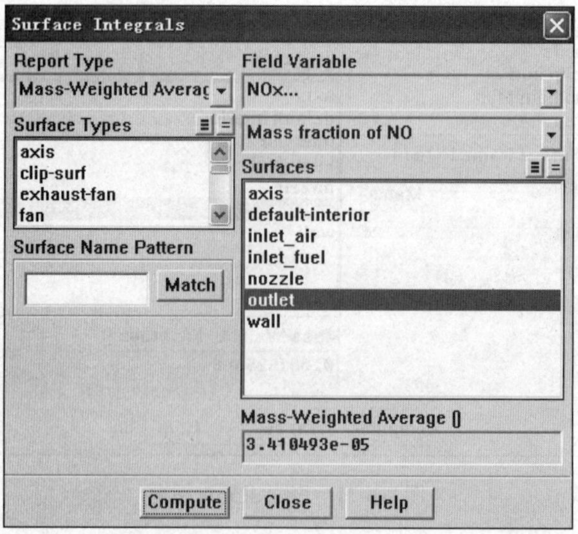

图 2-6-74 表面积分对话框

注意：分别计算的热力型和快速型 NO 质量分数加起来不到两个模型同时作用的水平，这是因为可逆化学反应的参与。NO 在一个反应中产生，而同时可能在另外的反应中被破坏。

（10）使用场函数计算器计算 NO 的 ppm 浓度

操作：Define→Custom Field Functions…，打开自定义场函数对话框，如图 2-6-75 所示。

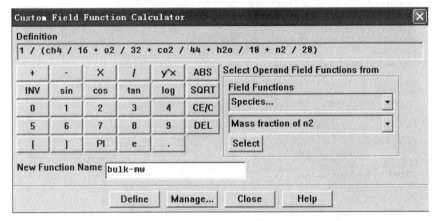

图 2-6-75　自定义场函数对话框

NO 的 ppm 浓度由下式计算：

$$\text{NO ppm} = \frac{\text{NO mole fraction} \times 10^6}{1 - \text{H}_2\text{O mole fraction}} \quad (*)$$

其中，混合物分子质量是

$$\text{mixture MW} = \frac{1}{\sum_i \dfrac{\text{mass fraction}}{\text{MW}}} \quad (**)$$

其中，MW 是每个组分的分子质量。

首先生成方程（**）的函数。然后，将此函数代入方程（*）并生成方程（*）的函数。

注意：所有的操作都是通过鼠标点击按钮进行的，不能用键盘输入！

① 根据（**）式创建混合物分子量的自定义函数。

（i）点击计算器按钮 1、/和（。

（ii）在 Field Function 下拉列表中，选择 Species…和 Mass fraction of CH$_4$，点击 Select。

（iii）点击/、1 和 6，键入 16（甲烷的分子量）。

（iv）继续完成混合物分子量场函数的定义。

（v）在 New Function Name 右侧，输入函数名 bulk-mw。

（vi）点击 Define，名为 bulk-mw 的新函数创建完毕。

② 建立 NO 的 ppm 场函数。

（i）在 Field Function 下拉列表中，选择 NO$_x$…和 Mass fraction of NO，点击 Select。

（ii）点击×（乘法符号）。

（iii）在 Field Function 下拉列表中，选择 Custom Field Functions…和 bulk-mw，点击 Select。

（iv）点击 /、3 和 0，键入 30（NO 的分子量）。

（v）点击×、1 和 0，键入 10。

（vi）点击 y^x，点击 6。

（vii）继续完成如图 2-6-76 所示 NO 的 ppm 定义。

（viii）在 New Function Name 文本窗中，键入 no-ppm。

（ix）点击 Difine，新的场函数 no-ppm 创建完毕。

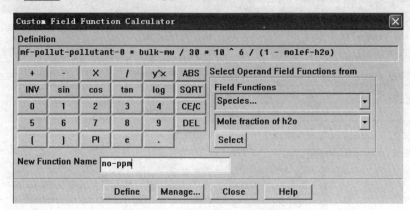

图 2-6-76　自定义场函数对话框

③ 绘制 NO 的 ppm 等值线。

操作：Display →Contours…，打开绘制等值线设置对话框，如图 2-6-77 所示。

（i）在 Contours of 下拉列表中，选 Custom Field Function…和 no-ppm。

（ii）点击 Display。

得到 NO 的 ppm 等值线如图 2-6-78 所示。NO 的 ppm 等值线与质量分数等值线（图 2-6-73）接近。

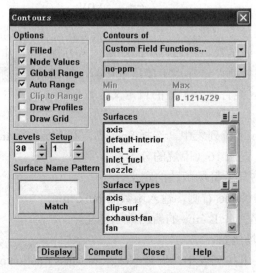

图 2-6-77　绘制等值线设置对话框

图 2-6-78　NO 的 ppm 等值线——快速型 NO_x 生成

小　结

　　在本节中，使用 FLUENT 对化学组分的传输、混合以及反应建立了模型。通过对 FLUENT 数据库中混合物材料的使用和修改，定义了一个化学反应系统。燃烧的模拟过程也适用于其他的化学反应流动系统。

第三章 三维流动与传热的数值计算

第一节 冷、热水混合器内的三维流动与换热

问题描述： 冷水和热水分别自混合器的两侧沿圆柱形容器边缘水平切线方向流入，在容器内混合后经过下部渐缩通道流入等径的出流管，最后流入大气，结构如图 3-1-1 所示。这是一个三维流动问题，所研究的内容是混合器内的流场、温度场和压力分布。

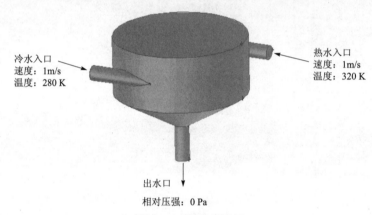

冷水入口
速度：1m/s
温度：280 K

热水入口
速度：1m/s
温度：320 K

出水口

相对压强：0 Pa

图 3-1-1 混合器简图

本例问题的分析将以下内容展开。

第一部分：利用 GAMBIT 建立混合器造型以及内部三维网格的划分

1. 建立一个大圆柱体和一个小圆柱体
2. 建立一个锥台
3. 移动并旋转小圆柱体到大圆柱体的切向位置
4. 利用布尔运算建立混合器整体
5. 利用 TGrid 方法划分网格
6. 建立对应的边界类型

第二部分：利用 FLUENT 3d 求解器进行求解

1. 选定材料为水
2. 选定非耦合的隐式求解器
3. 选定湍流模型为标准的 k-ε 模型
4. 建立相应的边界条件并求解

第三部分：利用 FLUENT 进行后处理

1. 建立一个通过中心轴的平面
2. 建立一个通过入流管中心轴的平面

3. 绘制上述平面上的温度分布图和速度矢量图

4. 建立一条流体质点生成线

5. 绘制此线上的流体质点运行轨迹

6. 建立一条直线，绘制此线上的温度和压强分布

一、利用 GAMBIT 建立混合器计算模型

第 1 步　启动 GAMBIT

（1）在 D 盘根目录下创建文件夹 mixture_3D

（2）点击 GAMBIT 图标，启动 GAMBIT

以 D 盘 mixture_3D 为工作目录，创建文件名为 mixture 的网格文件，设置如图 3-1-2 所示。

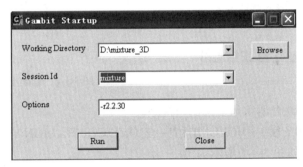

图 3-1-2　GAMBIT 启动对话框

第 2 步　创建混合器主体

操作：GEOMETRY ▦ → VOLUME ▢ → CREATE VOLUME ▢ R ▢ Cylinder，弹出创建圆柱体设置对话框，如图 3-1-3 所示。

① 在 Height（高度）右侧填入 8。

② 在 Radius1（半径）右侧填入 10。在 Radius2（半径）右侧可保留为空白，GAMBIT 会默认为与 Radius1 的值相同。

③ 保留 Coordinate Sys.（坐标系统）的默认设置。

④ 在 Axis Location（圆柱体的中心轴）项，选择 Positive Z（沿 Z 轴正向）。

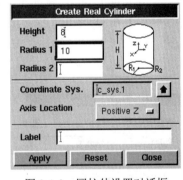

图 3-1-3　圆柱体设置对话框

⑤ 点击 Apply，点击 FIT TO WINDOW 🔍，所创建的圆柱体如图 3-1-4 所示。

可以按下鼠标左键来转动图形，按下鼠标中键上下移动可缩放图形。

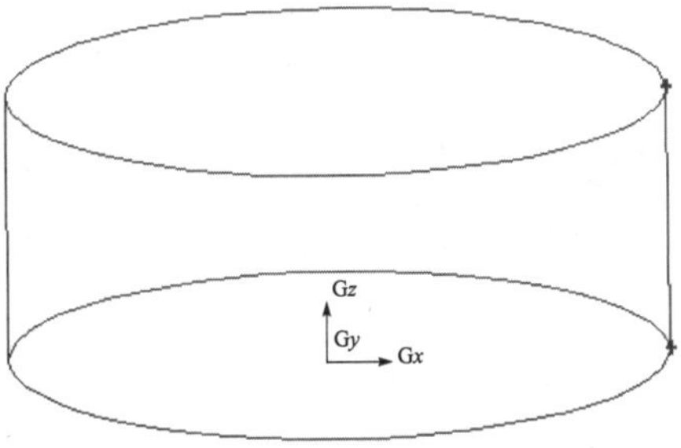

第 3 步　设置混合器的切向入流管

在创建圆柱体设置对话框（图 3-1-5）中进行如下设置：

① 在 Height（入流管的长度）右侧填入 10。

② 在 Radius1（半径）右侧填入 1。

③ 在 Radius2（半径）右侧保留为空白。

图 3-1-4　混合器主体

④ 保留 Coordinate Sys.（坐标系统）的默认设置。

⑤ 在 Axis Location（入流管的中心轴）项，选择 Positive X（沿 X 轴正向）。

⑥ 点击 Apply，所设置的入流管形状如图 3-1-6 所示。

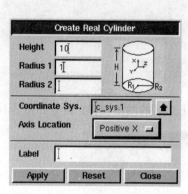

图 3-1-5　创建小圆柱体设置对话框

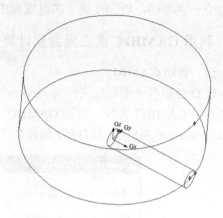

图 3-1-6　创建小圆柱体

⑦ 将入流管移到混合器主体中部的边缘处。

操作：GEOMETRY ▣ → VOLUME ▢ → MOVE/COPY/ALIGN VOLUMES ▨，打开移动/复制设置对话框，如图 3-1-7 所示。

（ⅰ）在 Volumes 项，选择 Move，并点击右侧黄色区域。

（ⅱ）按下 Shift+鼠标左键，点击组成入流小管的边线，此时小管变成了红色。

（ⅲ）在 Operation 项，选择 Translate。

（ⅳ）在 Type（坐标类型）右侧下拉列表中选择 Cartesian（笛卡儿）坐标。

（ⅴ）在 Global（位移量）项，输入 x=0、y=9、z=4。

注意：GAMBIT 会自动地在 Local 项填入相应的数字。

（ⅵ）点击 Apply。

此时，两个圆柱体的位置如图 3-1-8 所示，其中，小柱体已经移动到大柱体的边缘上了。

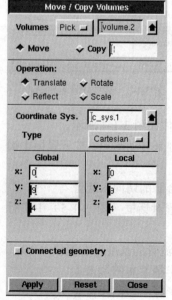

图 3-1-7　移动/复制对话框

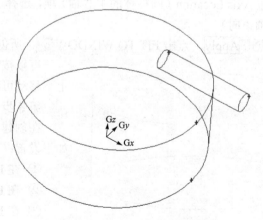

图 3-1-8　将小管移到大圆柱边缘上

⑧ 将小管以 Z 轴为轴旋转 180°复制。

操作：GEOMETRY → VOLUME □ → MOVE/COPY/
ALIGN VOLUMES，打开旋转复制设置对话框，如图 3-1-9
所示。

（ⅰ）在 Volumes 项，点击右侧黄色区域，并选择 Copy。

（ⅱ）按下 Shift+鼠标左键，点击组成入流小管的边线，此
时小管变成了红色。

（ⅲ）在 Operation 项，选择 Rotate。

（ⅳ）在 Angle（旋转角度）右侧填入 180。

（ⅴ）在 Axis 项，Active Coord.Sys.Vector（0，0，0）->
（0，0，1），表明当前的旋转轴矢量为 Z 轴，保留这一设置，点
击 Apply。

注意：点击 Axis 右侧的 Define，可自定义旋转轴矢量。

此时，在大圆柱体的另一边已经复制了一个小圆柱体。三
个圆柱体的位置如图 3-1-10 所示。

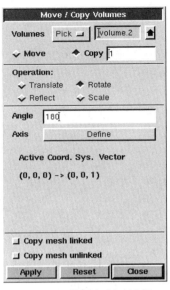

图 3-1-9　旋转复制对话框

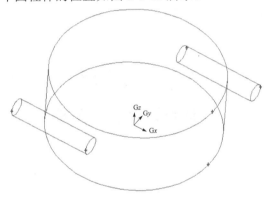

图 3-1-10　将小管旋转复制后的配置图

**第 4 步　去掉小圆柱体与大圆柱体相交的
多余部分，并将三个圆柱体联结成一个整体**

操作：GEOMETRY □ →VOLUME □ →
BOOLEAN OPERATIONS ∪ Unite，打
开合并体积选择对话框，如图 3-1-11 所示。

① 点击 Volumes 右侧的箭头，打开体列
表框，如图 3-1-12 所示。

② 点击 All→，选择三个已经存在的圆
柱体。

③ 点击 Close，关闭体积列表。

④ 点击 Apply，此时图形如图 3-1-13 所示。

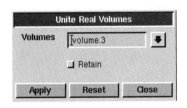

图 3-1-11　合并体积选择对话框

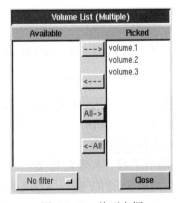

图 3-1-12　体列表框

第 5 步　创建主体下部的圆锥

操作：GEOMETRY □ →VOLUME □ →CREATE VOLUME □ F Frustum，打开锥台设

置对话框，如图 3-1-14 所示。

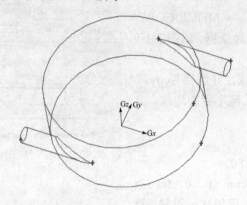

图 3-1-13　合并体积后的图形

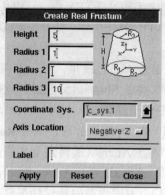

图 3-1-14　锥台设置对话框

① 在 Height 项填入 5。

② 在 Radius 1 项填入 1（出流口小管的半径为 1）。

③ 在 Radius 3 项填入 10，与柱体外边缘相接。

④ 在 Axis Location 项下拉列表中选择 Nagative Z（沿 Z 轴的反方向）。

⑤ 点击 Apply，则图形如图 3-1-15 所示。

第 6 步　创建出流小管

操作：GEOMETRY ▣ → VOLUME ▱ → CREATE VOLUME ▱ R ▭ Cylinder，弹出创建出流小管设置对话框，如图 3-1-16 所示。

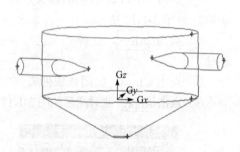

图 3-1-15　移动锥台后的图形配置图

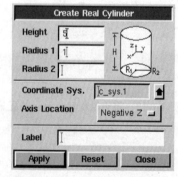

图 3-1-16　创建出流小管设置对话框

（1）创建出流口小圆管

① 设置出流口小圆管的长度（Height 项）为 5、半径（Radius 1 项）为 1。

② 在 Axis Location 下拉列表中，选择 Nagative Z。

③ 点击 Apply。

（2）将其下移并与锥台相接

操作：GEOMETRY ▣ → VOLUME ▱ → MOVE/COPY / ALIGN VOLUMES ▱，打开移动/复制设置对话框，如图 3-1-17 所示。

① 在 Volumes 项，选择 Move，并点击右侧黄色区域。

② 按下 Shift+鼠标左键，点击组成出流小管的边线，此时小管变成了红色。

③ 在 Operation 项，选择 Translate。

④ 在 Type（坐标类型）右侧下拉列表中选择 Cartesian（笛卡儿）坐标。

⑤ 在 Global（位移量）项，输入 x=0、y=0、z=−5。

⑥ 点击 $\boxed{\text{Apply}}$。

此时，整个结构的图形和位置如图 3-1-18 所示，其中，出流小管已经和混合器下部锥台连接好了。

第 7 步 将混合器上部、渐缩部分和下部出流小管组合为一个整体

操作与第 4 步相同。

操作：GEOMETRY 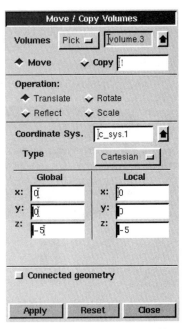 →VOLUME □ →BOOLEAN OPERATIONS ◯ U ◯◯ Unite ，选择所有的体，点击 $\boxed{\text{Apply}}$，得到组合后的外形图如图 3-1-18 所示。

第 8 步 对混合器内区域划分网格

现在可以利用 TGrid 程序对整体进行网格划分，步骤如下：

操作：MESH ⊞ →VOLUME □ →MESH VOLUMES 📦，打开网格设置对话框，如图 3-1-19 所示。

图 3-1-17 移动复制设置对话框

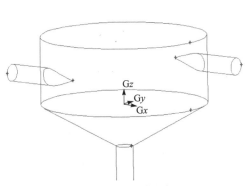

图 3-1-18 混合器整体配置图

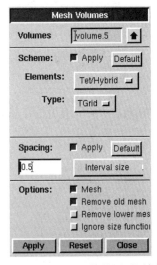

图 3-1-19 网格设置对话框

① 点击 Volumes 右侧黄色区域。

② 按下 Shift+鼠标左键，点击混合器边缘线。

③ 在 Spacing 项，选择 Interval size，并填入 0.5。

④ 保留其他默认设置，特别是要注意在 Type 项选择 TGrid。

⑤ 点击 $\boxed{\text{Apply}}$，则区域内的网格图如图 3-1-20 所示。

注意：这是用 TGrid 程序划分的四面体网格，若要划分为六面体网格，还要进行较为复杂的操作。

第9步　检查网格划分情况

操作：点击位于右下角工具栏中的 EXAMINE MESH 图标，打开网格检查设置对话框，如图 3-1-21 所示。

① 在 Display Type（显示类型）项选择 Plane（平面）。

② 选择 3D Element 以及◇。

③ 在 Quality Type（质量类型）项选择 EqualAngle Skew。

④ 在 Cut Orientation：项，用鼠标左键拖动 Z 轴滑块，会显示不同 Z 值平面上的网格。

⑤ 在 Cut Orientation 项，用鼠标左键拖动 X 或 Y 轴滑块，则会显示 X 和 Y 平面上的网格。

⑥ 在 Display Type 项选择 Range，点击对话框下部滑块可选择显示的比例及大小。

⑦ 点击 Close，关闭网格检查对话框。

图 3-1-20　流域网格划分图

第10步　设置边界类型

操作：ZONES → SPECIFY BOUNDARY TYPES，打开边界类型设置对话框，如图 3-1-22 所示。

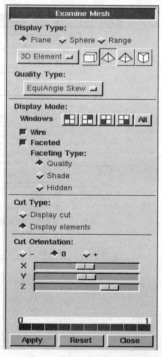

图 3-1-21　网格检查设置对话框

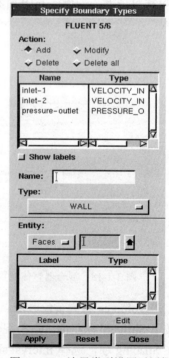

图 3-1-22　边界类型设置对话框

（1）设置入流口（inlet-1）边界类型为 VELOCITY_INLET

① 确定 Action 项为 Add。

② 在 Name 项输入 inlet-1。

③ 在 Type（类型）列表中选择 VELOCITY_INLET。

④ 点击 Faces 项右侧区域。

⑤ 按下 Shift+鼠标左键，点击混合器入流口截面边线，此时入口边线的圆变为红色。

注意：可按住 Shift 键用鼠标中键点击线段来选择不同的面。

⑥ 点击 Apply。

（2）重复上述步骤，设置另一个入流口（inlet-2）边界类型为 VELOCITY_INLET

（3）设置下部出流口边界类型为 PRESSURE_OUTLET

① 在 Name 项填入 pressure-outlet。

② 在 Type 列表中选择 PRESSURE_OUTLET。

③ 在 Faces 项选择混合器下部出流口断面。

④ 点击 Apply。

注意：对于其他未设置的面，默认为固壁。

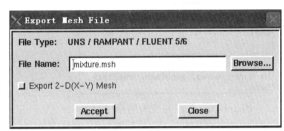

图 3-1-23　边界类型设置对话框

第 11 步　输出网格文件（.msh）

操作：File → Export → mesh…，打开网格文件输出对话框，如图 3-1-23 所示。保留默认设置，点击 Accept 确认。

二、利用 FLUENT 3d 求解器进行求解

第 1 步　检查网格并定义长度单位

（1）启动 FLUENT-3d

点击 FLUENT 图标，弹出 FLUENT 启动对话框，如图 3-1-24 所示。选择 3d 版本，点击 RUN。

（2）读入网格文件

操作：File → Read → Case…，打开网格文件读入对话框，将 D 盘 mixture_3D 文件夹中的网格文件 mixture.msh 读入。

（3）网格光滑与交换

操作：Grid → Smooth/Swap…，打开对话框，如图 3-1-25 所示。

图 3-1-24　FLUENT 启动对话框

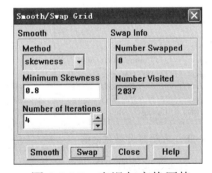

图 3-1-25　光滑与交换网格

反复点击 Smooth 和 Swap，直到出现图 3-1-26 所示信息为止。

（4）确定长度单位为 cm

操作：$\boxed{\text{Grid}}$ → Scale...，打开长度单位设置对话框，如图 3-1-27 所示。

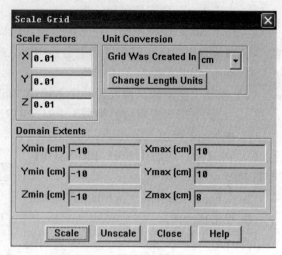

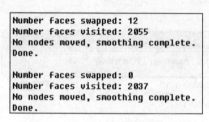

图 3-1-26 光滑与交换网格信息

图 3-1-27 长度单位设置对话框

① 在 Units Conversion 下的 Grid Was Created In 右侧列表中选择 cm。

② 点击 $\boxed{\text{Change Length Units}}$，此时左侧的 Scale Factors 下的 X，Y，Z 项都变为 0.01。

③ 点击下边的 $\boxed{\text{Scale}}$，此时，Domain Extents 下的单位由 m 变为 cm，并给出区域的范围。

④ 点击 $\boxed{\text{Close}}$，关闭对话框。

（5）检查网格

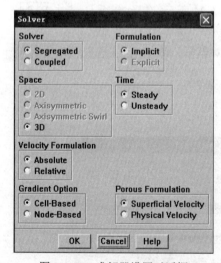

图 3-1-28 求解器设置对话框

③ 在 Space 项选择 3D。

④ 在 Time 项选择 Steady。

⑤ 点击 $\boxed{\text{OK}}$。

（2）启动能量方程

操作：$\boxed{\text{Grid}}$ → Check...

FLUENT 会对网格进行各种检查并在信息反馈窗口（屏幕）显示检查过程和结果，其中要特别注意最小体积保持为正值，不能有任何警告或错误信息，最后一行一定是 Done。

（6）显示网格

操作：$\boxed{\text{Display}}$ → Grid...，打开网格显示对话框后，点击 $\boxed{\text{Display}}$，可得到区域网格图。

第 2 步 设置计算模型

（1）设置求解器

操作：$\boxed{\text{Define}}$ → $\boxed{\text{Models}}$ → Solver...，打开求解器设置对话框，如图 3-1-28 所示。

① 在 Solver 项选择 Segregated。

② 在 Formulation 项选择 Implicit。

操作：$\boxed{\text{Define}}$ → $\boxed{\text{Models}}$ → Energy…，打开能量方程设置对话框，如图 3-1-29 所示，点击 $\boxed{\text{OK}}$。

（3）设置湍流模型

操作：$\boxed{\text{Define}}$ → $\boxed{\text{Models}}$ →Viscous…，打开湍流模型设置对话框。

① 选择 k-epsilon [2 eqn] 湍流模型，打开 k-ε 湍流模型设置对话框，如图 3-1-30 所示。

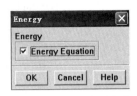

图 3-1-29 启动能量方程

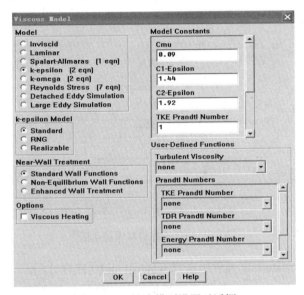

图 3-1-30 湍流模型设置对话框

② 保留其他默认设置，点击 $\boxed{\text{OK}}$。

第 3 步 设置流体的材料属性

操作：$\boxed{\text{Define}}$ → Materials…，打开材料属性设置对话框，如图 3-1-31 所示。

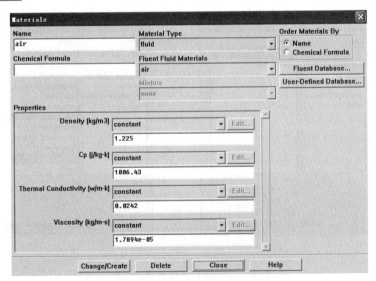

图 3-1-31 材料属性设置对话框

① 点击右侧的 Database... ，打开流体材料库对话框，如图 3-1-32 所示。

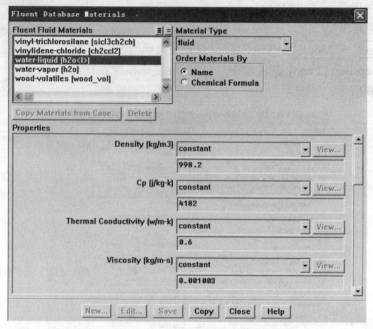

图 3-1-32　流体材料库对话框

② 在 Fluent Fluid Materials 列表中选择 water-liquid［H₂O<1>］。

③ 点击 Copy ，点击 Close ，关闭流体材料库对话框。

④ 在 Density 项改为 1 000，在 Viscosity 项改为 0.001，点击 Change/Create 。

⑤ 点击 Close ，关闭材料属性设置对话框。

第 4 步　设置边界条件

操作：Define → Boundary Conditions...，打开边界条件设置对话框，如图 3-1-33（a）所示。

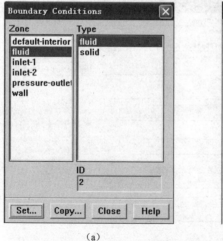
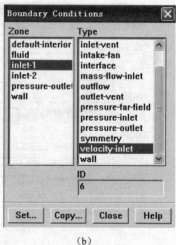

　　（a）　　　　　　　　　　　　　　　　　（b）

图 3-1-33　边界条件设置对话框

（1）选择工作流体为液态水

① 在 Zone 项选择 Fluid。

② 点击 Set...，打开流体选择对话框，如图 3-1-34 所示。

③ 在 Material Name 项选择 water-liquid。

④ 保留其他默认设置，点击 OK。

（2）设置入流口 1 的边界条件

① 在 Zone 列表中选择 inlet-1，如图 3-2-33（b）所示。

② 点击 Set...，打开速度边界设置对话框，如图 3-1-35 所示。

③ 在 Velocity Specification Method（速度定义方法）项下拉列表中选择 Magnitude，Normal to Boundary（速度大小，方向垂直于作用面）。

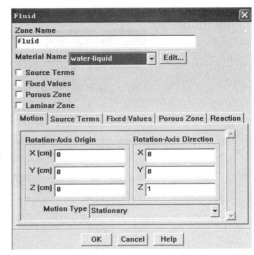

图 3-1-34　流体选择对话框

④ 在 Velocity Magnitude（速度大小）项填入 1 m/s。

⑤ 在 Temperature [K]项填入 320。

⑥ 在 Turbulence Specification Method（湍流定义方法）项下拉列表中选择 Intensity and Hydraulic Diameter（湍动能强度和水力直径）。

⑦ 在 Turbulence Intensity 项填入 5。

⑧ 在 Hydraulic Diameter 项填入 2（入流口直径）。

⑨ 点击 OK。

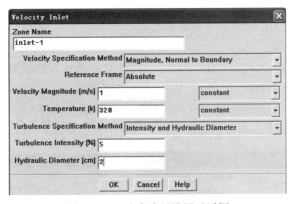

图 3-1-35　速度边界设置对话框

（3）设置入流口 2 的边界条件

① 在边界类型设置对话框（图 3-1-33（b））中，在 Zone 列表中选择 inlet-2。

② 点击 Set...，打开速度边界设置对话框（图 3-1-35）。

③ 在 Temperature 项填入 280，其他与入流口 1 边界设置相同。

④ 点击 OK。

（4）设置出流口的边界条件

① 在 Zone 列表中选择 pressure-outlet。

② 点击 Set…，打开压力出流边界条件设置对话框，如图 3-1-36 所示。

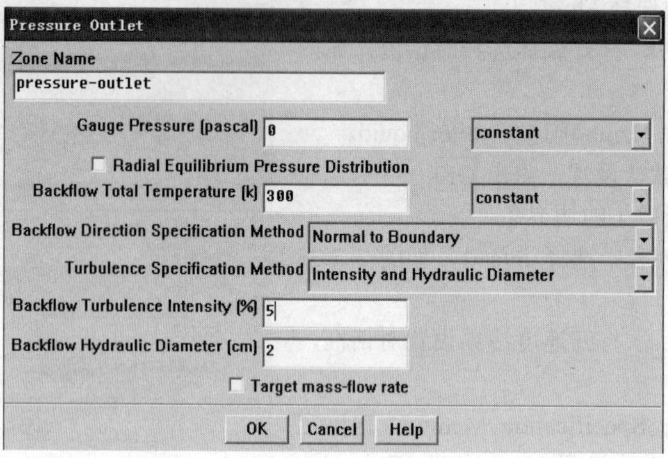

图 3-1-36　压力出流边界设置对话框

③ 在 Gauge Pressure（表压强）项填入 0。

④ 在 Back Total Temperature（出口总温）项设置为 300。

⑤ 其他项与入口边界设置相同。

⑥ 点击 OK，点击 Close，关闭边界条件设置对话框。

第 5 步　求解初始化

操作：Solve → Initialize → Initialize…，打开求解初始化设置对话框，如图 3-1-37 所示。

① 在 Initial Values（初始值）项中，Gauge Pressure 项设置为 0。

② X Velocity 项设置为 0，Y Velocity 项设置为 0；Z Velocity 项设置为-1。

③ 点击 Init，点击 Close，完成流场初始化。

第 6 步　设置监视器

操作：Solve → Monitors → Residual…，打开监视器设置对话框，如图 3-1-38 所示。

① 在 Options 项选择 Print 和 Plot，输出残差监测曲线。

② 在 energy 项的 Convergence（残差收敛临界值）设为 1e-06。

③ 保留其他默认设置，点击 OK。

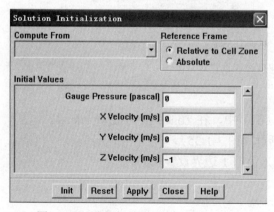

图 3-1-37　求解初始化设置对话框

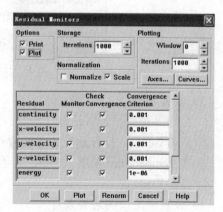

图 3-1-38　监视器设置对话框

第 7 步　保存 Case 文件

操作：$\boxed{\text{File}}$ → $\boxed{\text{Write}}$ → Case...，保存的文件名为
mixture.cas。

第 8 步　求解计算

操作：$\boxed{\text{Solve}}$ → Iterate...，打开迭代计算设置对话框，如
图 3-1-39 所示。

① 在 Number of Iterations 项填入 300。

② 点击 $\boxed{\text{Iterate}}$。

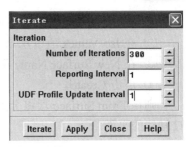

图 3-1-39　迭代计算设置对话框

FLUENT 开始计算。在迭代 188 次后，计算收敛，残差监测曲线如图 3-1-40 所示。

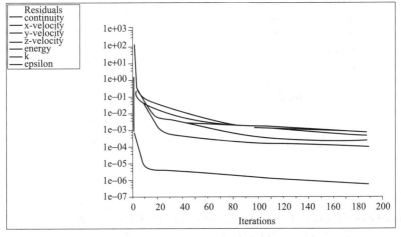

图 3-1-40　残差监测曲线

第 9 步　保存计算结果

操作：$\boxed{\text{File}}$ → $\boxed{\text{Write}}$ → Data...，保存的文件名为 mixture.dat。

三、计算结果的后处理

第 1 步　读入 Case 和 Data 文件

操作：$\boxed{\text{File}}$ → $\boxed{\text{Read}}$ → Case & Data...，读入 mixture.cas 和 mixture.dat。

第 2 步　显示网格

操作：$\boxed{\text{Display}}$ → Grid...，打开网格显示对话框，点击 $\boxed{\text{Display}}$，显示网格。

注意：① 在 Options 项可以选择线（Edges）或面（Faces）。

② 在 Surfaces 列表中，可以选择不同的面进行网格显示和观察。

③ 可以利用鼠标左键和中键对图形进行旋转、缩放和移动。

第 3 步　创建等（坐标）值面

为显示 3D 模型的计算结果，需要创建一些面，并在这些面上显示计算结果。FLUENT
自动定义组成边界的面为面，比如在 inlet-1、inlet-2 和 Pressure-outlet 以及 wall 等边界上均可
显示计算结果。但这些是不够的，还需要定义一些其他的面来显示计算结果。

（1）创建一个 z = 4 cm 的平面，命名为 z = 4

操作：$\boxed{\text{Surface}}$ → Iso-Surface...，打开等值面设置对话框，如图 3-1-41 所示。

① 在 Surface of Constant 下拉列表中选择 Grid...和 Z-Coordinate。

② 在 Iso-Values 项填入 4。

③ 在 New Surface Name 下填入 z = 4。

④ 点击 Create 。

则在 From Surface 项将会添加一个名为 z = 4 的平面，此平面为在混合器内通过两个入流口轴线的平面。

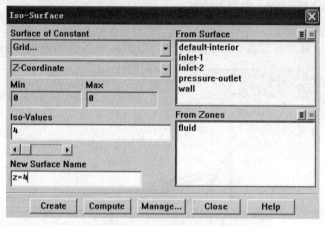

图 3-1-41　等值面设置对话框

（2）创建一个 x = 0 的平面，命名为 x = 0

① 在 Surface of Constant 下拉列表中选择 Grid...和 X-Coordinate。

② 点击 Compute ，在 Min 和 Max 栏将显示区域内 x 值的范围。

③ 在 Iso-Values 项填入 0。

④ 在 New Surface Name 下填入 x = 0。

⑤ 点击 Create ，点击 Close ，关闭对话框。

此平面为通过 Z 轴，且与入流口轴线相垂直的平面。

第 4 步　绘制温度与压强分布图

（1）绘制温度分布图

操作： Display → Contours...，打开图形显示设置对话框，如图 3-1-42 所示。

① 绘制水平面 z = 4 上的温度分布图。

（i）在 Options 项选择 Filled。

（ii）在 Contours of 项选择 Temperature 和 Static Temperature。

（iii）在 Levels 项填入 20。

（iv）在 Surfaces 项选择 z = 4。

（v）点击 Display ，则在 z = 4 平面上的温度分布如图 3-1-43 所示。

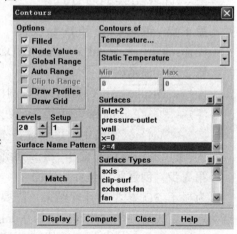

图 3-1-42　图形显示设置对话框

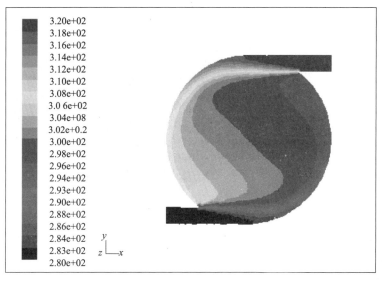

图 3-1-43 水平面上的温度分布图

② 绘制壁面上的温度分布图。

（ⅰ）在 Surfaces 项不选择 z = 4，选择 wall。

（ⅱ）点击 Display，则壁面上的温度分布如图 3-1-44 所示。

（2）绘制垂直平面 x = 0 上的温度分布

（ⅰ）在 Contours of 项选择 Temperature...和 Static Temperature。

（ⅱ）在 Surfaces 项选择 x = 0，点击 Display，则在 x = 0 上的温度分布如图 3-1-45 所示。

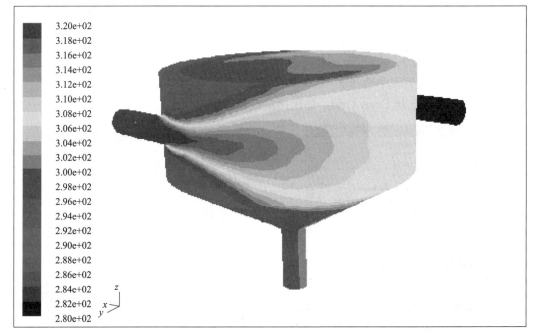

图 3-1-44 壁面上的温度分布图

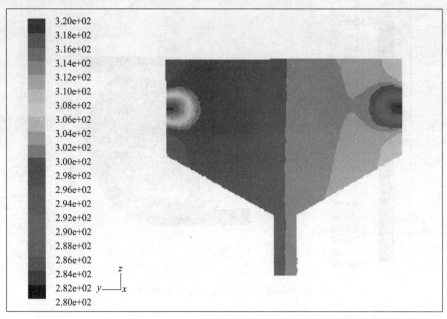

图 3-1-45　竖直面上的温度分布图

第 5 步　绘制速度矢量图

操作：$\boxed{\text{Display}}$ → Vectors...，打开速度矢量图设置对话框，如图 3-1-46 所示。

（1）显示在 z = 4 上的速度矢量图

① 在 Options 项不选 Auto Range。

② 在 Style 项下拉列表中选择 arrow。

③ 将 Scale 项改为 3，Skip 项改为 2。

④ 在 Vectors of 项选择 Velocity。

⑤ 在 Color by 下选择 Velocity…和 Velocity Magnitude；并在 Min 下填入最小速度 0，在 Max 下填入最大速度 1.2。

⑥ 在 Surfaces 项列表中选择 z = 4。

⑦ 在 Options 项选择 Draw Grid；弹出网格显示设置对话框，如图 3-1-47 所示。

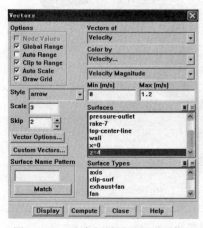

图 3-1-46　速度矢量图设置对话框

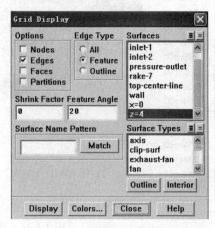

图 3-1-47　网格显示设置对话框

（ⅰ）在 Options 项选择 Edges。

（ⅱ）在 Edge Type 项选择 Feature。

（ⅲ）在 Surfaces 项选择 z = 4。

（ⅳ）保留其他默认设置，点击 Display，点击 Close。在图形窗口显示此平面的轮廓图。

⑧ 保留其他默认设置，点击 Display。

在图形窗口显示 z = 4 上的速度矢量图，如图 3-1-48 所示。

（2）显示在 x = 0 上的速度矢量图

① 在 Options 项选择 Auto Range。

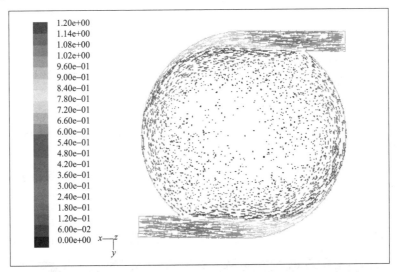

图 3-1-48　水平面上的速度矢量图

② 在网格显示设置对话框图 3-1-47 中不选 z = 4，选择 x = 0。

③ 保留其他默认设置，点击 Display，则在图形窗口显示 x = 0 上的速度矢量图，如图 3-1-49 所示。

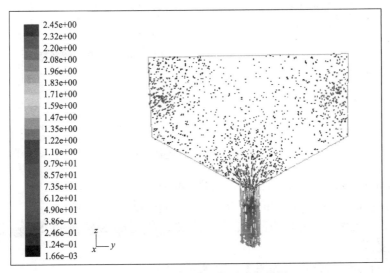

图 3-1-49　竖直面上的速度矢量图

注意：可以增大 Step 的数值来减少矢量的数量。

第 6 步　绘制流体质点的迹线

迹线就是流体质点在运动过程中所走过的曲线。对于观察和研究复杂的三维流动来说，绘制流体质点的迹线是一个很有效的方法。

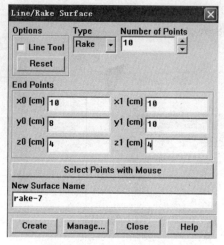

图 3-1-50　创建直线对话框

（1）创建一条流体质点的起始线

操作：$\boxed{\text{Surface}}$ → Line/Rake...，打开创建直线对话框，如图 3-1-50 所示。

① 在 Type 下拉列表中选择 Rake，这里有两种类型，一个是 Rake 型，由在两个端点之间等距离分布的点组成。另一个是 Line 型，其上的点可以是不等距分布。

② 在 Number of Points 项保留默认的 10，产生 10 条迹线。

③ 在 End Points（直线的端点）项，设起点为（10，8，4），端点为 （10，10，4），这是入口处的一条径线的两个端点。

④ 在 New Surface Name 项保留名字 rake-7。

⑤ 点击 $\boxed{\text{Create}}$，点击 $\boxed{\text{Close}}$，关闭对话框。

（2）绘制流体质点的迹线

操作：$\boxed{\text{Display}}$ → Path Lines...，打开创建流体质点迹线对话框，如图 3-1-51 所示。

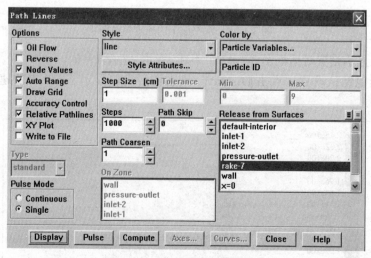

图 3-1-51　创建流体迹线对话框

① 在 Release From Surfaces 列表中，选择 rake-7。

② 在 Step Size（步长）项保留默认的 1，在 Steps 项输入 1 000。

注意：在设置这两个参数时有一个简单的规则，即 Step Size 乘以 Steps 数，等于质点走过的轨迹长度。

③ 点击 $\boxed{\text{Display}}$，迹线图形如图 3-1-52 所示。

④ 点击 Close，关闭对话框。

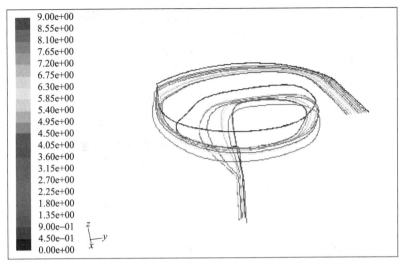

图 3-1-52 自入口到出口的迹线图

第 7 步 绘制 XY 曲线

XY 曲线可用来描述利用 CFD 求解的结果，例如温度、压强沿直线上的分布等。

（1）创建质点生成线

在流场内定义一条线，绘制压力等物理量在此线上的分布。

操作：Surface → Line/Rake…，打开创建直线对话框，如图 3-1-53 所示。

① 在 Type 下拉列表中选择 Line。

② 在 End Points 项，输入直线的一个端点的坐标（0，0，8）和另一个端点的坐标（0，0，−10），此直线为混合器的轴线。

③ 在 New Surface Name 项输入线段的名字 top-center-line。

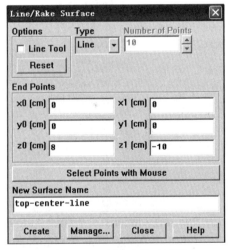

图 3-1-53 创建直线对话框

④ 点击 Create，点击 Close，关闭对话框。

（2）绘制沿轴线的温度分布图

操作：Plot → XY Plot…，打开 XY 绘图对话框，如图 3-1-54 所示。

① 在 Y Axis Function 下拉列表中选择 Temperature…和 Static Temperature。

② 在 Surfaces 列表中选择 top-center-line。

③ 在 Plot Direction 项，设 X=0，Y=0，Z=1。

④ 点击 Axes…，修改轴向坐标的显示范围；打开轴向坐标范围设置对话框，如图 3-1-55 所示。

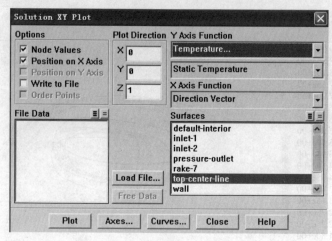

图 3-1-54　绘制温度分布设置对话框

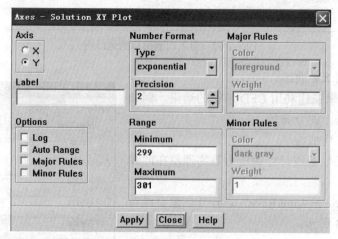

图 3-1-55　轴向坐标范围设置对话框

（ⅰ）在 Axis 项选择 Y。

（ⅱ）在 Options 项不选择 Auto Range。

（ⅲ）在 Range 项设置 Minimum=299，Maximum=301。

（ⅳ）点击 Apply，点击 Close，关闭对话框。

⑤ 点击 Plot，则温度分布曲线如图 3-1-56 所示。

第 8 步　查看出口温度和流动连续性

（1）混合器出口处的平均温度

操作：Report → Surface Integrals…，打开表面积分对话框，如图 3-1-57 所示。

① 在 Report Type 项选择 Area-Weighted Average。

② 在 Field Variable 项选择 Temperature…和 Static Temperature。

③ 在 Surfaces 项选择出流截面 pressure-outlet。

④ 点击下面的 Compute。在 Area-Weighted Average 栏得到出口截面面积加权平均温度为 300 K。

（2）检查连续性

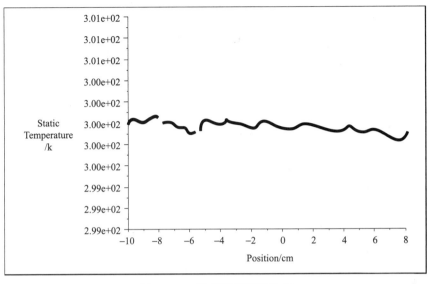

图 3-1-56 沿 Z 轴的温度分布

检查流动的连续性，就是要求流入容器的质量与流出容器的流体质量相等。

操作： Report →Flux…，打开流量报告设置对话框，如图 3-1-58 所示。

① 在 Options 项选择 Mass Flow Rate（质量流量）。

② 在 Boundaries 项选择 inlet-1、inlet-2 和 pressure-outlet。

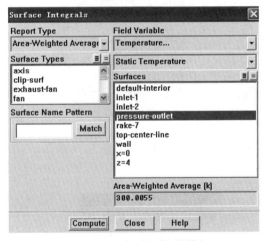

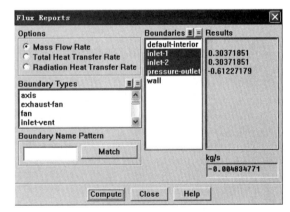

图 3-1-57 表面积分对话框　　　　图 3-1-58 流量报告设置对话框

③ 点击下面的 Compute 。

在 Results 下面得到经各截面流入（为正）、流出（为负）流体的质量；在右下角得到流入、流出的质量差约为 0.004 8 kg/s。误差很小，连续性是基本满足的。若要求更高的计算精度，可在残差监测对话框中降低收敛临界值，继续计算。

小　结

本节利用 FLUENT 的三维流动与传热的数值模拟计算功能，针对混合器内冷热水的流动与换热进行了模拟计算，并对计算结果进行了部分后处理。

课后练习

将图 3-1-59（a）所示大圆柱体的两端进行圆倒角设计，结构如图 3-1-59（b）所示。并适当减小圆锥体上端的直径（比如 d=16），其他结构相同，重新建模、划分网格并进行计算，将计算结果与前面的结果进行对比，分析结构对流动和能量交换的影响。

对于圆柱体两端的圆倒角操作如下。

操作：GEOMETRY 〔图〕→ VOLUME 〔图〕→ Blend 〔图〕，打开圆倒角对话框，如图 3-1-60 所示。

① 点击 Volumes 右侧黄色区域。

② 按住 Shift 键点击圆柱体。

③ 在 Define Blend Types 下点击 Edge ，打开圆倒角设置对话框，如图 3-1-61 所示。

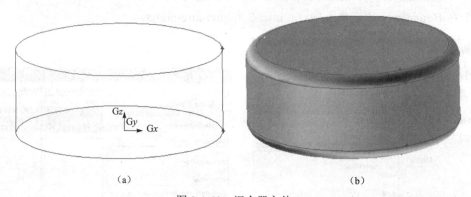

（a）　　　　　　　　　　　　　　　（b）

图 3-1-59　混合器主体

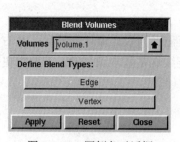

图 3-1-60　圆倒角对话框

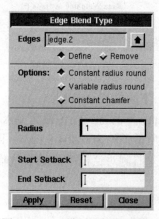

图 3-1-61　圆倒角设置对话框

（ⅰ）点击 Edges 右侧黄色区域。

（ⅱ）按住 Shift 键点击圆柱上部端面的边线，此时边线变为红色。

（ⅲ）在 Radius 右侧输入弯曲半径 1。

（ⅳ）点击 Apply，点击 Close，关闭对话框。

④ 点击 Apply，完成上端面的圆倒角操作。

对圆柱体下端面也进行相同的圆倒角操作，最后结果如图 3-1-59（b）所示。

第二节　圆管弯头段的三维流动

问题描述：水在一个直径为 100 mm 的管道内以平均速度 v =1 m/s 流动，经过一个等径的 90 度弯头后进入等径的圆形管道结构，如图 3-2-1 所示。对流动过程进行数值模拟计算，并分析弯管的局部损失。

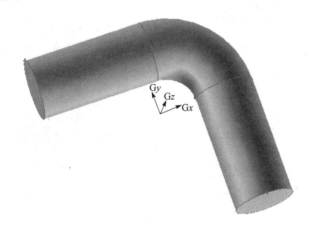

图 3-2-1　管路结构图

第 1 步　启动 GAMBIT

（1）在 D 盘根目录下建立一个名为 pipe 的文件夹

（2）建立工作目录和工作文件

① 点击 GAMBIT 图标，打开 GAMBIT 启动对话框，如图 3-2-2 所示。

② 点击 Working Directory 右侧的 Browse，找到 D 盘根目录下的 pipe 文件夹，点击确认。

③ 在 Session Id 右侧输入文件名 pipe。

④ 点击 Run，启动 GAMBIT。

第 2 步　创建管路

（1）创建圆环

操作：Geometry → Volume → Create _ Torus，打开创建圆环对话框，如图 3-2-3 所示。

① 在 Radius 1 右侧输入圆环中线半径 100。

② 在 Radius 2 右侧输入圆环管道半径 50。

③ 保留其他默认设置，点击 Apply，得到圆环管道，如图 3-2-4 所示。

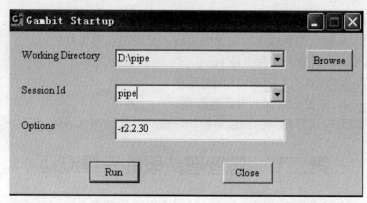

图 3-2-2 GAMBIT 启动对话框

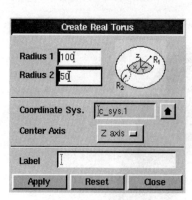

图 3-2-3 创建圆环对话框

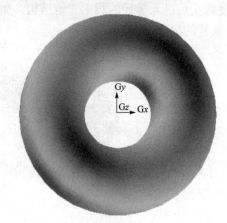

图 3-2-4 圆环示意图

（2）创建立方体

创建此立方体是用于切割圆环的，因为只需要圆环管道的四分之一部分作为管路中的弯头部分。

操作：Geometry ▣ → Volume ▱ → Create Brick ▭ ，打开创建立方体设置对话框，如图 3-2-5 所示。

① 在 Width（X）右侧输入 200。

② 在 Depth（Y）右侧输入 200。

③ 在 Height（Z）右侧输入 200。

④ 在 Direction 项保留默认设置 Centered。

⑤ 点击 Apply 。

（3）移动矩形体

操作：Geometry ▣ → Volume ▱ → Move/Copy/ Align ▱ ，打开体移动设置对话框，如图 3-2-6 所示。

① 点击 Volumes 右侧黄色区域。

② 按住 Shift 键点击矩形体边线。

③ 在 Global 项，x：100、y：100、z：0。

④ 保留其他默认设置，点击 Apply 。

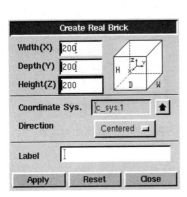

图 3-2-5　创建立方体对话框

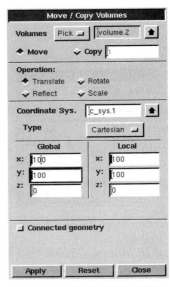

图 3-2-6　体移动设置对话框

（4）创建弯头

操作：Geometry ▦ → Volume ▢ →Boolean ⬭_⬭ Intersect，打开体布尔交运算对话框，如图 3-2-7 所示。

① 点击 Volumes 右侧黄色区域。

② 按住 Shift 键依次点击两个体的边线。

③ 点击 Apply，得到弯头，如图 3-2-8 所示。

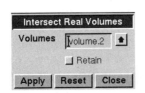

图 3-2-7　体布尔交运算对话框

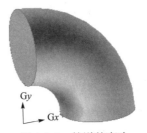

图 3-2-8　管道的弯头

（5）建立直管段

操作：Geometry ▦ → Volume ▢ → Create ▢_▢ Cylinder，打开创建圆柱体对话框，如图 3-2-9 所示。

① 建立沿 X 轴的直管道。

（ⅰ）在 Height 项输入管长 200。

（ⅱ）在 Radius 1 项输入管的半径 50。

（ⅲ）在 Axis Location 项选择 Negative X。

（ⅳ）保留其他默认设置，点击 Apply。

② 建立沿 Y 轴的直管道。在 Axis Location 项选择 Negative Y，保留其他设置，点击 Apply。

③ 移动管道。

操作：Geometry ▦ → Volume ▢ →Move/Copy/Align ↪，打开体移动对话框，如图

3-2-10 所示。

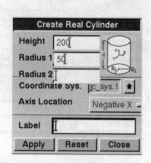

图 3-2-9　创建圆柱体对话框

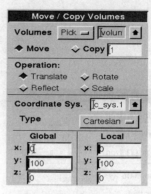

图 3-2-10　体移动对话框

（ⅰ）点击 Volumes 右侧黄色区域。

（ⅱ）按住 Shift 键点击沿 X 轴负方向的直管道。

（ⅲ）在 Global 项 x：0、y：100、z：0。

（ⅳ）点击下面的 Apply 。

选择沿 Y 轴负方向的直管道，在 Global 项 x：100、y：0、z：0，点击 Apply 。

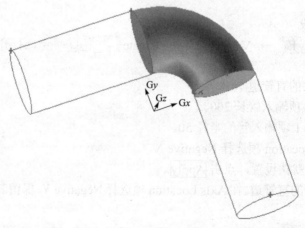

图 3-2-11　体布尔并运算对话框

（6）创建管路

操作：Geometry 📦 → Volume 📦 →Boolean 🔗，打开布尔并运算对话框，如图 3-2-11 所示。

① 点击 Volumes 右侧黄色区域。

② 按住 Shift 键依次点击三个体。

③ 不选择 Retain，点击 Apply 。

最后得到管道结构如图 3-2-12 所示。

第 3 步　创建网格

（1）设置边界层网格

操作：Mesh 🔲 → Boundary 🔲 → Create Boundary Layer 🔲，打开边界层网格设置对话框，如图 3-2-13 所示。

图 3-2-12　管道结构图

① 在 Algorithm 项选择 Aspect ratio based。

② 在 First percent 项输入 20。

③ 在 Growth factor（b/a）项输入网格间隔比 1.2。

④ 在 Rows 项输入边界层的层数 5。

⑤ 点击 Edges 右侧黄色区域。

⑥ 按住 Shift 键点击直管入口端线。

注意：此时会显示边界层网格的划分情况，若网格划分方向不符合要求，可按住 Shift 键用鼠标中键点击该线来改变划分方向。

⑦ 点击 $\boxed{\text{Apply}}$，得到入口端面的边界层网格，如图 3-2-14 所示。

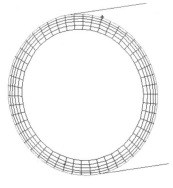

图 3-2-14 边界层网格

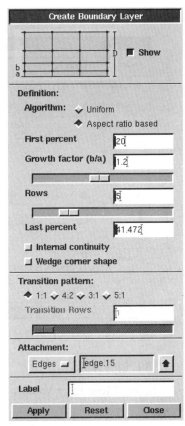

图 3-2-13 边界层网格设置对话框

⑧ 对话框中各选项及其意义如下：

（ⅰ）Algorithm 为确定第一行边界层高度的方法。

（ⅱ）Uniform 为边界层的高度均等。

（ⅲ）Aspect ratio based 为基于纵横比。从第二层开始网格相对于前一层的增长比例。

（ⅳ）First percent 为第一行的百分比。

（ⅴ）Growth factor（b/a）为增长比例。

（ⅵ）Rows 为边界层的层数。

（ⅶ）Last percent 为最后一行的百分比。

（ⅷ）Internal continuity 为内部连续性。

（ⅸ）Wedge corner shape 为楔形拐角的形状。

（ⅹ）Transition pattern 为网格模式。

（2）划分面网格

操作：Mesh ⊞ → Face ◻ → Mesh Faces ✎，打开面网格划分设置对话框，如图 3-2-15 所示。

① 点击 Faces 右侧黄色区域。

② 按住 Shift 键点击入口端面边线（可按住 Shift 键用鼠标中键点击该线进行选择）。

③ 在 Spacing 项选择 Interval size，输入网格长度 10。

④ 保留其他默认设置，点击 $\boxed{\text{Apply}}$，得到端面网格，如图 3-2-16 所示。

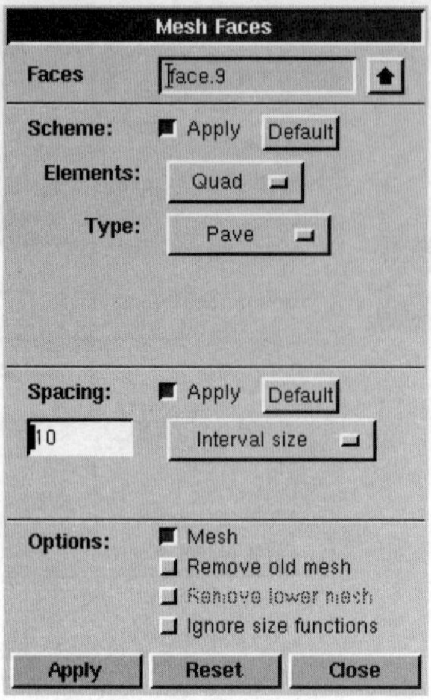

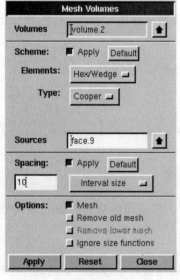

图 3-2-15　面网格划分设置对话框

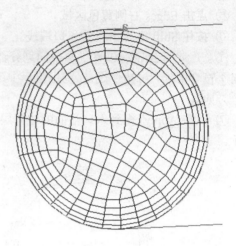

图 3-2-16　入口端面网格

（3）划分体网格

操作：Mesh $\boxplus$ → Volume $\square$ → Mesh Volumes $\boxtimes$，打开体网格设置对话框，如图 3-2-17 所示。

① 点击 Volumes 右侧黄色区域。

② 按住 Shift 键点击管道的边线。

③ 在 Spacing 项选择 Interval size，输入网格长度 10。

④ 保留其他默认设置，点击 $\boxed{\text{Apply}}$，得到管道体网格，如图 3-2-18 所示。

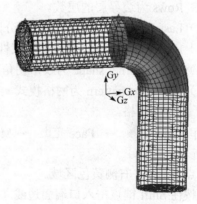

图 3-2-17　体网格设置对话框

图 3-2-18　管道网格图

第 4 步 设置边界类型

操作：Zones 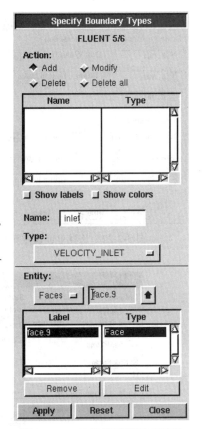 →Specify Boundary Type ，打开边界类型设置对话框，如图 3-2-19 所示。

（1）设置速度入口边界

① 在 Name 项输入边界名称 inlet。

② 在 Type 项选择 VELOCITY_INLET。

③ 点击 Faces 右侧黄色区域。

④ 按住 Shift 键点击入口端面的边线。

⑤ 点击 Apply 。

（2）设置自由出流边界

① 在 Name 项输入边界名称 outlet。

② 在 Type 项选择 OUTFLOW。

③ 点击 Faces 右侧黄色区域。

④ 按住 Shift 键点击出口端面的边线。

⑤ 点击 Apply 。

管壁边界不用设置，系统默认为是固壁边界，并取名 wall。

（3）输出网格

操作：File → Export → Mesh…，打开网格文件输出对话框，如图 3-2-20 所示。保留默认设置，点击 Accept 。

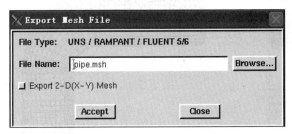

图 3-2-20 网格文件输出对话框

图 3-2-19 边界类型设置对话框

（4）退出 GAMBIT

操作：File → Exit，点击 Yes ，保存文件。

第 5 步 启动 FLUENT-3d

（1）启动 FLUENT

点击 FLUENT 图标，选择 3d 求解器，点击 Run 。

（2）读入网格文件

操作：File → Read → Case…，打开网格文件读入窗口，将 D 盘根目录下 pipe 文件夹中的 pipe.msh 网格文件读入系统。

（3）网格检查

操作：Grid → Check，信息窗口最后一行为 Done，表示网格检查通过了。

（4）网格信息

操作：Grid → Info → Size，网格信息如图 3-2-21 所示，其中显示有 12 550 个体网格单元等。

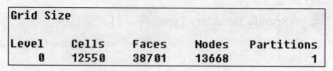

图 3-2-21　网格信息

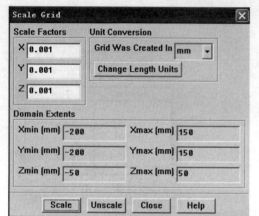

图 3-2-22　长度单位设置对话框

（5）设置长度单位

操作：Grid→Scale…，打开长度单位设置对话框，如图 3-2-22 所示。

① 在 Grid Was Created 右侧选择单位 mm。

② 点击 Change Length Units 。

③ 点击下面的 Scale ，点击 Close ，关闭对话框。

（6）显示网格

操作： Display → Grid…，打开网格显示设置对话框，如图 3-2-23 所示。

保留默认设置，点击 Display ，显示网格如图 3-2-24 所示。

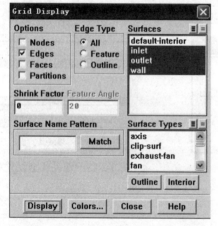

图 3-2-23　网格显示设置对话框

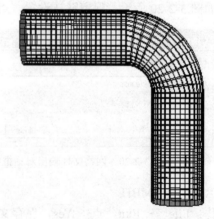

图 3-2-24　管道网格图

第 6 步　建立求解模型

（1）设置求解器

操作： Define → Models → Solver…，打开求解器设置对话框，保留默认设置，点击 OK 确认。

（2）设置湍流模型

操作： Define → Models →Viscous…，打开湍流模型设置对话框，如图 3-2-25 所示。

（3）设置流体的物理属性

操作：Define → Materials…，打开材料属性设置对话框，如图 3-2-26 所示。

① 在 Name 项输入流体的名字 water。

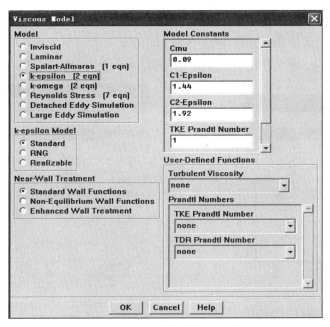

图 3-2-25　湍流模型设置对话框

② 在 Density 项输入水的密度 1 000。

③ 在 Viscosity 项输入水的动力黏度 0.001。

④ 点击 Change/Create，点击 Yes，点击 Close，关闭对话框。

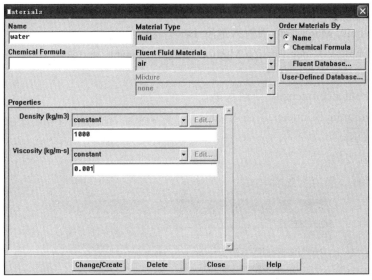

图 3-2-26　材料属性设置对话框

（4）设置操作条件

操作：Define → Operation Conditions…，保留默认设置，点击 OK。

（5）设置边界条件

操作：Define→Boundary Conditions…，打开边界条件设置对话框，如图 3-2-27 所示。

① 设置流体。

（i）在 Zone 项选择 fluid，在 Type 项为 Fluid。

（ii）点击 Set...，打开流体设置对话框，如图 3-2-28 所示。

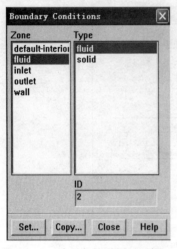

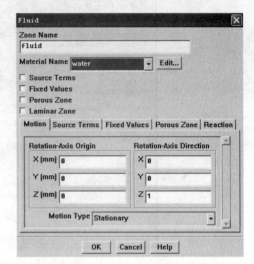

图 3-2-27　边界条件设置对话框　　　　　　　　图 3-2-28　流体设置对话框

（iii）在 Material Name 项选择 water，点击 OK。

② 设置速度入口。

（i）在 Zone 项选择 inlet，在 Type 项为 velocity-inlet。

（ii）点击 Set...，打开速度入口边界设置对话框，如图 3-2-29 所示。

（iii）在 Velocity Magnitude 项输入速度 1。

（iv）在 Turbulence Specification Method 项选择 Intensity and Hydraulic Diameter（湍流强度与水力直径）。

（v）在 Turbulence Intensity 项输入 1。

（vi）在 Hydraulic Diameter 项输入 100。

（vii）点击 OK。

③ 设置出流边界。

保留默认设置，点击 OK 确认。

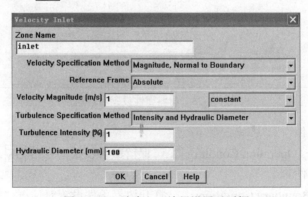

图 3-2-29　速度入口边界设置对话框

第7步 设置求解控制参数并求解

（1）设置求解控制参数

操作：$\boxed{\text{Solve}}$ → $\boxed{\text{Controls}}$ → Solution…，打开求解控制参数设置对话框，如图 3-2-30 所示。

保留默认设置，点击 $\boxed{\text{OK}}$ 确认。

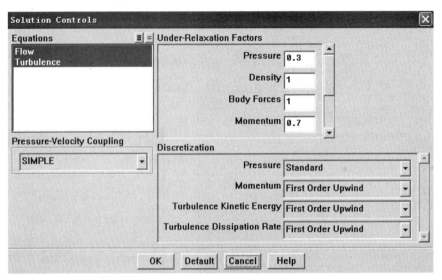

图 3-2-30　求解控制参数设置对话框

（2）流场初始化

操作：$\boxed{\text{Solver}}$ → $\boxed{\text{Initialize}}$ → Initialize…，打开流场初始化设置对话框，如图 3-2-31 所示。

进行图中所示设置，点击 $\boxed{\text{Init}}$。

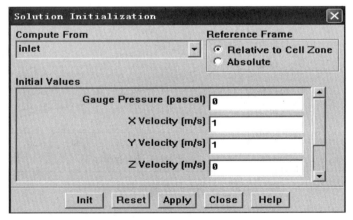

图 3-2-31　流场初始化设置对话框

（3）设置残差监视器

操作：Solve → Monitor → Residual…，打开残差监视器设置对话框，如图 3-2-32 所示。

① 在 Options 项选择 Print 和 Plot。

② 保留其他默认设置，点击 OK 。

（4）迭代计算

操作：Solve→Iterate…，打开迭代计算设置对话框，如图 3-2-33 所示。在 Number of Iterations 项输入最大迭代次数 100，点击 Iterate ，开始迭代计算。

经过 58 次迭代计算，残差达到收敛标准，残差监测曲线如图 3-2-34 所示。

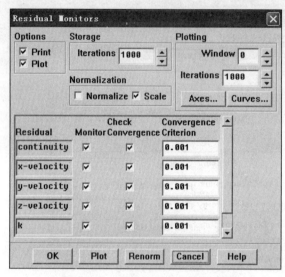

图 3-2-32　残差监视器设置对话框

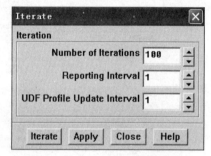

图 3-2-33　迭代计算设置对话框

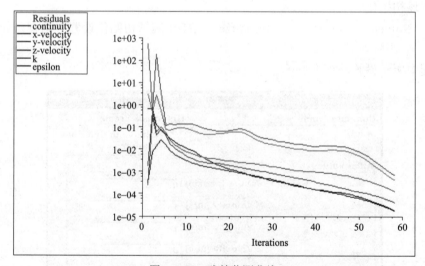

图 3-2-34　残差监测曲线

（5）保存文件

操作：File → Write → Case & Data…，打开保存文件对话框，点击 OK 。

第 8 步　计算结果的后处理

（1）管道受到的水流作用力

操作：Report → Forces…，打开作用力报告对话框，如图 3-2-35 所示。

① 沿 X 轴向的水流冲击力。

（ⅰ）在 Options 项选择 Forces。

（ⅱ）在 Force Vector 项设置 X=1，Y=0，Z=0。

（ⅲ）在 Wall Zones 项选择 wall。

（ⅳ）点击 Print，得到沿 X 轴向水流作用力，如图 3-2-36 所示。

② 沿 Y 轴向的水流冲击力。

在 Force Vector 项设置 X=0，Y=1，Z=0；点击 Print，得到沿 Y 轴向水流作用力，如图 3-2-37 所示。

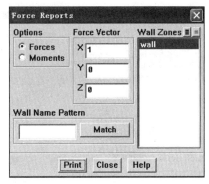

图 3-2-35 作用力报告对话框

```
Force vector: (1 0 0)
                         pressure        viscous          total
zone name                   force          force          force
                                n              n              n
------------------------  -------------  -------------  -------------
wall                        15.643456      0.22323361      15.86669
------------------------  -------------  -------------  -------------
net                         15.643456      0.22323361      15.86669
```

图 3-2-36 沿 X 向作用力报告

```
Force vector: (0 1 0)
                         pressure        viscous          total
zone name                   force          force          force
                                n              n              n
------------------------  -------------  -------------  -------------
wall                        14.425313     -0.28782129     14.137492
------------------------  -------------  -------------  -------------
net                         14.425313     -0.28782129     14.137492
```

图 3-2-37 沿 Y 向作用力报告

（2）建立观测面

操作：Surface → Iso-Surface…，打开等值面设置对话框，如图 3-2-38 所示。

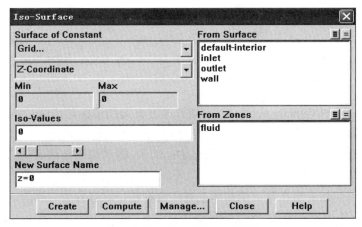

图 3-2-38 等值面设置对话框

① 在 Surface of Constant 项选择 Grid…和 Z-Coordinate。

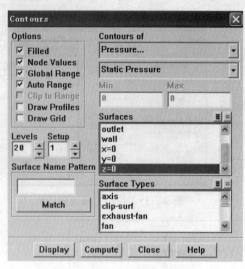

图 3-2-39 绘图设置对话框

② 在 Iso-Values 项输入值 0。

③ 在 New Surface Name 项输入平面的名字 Z=0。

④ 点击 Create，创建 Z=0 的切平面完毕。

⑤ 创建 x=0 的平面，命名为 x=0。

⑥ 创建 y=0 的平面，命名为 y=0。

（3）显示 z=0 平面上的流动参数分布

操作：Display → Contours...，打开绘制云图设置对话框，如图 3-2-39 所示。

① 绘制压力分布云图。

（ⅰ）在 Options 项选择 Filled。

（ⅱ）在 Contours of 项选择 Pressure...和 Static Pressure。

（ⅲ）在 Surfaces 项选择 z=0。

（ⅳ）点击 Display，得到压力分布云图，如图 3-2-40 所示。

② 绘制速度分布云图。

在 Contours of 项选择 Velocity...和 Velocity Magnitude，点击 Display，得到速度分布云图，如图 3-2-41 所示。

图 3-2-40 压力分布云图

图 3-2-41 速度分布云图

③ 显示速度矢量图。

操作：Display → Velocity Vectors...，打开速度矢量场设置对话框，如图 3-2-42 所示。

（ⅰ）在 Surfaces 项选择 z=0 平面，点击 Display，得到速度矢量图，如图 3-2-43 所示。

（ⅱ）在 Surfaces 项选择 y=0 平面，点击 Display，得到管道横截面上的速度矢量图，如图 3-2-44 所示。

由图 3-2-44 可明显看出在弯道横截面上有环流存在，这也称为二次流。

（4）创建与 YZ 平面夹角为-45 度的平面

操作：Surface → Iso-Surface...，打开等值面设置对话框，如图 3-2-45 所示。

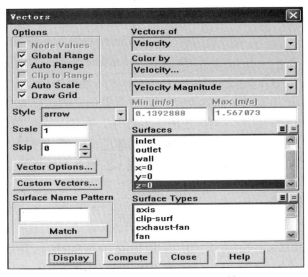

图 3-2-42　速度矢量场设置对话框

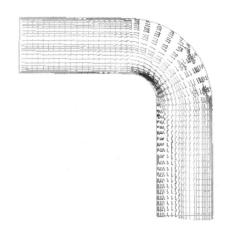

图 3-2-43　z=0 面的速度矢量图

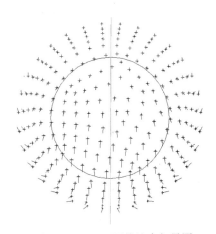

图 3-2-44　y=0 面的速度矢量图

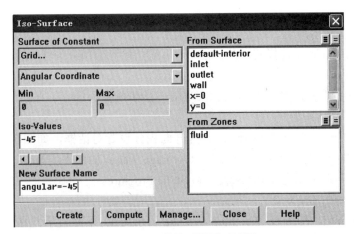

图 3-2-45　等值面设置对话框

① 在 Surface of Constant 项选择 Grid…和 Angular Coordinate。

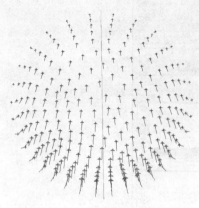

② 在 Iso-Values 项输入夹角–45（逆时针为正）。

③ 在 New Surface Name 项取名为 angular= –45。

④ 点击 Create，创建完毕。

（5）显示弯道截面上的速度矢量图

在图 3-2-42 中，在 Surfaces 项选择 angular=–45，点击 Display，得到速度矢量图，如图 3-2-46 所示。与图 3-2-44 相比，两个截面上的流动有较大的变化。

（6）显示流体质点轨迹

操作： Display → Pathlines，弹出流线设置对话框，如图 3-2-47 所示。

图 3-2-46　45度截面的速度矢量图

① 在 Release from Suefaces 项选择 inlet。

② 在 Path Skip 项设置为 5。

③ 点击 Display，得到流线图，如图 3-2-48 所示。

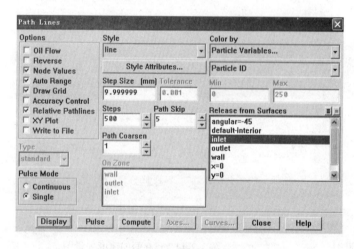

图 3-2-47　流线设置对话框

图 3-2-48　流体质点轨迹图

④ 流动的动态演示。

（i）在 Pulse Mode 项选择 Continuous。

（ii）点击 Pulse，开始演示流动过程。

注意：此按钮同时变为 Stop!，点击 Stop!可停止动画演示。

（7）弯头的阻力损失

操作：Report → Surface Integrals…，打开面积分设置对话框，如图 3-2-49 所示。

① 在 Report Type 项选择 Area-Weighted Average（面积加权平均）。

② 在 Field Variable 项选择 Pressure…和 Static Pressure。

③ 在 Surfaces 项选择 x=0。

④ 点击 Compute。在 Area-Weighted Average （pascal）下面显示此平面上的面积加权平均压强为 987.435 Pa。

⑤ 在 Surfaces 项选择 y=0，点击 $\boxed{\text{Compute}}$。在 Area-Weighted Average （pascal）下面显示此平面上的面积加权平均压强为 825.781 Pa。

⑥ 弯头的流动损失。

（ⅰ）水头损失。

$$h = \frac{\Delta p}{\rho g} = \frac{987.435 - 825.781}{1\,000 \times 9.81} = 0.0165\,\text{mH}_2\text{O}$$

（ⅱ）弯头的局部损失系数。

$$\xi = \frac{h}{\dfrac{v^2}{2g}} = \frac{2gh}{v^2} = \frac{2 \times 9.81 \times 0.016\,5}{1^2} = 0.323\,3$$

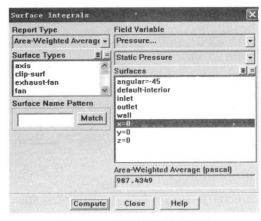

图 3-2-49 面积分设置对话框

课后练习

设置不同的入口速度，绘制弯头局部损失系数与入口雷诺数的关系曲线。本例中的入口雷诺数为

$$Re = \frac{VD}{\nu} = \frac{1 \times 0.1}{0.001/\rho} = 10^5$$

属于湍流流动。

第三节 三维稳态热传导问题

问题描述：铜制轴承盖如图 3-3-1 所示，轴承盖外径为 200 mm，长 50 mm；内孔直径为 60 mm，厚 20 mm；内腔为圆锥形，端面处圆锥直径为 160 mm，另一端直径为 140 mm；盖上均布有 4 个直径为 20 mm 的散热孔。内孔因轴承发热而吸收热量，内外腔壁面为对流边界，端面为绝热边界，计算此轴承盖的温度分布情况。

这是一个纯固体导热问题。本节将通过求解能量方程来处理固体三维稳态热传导问题。

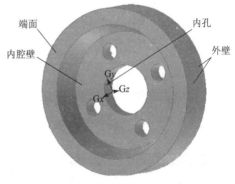

图 3-3-1 铜轴承盖结构示意图

一、利用 GAMBIT 建立计算模型

第 1 步 启动 GAMBIT 创建基本结构

（1）在 D 盘根目录下建立名为 conduction 的文件夹

（2）双击 GAMBIT 图标，启动 GAMBIT

在 GAMBIT 启动对话框内进行如图 3-3-2 所示的设置，将 D:\conduction 作为工作目录，并建立名为 conduction 的文件。点击 $\boxed{\text{Run}}$，启动 GAMBIT。

（3）创建大圆柱体

操作：GEOMETRY ▣ → VOLUME ▱ → CREATE VOLUME ▱_▱ Cylinder，打开创建圆柱体对话框，如图 3-3-3 所示。

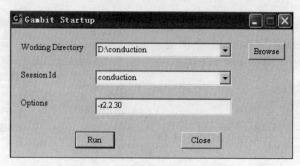

图 3-3-2　GAMBIT 启动对话框

① 在 Height 右侧输入圆柱体高 50。
② 在 Radius 1 右侧输入圆柱体半径 100。
③ 在 Axis Location 项为 Positive Z（圆柱体高度沿 Z 轴正方向）。
④ 点击 Apply，创建完毕。

（4）创建圆锥体形内腔

圆柱体内腔为一个圆锥形。故先创建一个圆锥体，然后用大圆柱体减去此圆锥体。

① 创建圆锥体。

操作：GEOMETRY ▢ → VOLUME ▢ → CREATE VOLUME ▢_ ⬡ Frustum，打开创建圆锥体对话框，如图 3-3-4 所示。

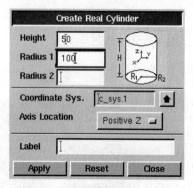

图 3-3-3　创建圆柱体对话框

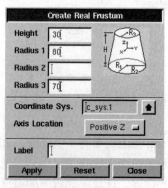

图 3-3-4　创建圆锥体对话框

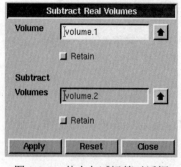

图 3-3-5　体布尔减运算对话框

（ⅰ）在 Height 右侧输入圆锥体高 30。
（ⅱ）在 Radius 1 右侧输入圆锥体大半径 80。
（ⅲ）在 Radius 3 右侧输入圆锥体小半径 70。
（ⅳ）保留其他默认设置，点击 Apply，创建完毕。
② 用大圆柱体减去此圆锥体形成内腔。

操作：GEOMETRY ▢ → VOLUME ▢ → ⬡ _ ⬡ Subtract，打开体布尔减运算对话框，如图 3-3-5 所示。

（ⅰ）点击 Volume 右侧空白区域。
（ⅱ）按住 Shift 键点击大圆柱体表面。
（ⅲ）点击 Subtract Volumes 右侧黄色区域。
（ⅳ）按住 Shift 键点击圆锥体表面。

（v）保留其他默认设置，点击 Apply，内腔创建完毕。

注意：若选择 Retain，则保留原体。

（5）创建内孔

① 创建小圆柱体。

操作：GEOMETRY ▣ →VOLUME ▢ → CREATE VOLUME ▢_▢ Cylinder，打开创建圆柱体对话框，进行如图 3-3-6 所示的设置，点击 Apply。

② 用 Volume.1 减去此小圆柱体，得到新的体，如图 3-3-7 所示。

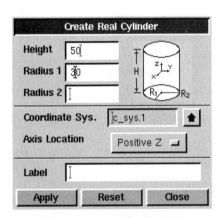

图 3-3-6　创建圆柱体对话框

图 3-3-7　圆盘示意图

（6）创建散热孔

散热孔由 4 个直径为 20 的小孔形成，这 4 个孔均匀分布。

① 创建小圆柱体，设置如图 3-3-8 所示。

② 将此小圆柱体沿 Y 轴上移 50 个单位。

操作：GEOMETRY ▣ → VOLUME ▢ → MOVE/COPY/ALIGN，打开体移动设置对话框，如图 3-3-9 所示。

（i）点击 Volumes 右侧黄色区域。

（ii）按住 Shift 键点击新创建的小圆柱体表面。

（iii）在 Global 下的 y 项输入移动距离 50。

（iv）保留其他默认设置，点击 Apply。

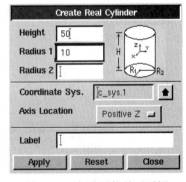

图 3-3-8　创建圆柱体对话框

③ 复制小圆柱体。将此圆柱体绕 Z 轴每隔 90°复制一个，共复制 3 个。

（i）点击 Volumes 右侧黄色区域。

（ii）按住 Shift 键点击小圆柱体表面。

（iii）选择 Copy 操作，并输入 3（复制 3 个）。

（iv）在 Operation 项选择 Rotate。

（v）在 Angle 右侧输入转动角度 90。

（vi）注意到 Axis 下面的转动轴为（0，0，0）→（0，0，1），为 Z 轴，点击 Apply（如图 3-3-10 所示）。

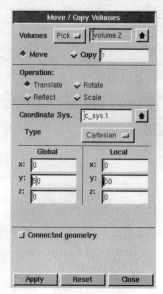

图 3-3-9　体移动设置对话框

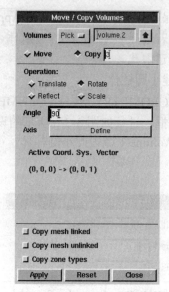

图 3-3-10　体移动设置对话框

④ 用 Volume.1 减去这四个小圆柱体，得到最后的轴承盖结构，如图 3-3-11 所示。

第 2 步　网格划分

操作：MESH → VOLUME → MESH VOLUMES，打开体网格划分设置对话框，如图 3-3-12 所示。

① 点击在 Volumes 右侧黄色区域。

② 按住 Shift 键点击所创建的体。

③ 在 Elements 项选择 Tet/Hybrid。

④ 在 Type 项选择 TGrid（非结构的三角形网格）。

⑤ 在 Spacing 项选择 Interval size，并输入网格尺度 5。

⑥ 保留其他默认设置，点击 Apply。局部网格的划分情况如图 3-3-13 所示。

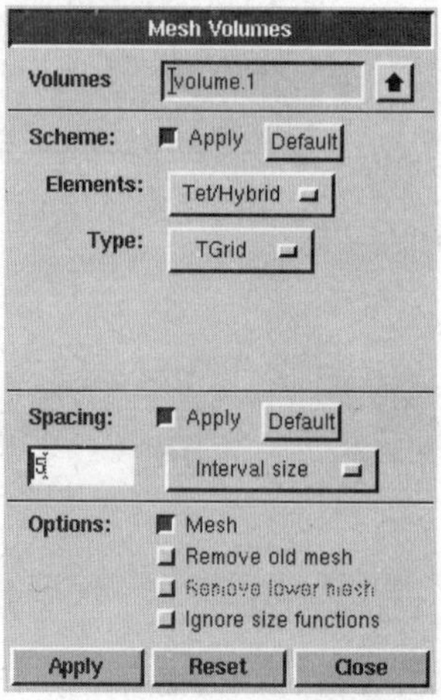

图 3-3-11　轴承盖结构图

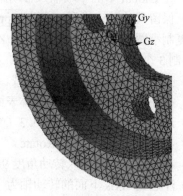

图 3-3-12　网格划分设置对话框

图 3-3-13　铜轴承盖网格

第3步 边界条件设置及网格文件输出

（1）关闭网格显示

操作：点击右下角的 图标，打开显示属性设置对话框，如图 3-3-14 所示。

① 选 Mesh 和右侧的 Off。

② 点击 Apply。关闭网格显示。

（2）确定区域为固体

操作：ZONES → SPECIFY CONTINUUM TYPES ，打开区域定义对话框，如图 3-3-15 所示。

① 在 Action 项选则 Add。

② 在 Name 右侧填入材料名 solid。

③ 在 Type 项选则 SOLID。

④ 点击 Entity 下 Volumes 右侧黄色区域。

⑤ 按住 Shift 键点击所创建的体。

⑥ 点击 Apply，设置完毕。

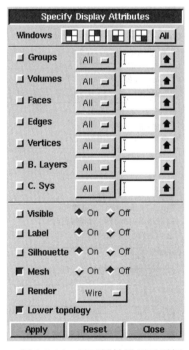

图 3-3-14 显示属性设置对话框

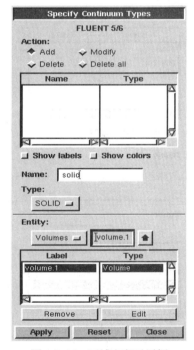

图 3-3-15 区域定义对话框

（3）确定边界类型

操作：ZONES → SPECIFY BOUNDARY TYPES ，打开边界类型定义对话框，如图 3-3-16 所示。轴承盖内孔圆柱面命名为 heat-surf，类型为 WALL，是加热边界；外壁表面命名为 out-surf，类型为 WALL，是对流换热边界；端面命名为 abs-surf，类型为 WALL，是绝热边界；其他的面默认名为 wall 的固壁，是对流换热边界。

① 在 Action 项选 Add。

② 在 Name 项填入 head_surf。

③ 在 Type 项选择 WALL。

④ 点击 Faces 右侧黄色区域。

⑤ 按住 Shift 键点击内孔表面。

⑥ 点击 Apply。

至此，已将内孔表面设置成名为 head_surf（face.8）、类型为 WALL 的固壁边界。用类似的操作，创建端面（abs-surf：face.1）、外壁（out-surf：face.2、face.3）的边界；其余面属于缺省壁面 Wall，即轴承盖内腔壁面。

（4）网格检查

网格划分完毕后，一般要进行网格质量检查，主要检查网格的扭曲度等。

操作：点击右下角 图标，打开网格检查对话框，如图 3-3-17 所示。

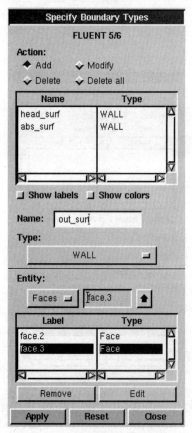

图 3-3-16　边界类型定义对话框

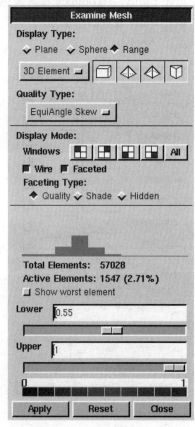

图 3-3-17　网格检查对话框

① 在 Display Type 项选 Range。

② 在 3D Element 的右边：点击四项，表示各种网格都选择在内。

③ 在 Quality Type 项选择 EquiAngle Skew（网格扭曲度，为 0 最好，一般来说应该小于 0.9）。

④ 在 Lower 项，拖动滑块到任意值，查看扭曲度大于此值的网格数量和分布。

这样就可以看到总的网格数及网格质量分布情况。在 Lower 文本框中键入不同的分数值或拉动 Lower 下的滚动条，可以检查不同质量网格的分布位置。图 3-3-17 显示网格质量为 0.55 以上的网格占总网格数的 2.71%左右。

（5）输出网格文件

操作： File →Export →Mesh…，打开网格文件输出对话框，如图 3-3-18 所示。

① 在 File Name 右侧键入网格文件名 conduction.msh。

② 保留其他默认设置，点击 Accept 。

③ 保存 GAMBIT 的 dbs 文件，退出 GAMBIT。

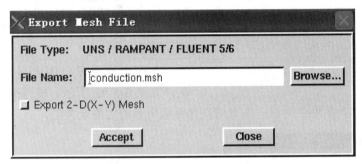

图 3-3-18　输出网格文件

二、利用 FLUENT-3d 求解器进行数值模拟计算

第 1 步　启动 Fluent-3d，读入网格文件

（1）启动 FLUENT 的 3d 版本，读入网格文件

操作： File → Read →Case…，读入 D 盘根目录下 conduction 文件夹中的网格文件 conduction.msh 文件。

（2）检查网格

操作： Grid →Check

在信息反馈窗口中显示出网格检查信息，注意最小网格体积不能为负，最后一行一定是 Done，表示网格检查通过。

（3）网格信息

操作： Gride → Info → Size

在信息反馈窗口中显示出网格信息，如图 3-3-19 所示。其中显示有 57 028 个体单元等。

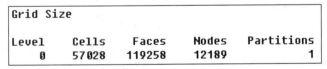

图 3-3-19　网格信息

（4）设置长度单位

在 GAMBIT 建模中，是以 mm 为单位进行的，而 FLUENT 默认单位为 m，故需重新设置长度单位。

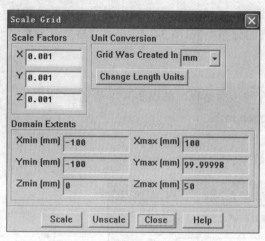

图 3-3-20　长度单位设置对话框

操作：$\boxed{\text{Grid}}$ →Scale…，打开长度单位设置对话框，如图 3-3-20 所示。

① 在 Grid Was Created 项选择 mm。

② 点击 $\boxed{\text{Change Length Units}}$。

③ 点击 $\boxed{\text{Scale}}$，点击 $\boxed{\text{Close}}$，关闭对话框。

（5）显示网格

确定了长度单位后，可以显示一下网格划分的情况。

操作：$\boxed{\text{Display}}$ →Grid…，打开网格显示对话框，如图 3-3-21 所示，保留默认设置，点击 $\boxed{\text{Display}}$。

在图形显示窗口中将显示网格的划分情况，如图 3-3-22 所示。使用鼠标左键可以旋转网格，中键可以放大或缩小网格，右键可查询网格所属的边界及类型。

图 3-3-21　网格显示对话框

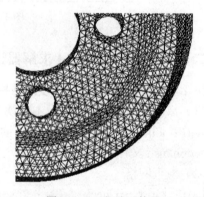

图 3-3-22　部分网格显示

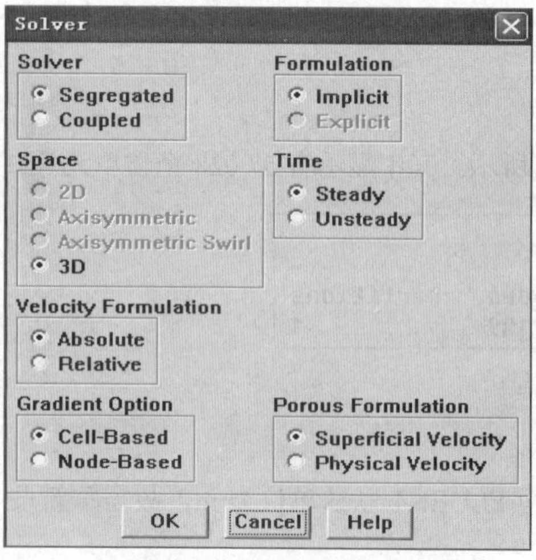

第 2 步　设置求解器

（1）选取非耦合求解器

操作：$\boxed{\text{Define}}$→$\boxed{\text{Models}}$→Solver…，打开求解器设置对话框，如图 3-3-23 所示，保留默认设置，点击 $\boxed{\text{OK}}$。

（2）求解能量方程

操作：$\boxed{\text{Define}}$→$\boxed{\text{Models}}$→Energy…，打开能量方程选择对话框。选择 Energy Equation，点击 $\boxed{\text{OK}}$。本节问题，在求解时仅需求解能量方程。

第 3 步　设置固体材料

操作：$\boxed{\text{Define}}$→Materials…，打开材料设置对话框，如图 3-3-24 所示。

图 3-3-23　求解器设置对话框

（1）选择固体材料

① 在 Material Type 下拉列表中，选 solid，这时 Name 项的默认名为 Aluminum。

② 点击右边 Fluent Database... ，打开材料选择对话框，如图 3-3-25 所示。

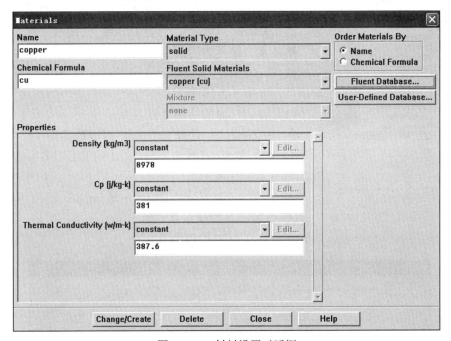

图 3-3-24　材料设置对话框

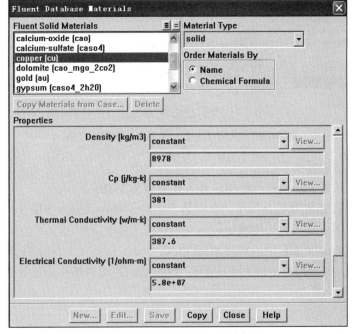

图 3-3-25　材料选择对话框

③ 在 Material Type 下拉列表中，选择 solid。

④ 在 Fluent Solid Materials 下拉列表中，选择 copper（cu）。

⑤ 点击 Copy，点击 Close，关闭对话框。

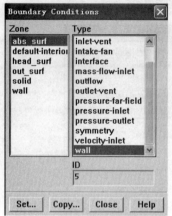

图 3-3-26 边界条件设置对话框

（2）确认固体材料属性

可以对所选材料的属性进行修改。保留材料的默认属性设置，点击 Change/Create，点击 Close，关闭对话框。

第 4 步　设置边界条件

操作：Define→Boundary Conditions…，打开边界条件设置对话框，如图 3-3-26 所示。

（1）设置端面的绝热边界条件

① 在 Zone 下，选择 abs-surf；对应边界条件类型为 Wall。

② 点击 Set，打开名为 abs-surf 的壁面边界条件设置对话框，如图 3-3-27 所示。

③ 在 Material Name 下拉表中选 copper。

④ 保留其他默认设置，点击 OK。

端面的边界条件为绝热边界条件，即 Heat Flux 值为 0 W/m^2。

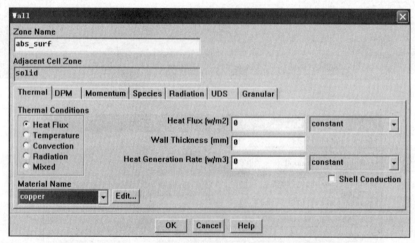

图 3-3-27　壁面（绝热）边界条件设置对话框

（2）设置内孔热边界条件

① 在 Zone 项选择 heat-surf；对应边界条件类型为 Wall。

② 点击 Set，打开名为 heat-surf 的壁面边界条件设置对话框，如图 3-3-28 所示。

③ 在 Material Name 下拉表中选 copper。

④ 在 Thermal Conditions 项，选择 Heat Flux。

⑤ 在 Heat Flux[W/m^2]右侧键入 400 000；内孔壁面的边界条件为加热边界条件，其值为 400 kW/m^2。

⑥ 点击 OK。

（3）设置外壁面对流换热边界条件

① 在 Zone 项选 out_surf，对应边界条件类型为 Wall。

② 点击 Set，打开名为 out-surf 的壁面边界条件设置对话框，如图 3-3-29 所示。

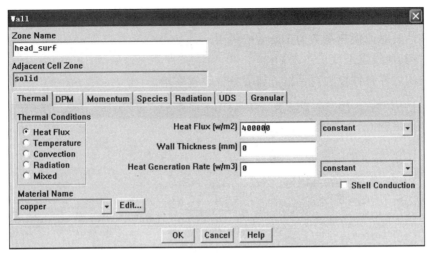

图 3-3-28　壁面（加热）边界条件设置对话框

③ 在 Material Name 下拉列表中选择 copper。

④ 在 Thermal Conditions 项选择 Convection。

⑤ 在 Heat Transfer Coefficient[W/m² · k]右侧，键入 50；外壁面的边界条件为对流换热边界条件，其对流换热系数为 50 W/m² · k。

⑥ 保留其他默认设置，点击 OK。

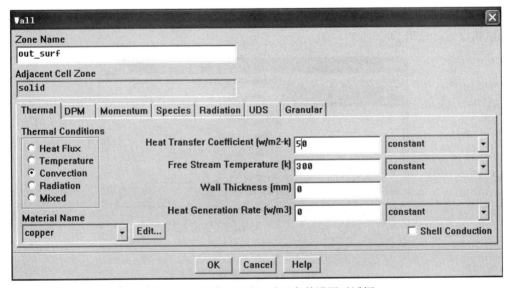

图 3-3-29　壁面（对流）边界条件设置对话框

（4）设置内腔对流换热边界条件

① 在 Zone 下，选 wall，对应边界条类型为 Wall。

② 点击 Set，打开名为 wall 的壁面边界条件设置对话框，如图 3-3-30 所示。

③ 在 Material Name 下拉表中选 copper。

④ 在 Thermal Conditions 下单选 Convection。

⑤ 在 Heat Transfer Coefficient[W/m² · k]右侧，键入 150，内腔壁面的边界条件为对流换热边界条件，其对流换热系数为 150 W/m² · k。

⑥ 保持其他设置不变，点击 OK。

最后关闭边界条件设置对话框，边界条件设置完毕。

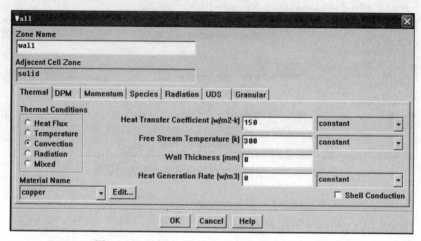

图 3-3-30 壁面（对流）边界条件设置对话框

第5步　设置求解控制参数并求解

（1）设置求解控制参数

操作：Solve→Controls→Solution...，打开求解控制参数设置对话框，如图 3-3-31 所示。保留默认设置，点击 OK。

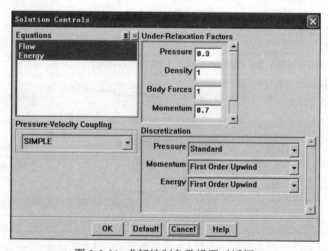

图 3-3-31 求解控制参数设置对话框

（2）区域初始化

整个计算区域初始化后才能进行迭代计算。

操作：Solve → Initialize →Initialize...，打开求解初始化对话框，如图 3-3-32 所示。

① 保留默认设置，点击 Init。

② 点击 Close，关闭对话框。

因为本节为固体的热传导问题，不涉及流动，故 X、Y、Z 方向的速度为 0；对流换热过程以边界条件的方式处理。

（3）设置残差监视器

操作：$\boxed{\text{Solve}}$ → $\boxed{\text{Monitors}}$ →Residual…，打开残差监视器设置对话框，如图 3-3-33 所示。

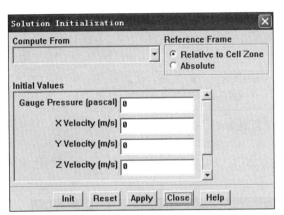

图 3-3-32 求解初始化对话框

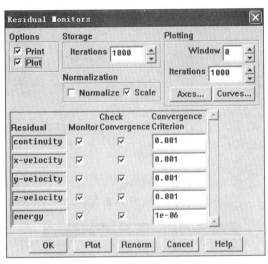

图 3-3-33 残差监视器设置对话框

① 在 Options 项选择 Print 和 Plot。

② 保留其他默认设置，点击 $\boxed{\text{OK}}$。

（4）迭代求解

操作：$\boxed{\text{Solve}}$ →Iterate…，打开迭代计算设置对话框，如图 3-3-34 所示。

① 在 Number of Iterations 右侧输入最大迭代次数 50。

② 点击 $\boxed{\text{Iterate}}$，开始迭代计算。

迭代计算 9 次后，残差收敛，残差监测曲线如图 3-3-35 所示。由残差监测曲线可看出，计算过程中仅仅用到了能量方程。

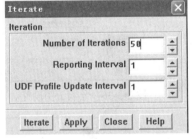

图 3-3-34 迭代计算设置对话框

第 6 步 计算结果的后处理

（1）显示温度等高线图

操作：$\boxed{\text{Display}}$ →Contour…，打开绘图设置对话框，如图 3-3-36 所示。

① 在 Options 项选择 Filled（绘制云图）。

② 在 Contour of 下拉列表中，选 Temperature…和 Static Temperature。

③ Surfaces 下拉列表中，选取需要显示的壁面 abs-surf、out-surf、heat-surf 和 wall。

④ 点击 $\boxed{\text{Display}}$。

（2）灯光设置

操作：$\boxed{\text{Display}}$ →Lights…，打开灯光设置对话框，如图 3-3-37 所示。

① 在 Lighting Method 下拉列表中，选 Flat。

② 保留其他默认设置，点击 $\boxed{\text{Apply}}$。

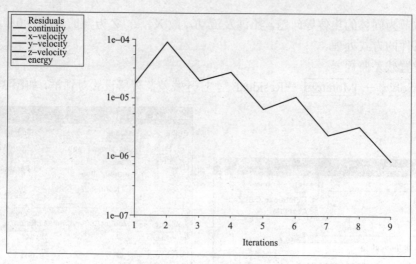

图 3-3-35　残差监测曲线

显示轴承盖的温度分布如图 3-3-38 所示。

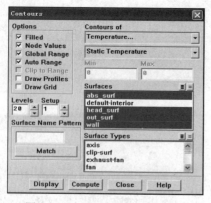

图 3-3-36　绘制云图设置对话框

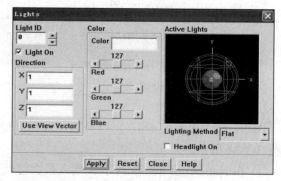

图 3-3-37　灯光设置对话框

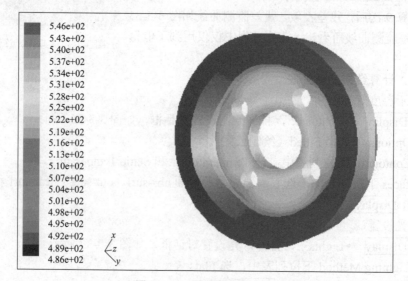

图 3-3-38　轴承盖温度分布

小　结

本节利用求解能量方程处理固体热传导问题。读者可以通过本例学到固体计算域的定义，材料的选取和不同热边界条件的处理。

第四节　沙尘绕流建筑物问题——DPM 模型的应用

问题描述：地面有一厚 1 m、宽 6 m、高 4 m 的矩形建筑物，如图 3-4-1 所示。空气（含沙粒）以 5 m/s 的速度正面流向此建筑物，用 FLUENT 对空气绕流建筑过程进行模拟计算。

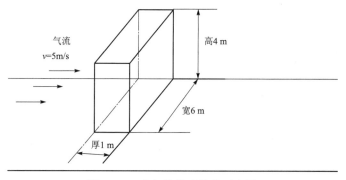

气流
v=5m/s

高4 m

宽6 m

厚1 m

图 3-4-1　空气绕流建筑物示意图

分析：对于地面上的对称建筑物，由于风沙自正面吹过来，流场有一个对称面，此对称面两侧的流动是完全相同的，所以只要计算对称面一侧的流动即可。故这是一个面对称的三维二相流动问题。对于风沙问题的求解策略是先求不含沙尘的空气流动，再求含有沙尘的风沙问题。

对于空间流动区域的选择问题，为了减小边界的影响，区域应该尽量大，但这会带来计算量的增大。因此选择适当的流动空间是一个经验问题。在这里，选取的空间如下：建筑物前方 15 m、后方 34 m、上方 16 m、侧方 12 m，这样相当于建立一个 50×15×20 m 的计算区域，其边界面有入口、出口、对称切面、地面、侧面和顶部六个面。

第 1 步　启动 GAMBIT

（1）在 D 盘根目录下建立名为 building 的文件夹

（2）点击 GAMBIT 图标，将 D:\building 作为当前工作目录

（3）建立新文件

如图 3-4-2 所示，文件名为 building，点击 Run。

图 3-4-2　创建新文件

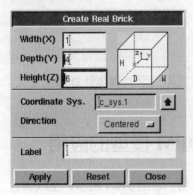

图 3-4-3　矩形体创建对话框

第 2 步　建立流域

由前面的分析可知，考虑到边界的影响，流域的高度应是一个 $50 \times 15 \times 20$ m 的矩形区域。里面有一个 $1 \times 3 \times 4$ m 的矩形建筑物。

（1）建立小矩形体

操作：Geometry Command Button ▣ → Volume Command Button ▱ → Create Volume ▱，打开矩形体创建对话框，如图 3-4-3 所示。

① 在 Width 右侧输入 1。

② 在 Depth 右侧输入 4。

③ 在 Height 右侧输入 6。

④ 点击 Apply。

注意：在 Direction 项默认为 Centered，意为中心对称。

（2）创建流域外围大矩形体

① 在 Width 右侧输入厚度长度 50。

② 在 Depth 右侧输入高度 20。

③ 在 Height 右侧输入宽度 30。

④ 点击 Apply。

（3）移动矩形体

① 将小矩形体移动到 $z = 0$ 的平面上

操作：Geometry Command Button ▣ →Volume Command Button ▱ → Move/Copy/Aligh ▱，打开体移动对话框，如图 3-4-4 所示。

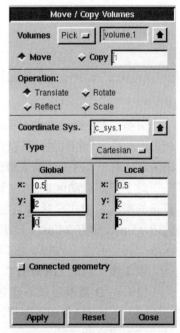

图 3-4-4　体移动对话框

（ⅰ）点击 Volumes 右侧黄色区域。

（ⅱ）按住 Shift 键点击小矩形体。

（ⅲ）在 Global 项 x 右侧输入 0.5；在 y 右侧输入 2；z 项输入 0。

（ⅳ）点击 Apply。

② 移动大矩形体。

（ⅰ）点击 Volumes 右侧黄色区域。

（ⅱ）按住 Shift 键点击大矩形体。

（ⅲ）在 Global 项 x 右侧输入 10；在 y 右侧输入 10，z 项输入 0。

（ⅳ）点击 Apply。

（4）大矩形体减去小矩形体

操作：Geometry Command Button ▣ → Volume Command Button ▱ → Boolean ◎_◎ Subtract，打开体的布尔减运算对话框，如图 3-4-5 所示。

① 点击 Volume 右侧黄色区域。

② 按住 Shift 键点击大矩形体。

③ 点击 Subtract Volumes 右侧黄色区域。

④ 按住 Shift 键点击小矩形体。

⑤ 点击 Apply，点击 Close。

（5）创建切割面

创建一个 XY 平面内的切割面，将流域切割为对称的两半，删除其中的一半，只取一半作为计算区域。

操作：Geometry ▣ → Face ⬜ → Move/Copy/Align ↗⬚，打开面复制对话框，如图 3-4-6 所示。

① 点击 Faces 右侧黄色区域。

② 按住 Shift 键点击位于 z =15 的面（流域的外侧面，按住 Shift 键用鼠标中键点击同一线段，可选择不同的面）。

③ 选择 Copy 操作。

④ 在 Operation 项选择 Translate。

⑤ 在 Global 项 x = 0，y =0，z =−15。

⑥ 保留其他默认设置，点击 Apply。

（6）对流域进行对称分割

操作：Geometry ▣ → Volume ⬜ → Split/Merge 🔲，打开体分割对话框，如图 3-4-7 所示。

① 点击 Volume 右侧黄色区域。

② 按住 Shift 键点击流域边线。

③ 在 Split With 下拉列表中选择 Face（Real）。

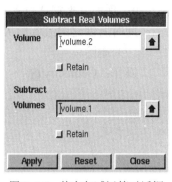

图 3-4-5　体布尔减运算对话框

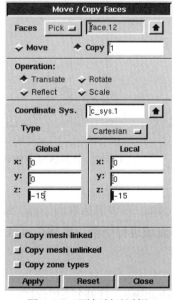

图 3-4-6　面复制对话框

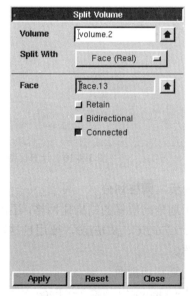

图 3-4-7　体分割对话框

④ 点击 Face 右侧黄色区域。

⑤ 按住 Shift 键点击位于 XY 平面内的切割面。

⑥ 保留其他默认设置，点击 Apply 。

此时所创建的流域形状如图 3-4-8 所示。

（7）删除体

操作：Geometry ▣ → Volume ▢ → Delete ✎ ，打开体删除对话框，如图 3-4-9 所示。

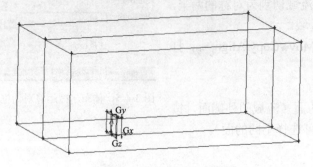

图 3-4-8　完整对称流域图

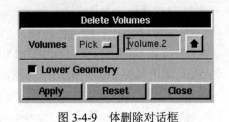

图 3-4-9　体删除对话框

① 点击 Volumes 右侧黄色区域。

② 按住 Shift 键点击位于 Z 轴负方向体的边线。

③ 保留其他默认设置，点击 Apply 。

所创建的图形如图 3-4-10 所示，建筑物的一半如图 3-4-11 所示。

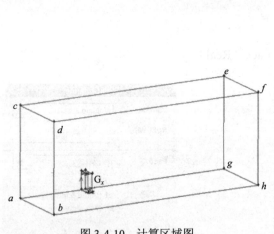

图 3-4-10　计算区域图

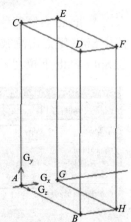

图 3-4-11　计算区域中的建筑体

第 3 步　网格划分

为了划分高质量的结构化网格，还需要对区域进行切割。小矩形体有四个面，即 *ABDCA*、*EFHGE*、*CDFEC*、*BDFHB*，要用过这四个面的平面将流域进行切割，将整个流域切割成 11 个矩形体。

（1）复制切割面

操作：Geometry ▣ → Face ▢ → Move/Copy/Align ✎ ，打开复制面设置对话框，如图 3-4-6 所示。

① 将 *abdca* 面复制到 *ABDCA* 面处。

（i）选择 *abdca* 面；

（ii）在 Global 项设置 x=15、y=0、z=0，点击 Apply 。

② 将 *abdca* 面复制到 *EFHGE* 面处。

（i）选择 *abdca* 面。

（ii）在 Global 项设置 x=16、y=0、z=0，点击 Apply 。

③ 将 *cdfec* 面复制到 *CDFEC* 面处。

（i）选择 *cdfec* 面；

（ii）在 Global 项设置 x=0、y=−16、z=0，点击 Apply 。

④ 将 *bdfhb* 面复制到 *BDFHB* 面处。

（i）选择 *bdfhb* 面；

（ii）在 Global 项设置 x=0、y=0、z=−12，点击 Apply 。

操作完成后，图形如图 3-4-12 所示。可以看到，多出了 4 个由天蓝色线围成的切割面。

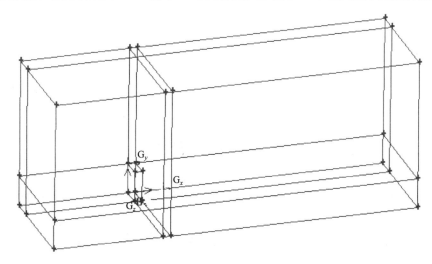

图 3-4-12　待切割的计算区域

（2）用切割面将流域进行切割

操作：Geometry → Volume → Split/Merge ，打开体切割对话框，如图3-4-7所示。

① 用 *ABDCA* 面处的切割面切割流域。

（i）在 Volume 右侧选择流域，在 Split With 项选择 Face（Real）。

（ii）在 Face 项选择位于 *ABDCA* 面处的切割面。

（iii）不选择 Retain（不保留切割面），点击 Apply ，将流域切割成两个区域。

② 用 *EFHGE* 面处的切割面切割流域，将流域切割成 3 个区域。（操作同上）

③ 用 *BDFHB* 面处的切割面切割流域，对 3 个区域分别进行切割，形成 6 个矩形体。

注意：有 3 个区域要用同一个切割平面进行切割，所以对前两个区域切割时要对切割平面进行保留，设置如图 3-4-13 所示。

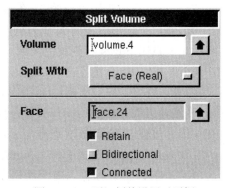

图 3-4-13　面切割体设置对话框

④ 用 *CDFEC* 面处的切割面切割流域。

要对 5 个区域进行切割，形成 11 个矩形体。对前 4 个区域切割时注意保留切割面，操作完成后的流域如图 3-4-14 所示。

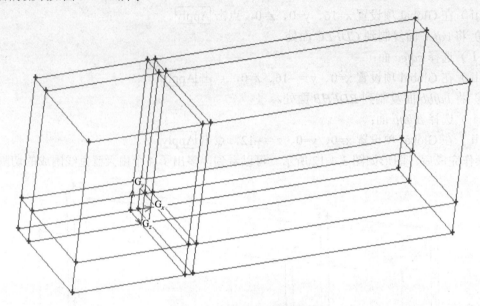

图 3-4-14 切割后的流域图

（3）线网格划分

对于小矩形体的边线，划分等距离网格；对于其他边线，划分为自小矩形开始的向外渐扩的网格。

操作：Mesh [图标] → Edge [图标] → Mesh Edges[图标]，打开线段网格划分对话框，如图 3-4-15 所示。

① 对小矩形的边线进行等距离网格划分。

（i）点击 Edges 右侧黄色区域。

（ii）按住 Shift 键依次点击小矩形的边线（共 11 条）。

（iii）在 Spacing 项选择 Interval size，并输入网格间距 0.2。

（iv）点击 Apply，结果如图 3-4-16 所示。

对与小矩形边线相对应的 21 条线段进行同样的网格划分，如图 3-4-17 所示。

② 对自小矩形边线向 X 负方向（*Aa* 等）的线段划分网格。

（i）点击 Edges 右侧黄色区域。

（ii）按住 Shift 键点击 *Aa* 线段。

注意：线段方向应该是由 *A* 指向 *a*，若方向不对，可按住 Shift 键用鼠标中键点击此线段来改变线段方向。后面的操作类似，要求线段方向指向 X 轴的负方向。

（iii）按住 Shift 键依次点击与 *Aa* 线段相关的其他 8 条线段。

（iv）在 Type 项选择 First Length。

（v）在 Length 项输入首个网格间隔 0.2。

（vi）在 Spacing 项选择 Interval count，并输入网格数 30。

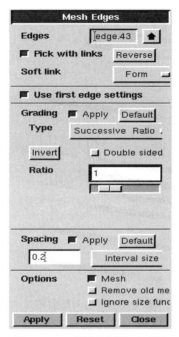

图 3-4-15 线网格划分对话框

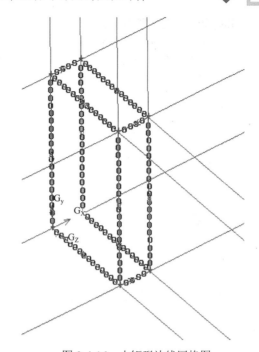

图 3-4-16 小矩形边线网格图

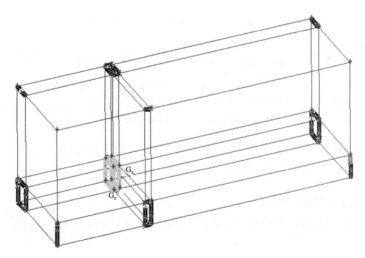

图 3-4-17 与小矩形边线相应的边线网格图

（vii）设置如图 3-4-18 所示，点击 $\boxed{\text{Apply}}$，网格划分如图 3-4-19 所示。

③ 对自小矩形边线向 X 正方向（Gg 等）的线段划分网格。

（ⅰ）选择与线段 Gg 及其他相关的 8 条线段（注意：线段方向应指向 x 轴正向）。

（ⅱ）在 Type 项选择 First Length，并输入首个网格间隔 0.2。

（ⅲ）在 Spacing 项选择 Interval count，并输入网格数 50。

（ⅳ）点击 $\boxed{\text{Apply}}$，网格划分如图 3-4-20 所示。

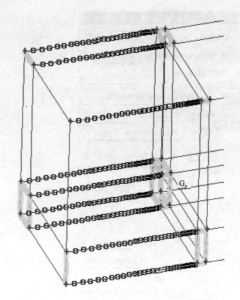

图 3-4-18　线网格划分对话框　　　　图 3-4-19　沿 X 负方向线网格划分

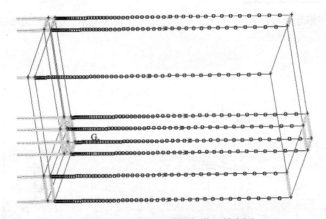

图 3-4-20　沿 X 正方向线网格划分

④ 沿 Y 轴正方向线段的网格划分。

（ⅰ）选择自 C、D、E、F 点向上的线段及相应的线段共 12 条（注意线段方向应指向 Y 轴正方向）。

（ⅱ）在 Type 项选择 First Length，并输入首个网格间隔 0.2。

（ⅲ）在 Spacing 项选择 Interval count，并输入网格数 30。

（ⅳ）点击 Apply，网格划分如图 3-4-21 所示。

⑤ 沿 Z 轴正方向线段的网格划分。

（ⅰ）选择自 B、D、F、H 点向 Z 轴正向的线段及相应的线段共 12 条（注意线段方向应指向 Z 轴正方向）。

（ⅱ）在 Type 项选择 First Length，并输入首个网格间隔 0.2。

（ⅲ）在 Spacing 项选择 Interval count，并输入网格数 30。

（ⅳ）点击 Apply，网格划分如图 3-4-22 所示。

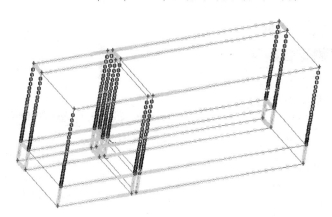

图 3-4-21 沿 Y 正方向线网格划分

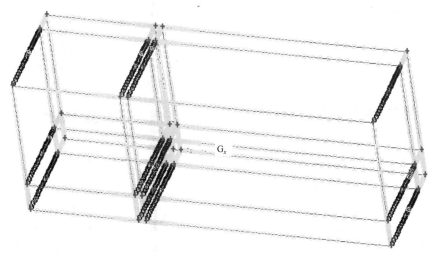

图 3-4-22 沿 Z 正方向线网格划分

（4）划分体网格

操作：Mesh ▦ → Volume ▱ → Mesh Volumes ▦ ，打开体网格划分对话框，如图 3-4-23 所示。

① 点击 Volumes 右侧向上的箭头；打开体列表对话框，如图 3-4-24 所示。

② 点击 All→；点击 Close ，关闭体列表对话框。

③ 保留其他默认设置，点击 Apply ，完成整个区域网格的划分。

第 4 步　确定边界类型

（1）关闭网格显示

点击右下角工具栏中的图标▤，打开网格显示设置对话框，如图 3-4-25 所示。

① 选择 Mesh，并选择 Mesh 右侧的 Off。

② 点击 Apply ，点击 Close ，关闭网格显示。

（2）设置速度入口边界

操作：Zones ▦ → Specify Boundary Types ▦ ，打开边界类型设置对话框，如图 3-4-26 所示。

① 确定 Action 项为 Add。

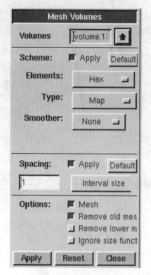

图 3-4-23　体网格划分对话框

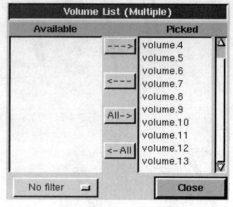

图 3-4-24　体列表对话框

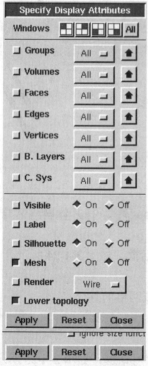

图 3-4-25　网格显示设置对话框

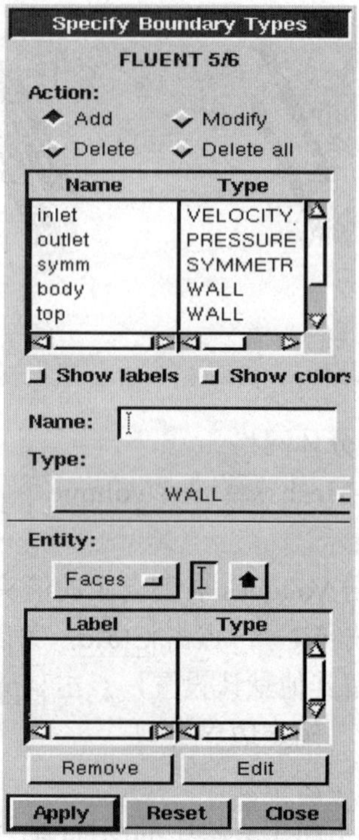

图 3-4-26　边界类型对话框

② 在 Name 右侧输入边界名 inlet。

③ 在 Type 下拉列表中选择 Velocity_inlet。

④ 在 Entity 项，点击 Faces 右侧黄色区域。

⑤ 按住 Shift 键点击流域在 x =−15 处的 4 个边界面。

⑥ 点击 Apply。

此时已创建了名为 inlet、类型为速度入口的边界。

（3）设置压力出流边界

① 在 Name 右侧输入边界名 outlet。

② 在 Type 下拉列表中选择 Pressure_outlet。

③ 在 Entity 项，点击 Faces 右侧黄色区域。

④ 按住 Shift 键点击流域在 x = 35 处的 4 个边界面。

⑤ 点击 Apply。

（4）设置对称边界

设置位于 z = 0 处的流域边界面为 Symmytry（对称）类型，命名为 symm。

① 在 Name 右侧输入边界名 symm。

② 在 Type 下拉列表中选择 Symmytry。

③ 在 Entity 项，点击 Faces 右侧黄色区域。

④ 按住 Shift 键点击流域在 z = 0 处的 5 个边界面。

⑤ 点击 Apply。

（5）设置建筑物固壁边界

① 在 Name 右侧输入边界名 body。

② 在 Type 下拉列表中选择 WALL。

③ 在 Entity 项，点击 Faces 右侧黄色区域。

④ 按住 Shift 键点击小矩形体在流域内的 4 个边界面。

⑤ 点击 Apply。

（6）设置底部固壁边界

① 在 Name 右侧输入边界名 ground。

② 在 Type 下拉列表中选择 WALL。

③ 在 Entity 项，点击 Faces 右侧黄色区域。

④ 按住 Shift 键点击流域位于 y = 0 的 5 个边界面。

⑤ 点击 Apply。

（7）设置顶部固壁边界

① 在 Name 右侧输入边界名 top。

② 在 Type 下拉列表中选择 WALL。

③ 在 Entity 项，点击 Faces 右侧黄色区域。

④ 按住 Shift 键点击流域位于 y = 20 的 6 个边界面。

⑤ 点击 Apply。

（8）设置侧壁固壁边界

① 在 Name 右侧输入边界名 wall。

② 在 Type 下拉列表中选择 WALL。

③ 在 Entity 项，点击 Faces 右侧黄色区域。

④ 按住 Shift 键点击流域位于 z = 15 的 6 个边界面。

⑤ 点击 Apply。

（9）输出网格文件，保存文件。

① 输出网格文件。

操作：File → Export → Mesh...，打开网格输出对话框，如图 3-4-27 所示。保留默认设置，点击 Accept，点击 Close。

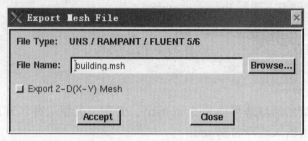

图 3-4-27　网格输出对话框

② 保存文件，退出 GAMBIT。

操作：File → Exit...

第 5 步　启动 FLUENT-3d，读入网格文件

（1）启动 FLUENT-3d

点击 FLUENT 图标，选择 3d 版本，点击 Run，启动 FLUENT。

（2）读入网格文件

操作：File → Read → Case...，读入网格文件：d：\building\building.msh。

（3）网格检查

操作：Grid → Check，保证网格的正确性，不能有任何警告信息。

（4）网格信息

操作：Grid → Info → Size，网格信息显示如图 3-4-28 所示，可看出共有 189 750 个网格单元等信息。

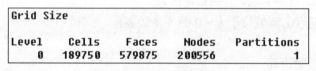

图 3-4-28　流域网格信息

（5）确定长度单位

操作：Grid → Scale...，打开长度单位设置对话框，如图 3-4-29 所示。

由于建模时用的单位为 m，采用了 FLUENT 的默认单位设置，故不需要进行任何改动。点击 CLOSE，关闭对话框。

（6）显示网格

操作：Display → Grid...，打开网格显示对话框，如图 3-4-30 所示。

① 在 Surfaces 项选择 body、ground、symm。

② 保留其他默认设置，点击 Display，得到流域边界面网格，如图 3-4-31 所示。

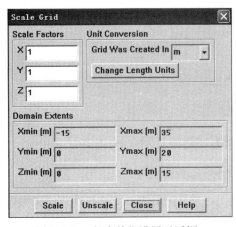
图 3-4-29 长度单位设置对话框

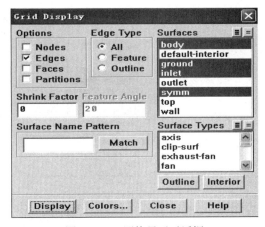
图 3-4-30 网格显示对话框

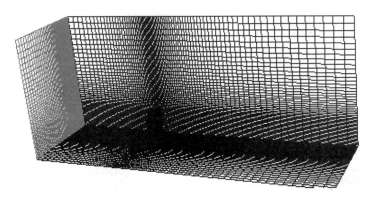
图 3-4-31 流域边界面网格图

第 6 步 计算模型及边界条件设置

（1）选取非耦合的、隐式的、定常的 3d 求解器

操作：Define → Models→ Solver…，打开求解器设置对话框，如图 3-4-32 所示。保留默认设置，点击 OK。

（2）选取标准的 k-epsilon 湍流模型

操作：Define → Models → Viscous…，打开湍流模型设置对话框，如图 3-4-33 所示。

① 在 Model 项选择 k-epsilon （2 eqn）。

② 保留其他默认设置，点击 OK。

（3）选取默认的材料

操作：Define → Materials…，打开材料选择对话框。FLUENT 默认的流体材料为空气，不做改变，点击 Close，关闭对话框。

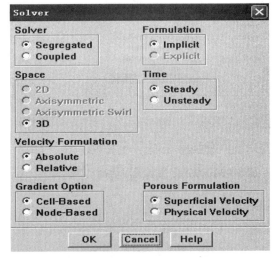
图 3-4-32 求解器设置对话框

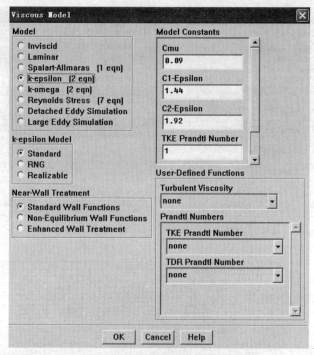

图 3-4-33　湍流模型设置对话框

（4）选取默认的操作条件

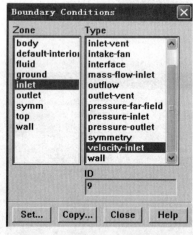

图 3-4-34　边界条件设置对话框

操作：Define → Operating Conditions…，打开操作条件设置对话框。选择默认设置，点击 OK。

由于对空气而言，重力的影响甚微，可以不考虑重力的影响。

（5）确定边界条件

操作：Define → Boundary Conditions…，打开边界条件设置对话框，图 3-4-34 所示。

① 设置速度入口边界。

（ⅰ）在 Zone 项选择 inlet。

（ⅱ）在 Type 项确认为 velocity-inlet。

（ⅲ）点击 Set…，打开速度边界设置对话框，如图 3-4-35 所示。

（ⅳ）在 Velocity Magnitude 项输入入口速度 5，保留其他默认设置，点击 OK。

② 设置压力出流边界条件。

（ⅰ）在 Zone 项选择 outlet。

（ⅱ）在 Type 项确认为 pressure-outlet；

（ⅲ）点击 Set…，打开压力出流边界设置对话框，如图 3-4-36 所示。

（ⅳ）保留默认设置，点击 OK。

其他对称边界和固壁边界不用进行设置。

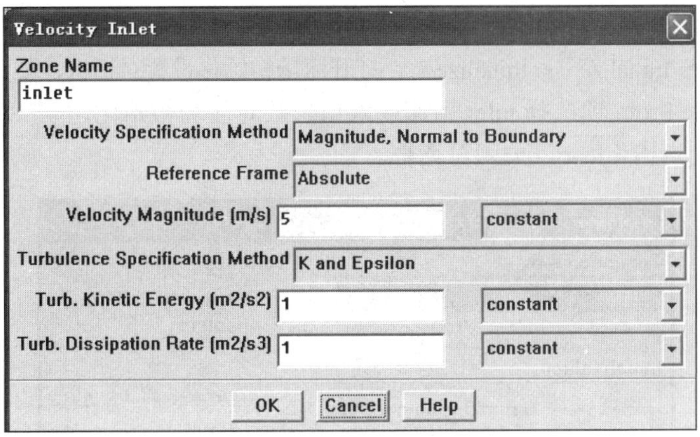

图 3-4-35　速度边界设置对话框

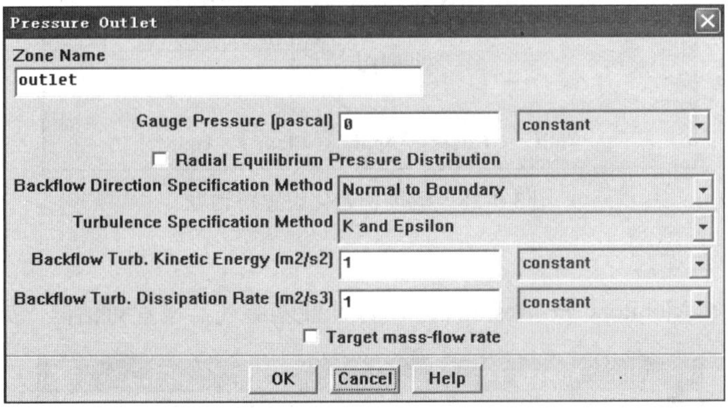

图 3-4-36　压力出流边界设置对话框

第 7 步　设置并进行仿真计算

（1）设置求解控制参数

操作：Solve → Controls → Solution…，打开设置对话框，如图 3-4-37 所示，选取默认设置即可。

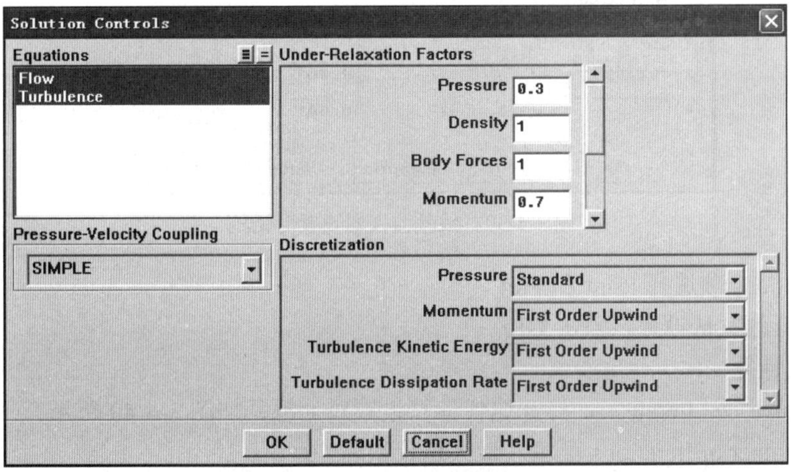

图 3-4-37　设置求解控制参数

（2）流场初始化

操作：Solve → Initialize → Initialize…，打开流场初始化设置对话框，如图 3-4-38 所示。

① 在 Compute From 项选择 inlet 用速度入口参数对流场初始化。

② 点击 Init，点击 Close，关闭对话框。

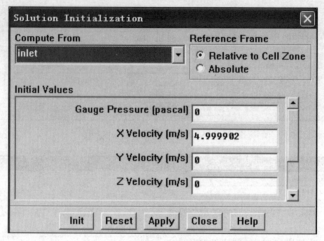

图 3-4-38　流场初始化设置对话框

（3）设置残差监视器

操作：Solve → Monitors → Residual…，打开残差监视器设置对话框，如图 3-4-39 所示。

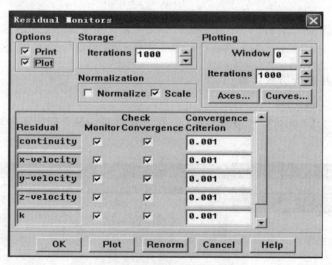

图 3-4-39　残差监视器设置对话框

① 在 Options 项选择 Print 和 Plot。

② 保留其他默认设置，点击 OK。

（4）迭代计算

操作：Solve → Iterate…，打开迭代计算设置对话框，如图 3-4-40 所示。

① 在 Number of Iterations 项填入最大迭代次数 50。

② 保留其他默认设置，点击 Iterate，开始迭代计算。

注意：残差收敛只是数值上的收敛，还不完全代表物理上的稳定值。为此，一般常设置一个监视器来监视物体受力的情况，当受力达到稳定状态时，才可认为计算收敛。

（5）设置力监视器

经过 100 次迭代计算，初始状态计算值比较大的波动已经趋于和缓，可以设置力监视器来监视物体的受力情况了。

操作：Solve → Monitors →Forces...，打开表面力监视器设置对话框，如图 3-4-41 所示。

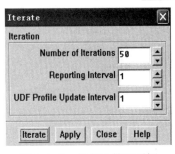

图 3-4-40 迭代计算对话框

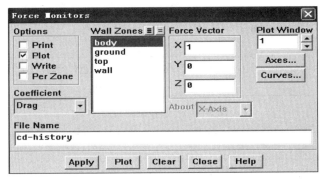

图 3-4-41 力监视器设置对话框

① 在 Options 项选择 Plot，仅输出监测曲线，不保存监测数据。

② 在 Wall Zones 项选择 body，监测建筑物的阻力。

③ 保留其他默认设置，点击 Apply，点击 Close，关闭对话框。

（6）设置参考值

操作：Report → Reference Values...，打开参考值设置对话框，如图 3-4-42 所示。

① 在 Compute From 项选择 inlet。

② 保留其他默认设置，点击 OK。

设置参考值后，阻力监视器输出的是阻力系数，其定义式为

$$Cd = \frac{F_D}{\frac{1}{2}\rho v^2 A}$$

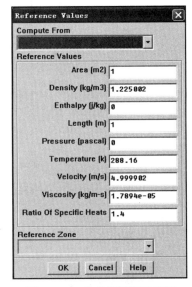

图 3-4-42 参考值设置对话框

式中的流体密度、参考速度 v 和面积 A 都是在参考值设置对话框内确定的。

（7）继续迭代计算

设置最大迭代次数为 500，点击 Iterate。

经过 188 次迭代计算，残差收敛，残差监测曲线如图 3-4-43 所示，阻力监测曲线如图 3-4-44 所示。

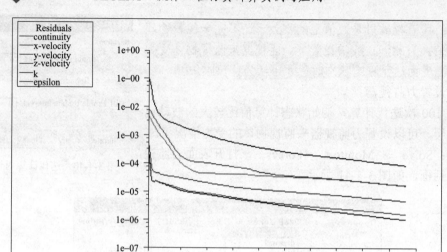

图 3-4-43   残差监测曲线

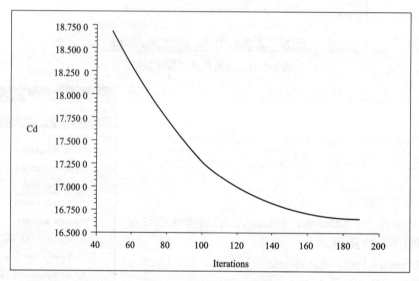

图 3-4-44   阻力监测曲线

（8）保存文件

操作：File → Write → Case & Data，打开保存文件对话框，保留默认文件名，点击 OK 。

（9）修改残差收敛标准，继续计算

由阻力监测曲线看出，阻力还没有达到稳定状态，还需进一步计算。

① 修改残差收敛标准。在图 3-4-39 残差监视器设置对话框中，在 Convergence Criterion 下面的各项数值都改为 1e-5，点击 OK 。

② 继续计算。设置最大迭代次数为 500，继续进行迭代计算。

经过总共 688 次迭代计算，阻力监测曲线如图 3-4-45 所示。尽管残差还未达到收敛标准 1e -5，但明显看出，阻力曲线已经走平，阻力计算达到稳定状态。

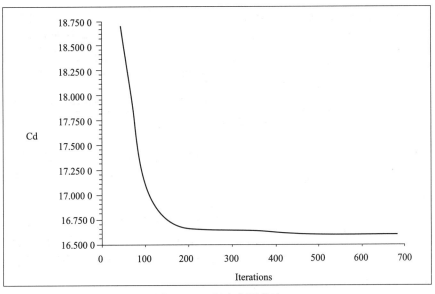

图 3-4-45　阻力监测曲线

（10）保存文件

操作：File → Write → Case & Data，打开保存文件对话框，保留默认文件名，点击 OK 。

第 8 步　计算结果分析

（1）建筑物的受力情况

① 阻力。

操作：Report → Forces…，打开受力报告对话框如图 3-4-46 所示。

（ⅰ）在 Options 项选择 Forces。

（ⅱ）在 Force Vector 项设定受力方向（1，0，0）。

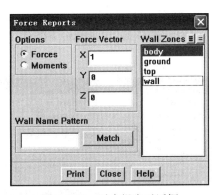

图 3-4-46　受力报告对话框

（ⅲ）在 Wall Zones 项选择 body。

（ⅳ）点击 Print ，则在信息反馈窗口显示所受阻力，如图 3-4-47 所示。

② 力矩。

（ⅰ）在 Options 项选择 Moments。

（ⅱ）在 Force Vector 项设定力矩作用点（0，0，0）。

（ⅲ）在 Wall Zones 项选择 body。

（ⅳ）点击 Print ，则在信息反馈窗口显示所受力矩，如图 3-4-48 所示。

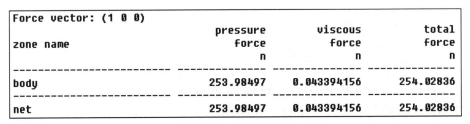

Force vector: (1 0 0) zone name	pressure force n	viscous force n	total force n
body	253.98497	0.043394156	254.02836
net	253.98497	0.043394156	254.02836

图 3-4-47　物体阻力报告

```
Moment Center: (0 0 0)
zone name                                              total moment
                                                          n-m
--------------------------------------------------------------------
body                        (44.069502 342.14045 -488.31566)

net                         (44.069502 342.14045 -488.31566)
```

图 3-4-48　物体力矩报告

报告 3-4-47 显示，物体的摩擦阻力很小，阻力主要来自压差阻力。另外，物体的一个对称部分，所受空气沿 X 方向的作用力为 254N（牛顿），则整个物体所受到的阻力为 $2 \times 254 = 508$ N。

报告 3-4-48 显示，物体的一个对称部分，所受空气在 X、Y、Z 轴的作用力矩分别是 44、342、−488 N·m。因对称性，物体的两个对称体在 X、Y 轴的力矩相互平衡，整体在 X、Y 轴的力矩为 0；而整个物体在 Z 轴的力矩为 $2 \times (-488) = -976$ N·m，其中负号表示力矩沿 z 轴的顺时针方向（默认逆时针为正）。

（2）绘制压力分布云图

操作：Display → Contours…，打开绘图设置对话框，如图 3-4-49 所示。

① 在 Options 项选择 Filled，并选择 Draw Grid；打开网格显示对话框，如图 3-4-50 所示。

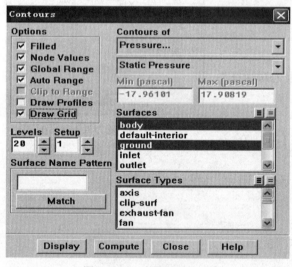

图 3-4-49　绘图设置对话框

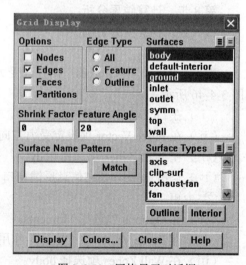

图 3-4-50　网格显示对话框

（i）在 Options 项选择 Edges。

（ii）在 Edge Type 项选择 Feature。

（iii）在 Surfaces 项选择 body、ground。

（iv）点击 Display，点击 Close。

② 在 Contours of 项选择 Pressure…和 Static Pressure。

③ 在 Surfaces 项选择 body、ground 和 symm。

④ 保留其他默认设置，点击 Display，得到压力分布云图，如图 3-4-51 所示。

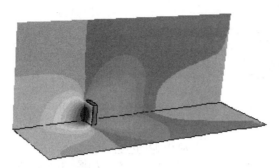

图 3-4-51　压力分布云图

明显看出，在物体的后部有一个低压区，而物体前面为高压区，二者之差形成了物体的压差阻力，也称形状阻力。

（3）绘制对称面上的速度分布云图

在绘图设置对话框中，在 Contours of 项选择 Velocity...和 Velocity Magnitude；在 Surfaces 项选择 symm；点击 Display ，得到对称面上的速度分布云图，如图 3-4-52 所示。对比两张图，理解压力与速度之间的关系，压力大则速度小，而压力小则速度大。

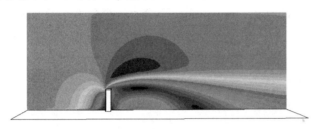

图 3-4-52　速度分布云图

（4）绘制速度矢量图

操作：　Display → Vectors...，打开速度矢量设置对话框，如图 3-4-53 所示。

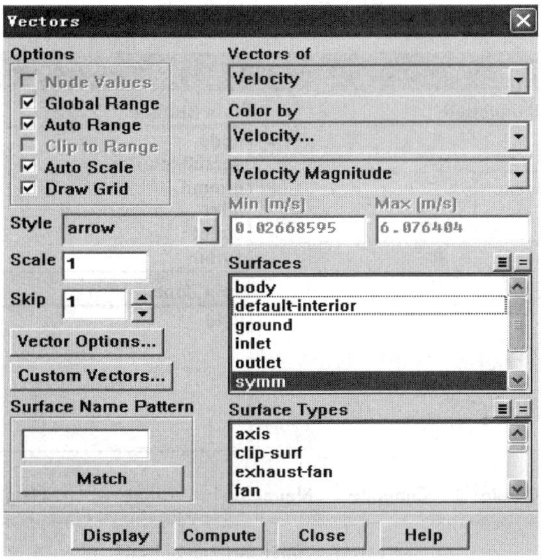

图 3-4-53　速度矢量对话框

① 设置 Skip 为 1。

② 点击 Vector Options…，打开矢量设置对话框，如图 3-4-54 所示。

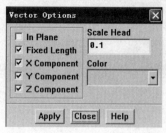

图 3-4-54　矢量设置对话框

（i）选择 Fixed Length。

（ii）点击 Apply，点击 Close。

③ 在 Surfaces 项选择 symm。

④ 在图 3-4-49 中选择 Faces，点击 Colors…，设置固壁颜色。

⑤ 点击 Display。

得到速度矢量图，如图 3-4-55 所示，明显看出，在物体后部有回流现象。

（5）绘制水平切面的云图

① 创建水平切面。

操作：Surface → Iso-Surface…，打开创建等值面对话框，如图 3-4-56 所示。

（i）在 Surface of Constant 项选择 Grid…和 y-Coordinate。

（ii）在 Iso-Values 项输入 2（创建位于 y=2 的切平面）。

（iii）在 New Surface Name 项输入此平面的名字 y =2。

（iv）点击 Create。此时在 From Surface 下会有一个名为 y =2 的新平面。

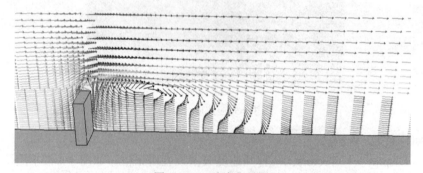

图 3-4-55　速度矢量图

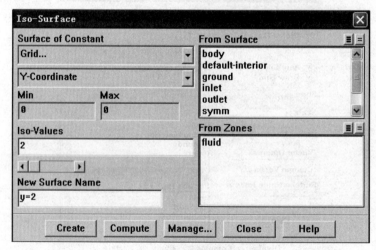

图 3-4-56　创建等值面对话框

② 图形的对称显示设置。

操作：Display → Views…，打开视角设置对话框，如图 3-4-57 所示。

（ⅰ）在 Mirror Planes 项选择 symm。

（ⅱ）点击 Apply，点击 Close，关闭对话框。

③ 绘制压力分布云图。

（ⅰ）在如图 3-4-48 绘制云图设置对话框中，在 Contours of 项选择 Pressure…和 Static Pressure。

（ⅱ）在 Surfaces 项仅选择新建的面 y=2。

（ⅲ）点击 Display，得到 y=2 水平面上的压力分布云图，如图 3-4-58 所示。

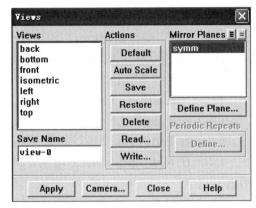

图 3-4-57 视角设置对话框

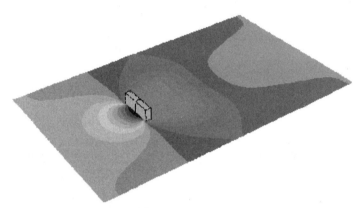

图 3-4-58 压力分布云图

④ 绘制速度分布云图。

在如图 3-4-49 绘制云图设置对话框中，在 Contours of 项选择 Velocity…和 Velocity Magnitude；在 Surfaces 项仅选择新建的面 y=2；点击 Display，得到水平面上的速度分布云图，如图 3-4-59 所示。

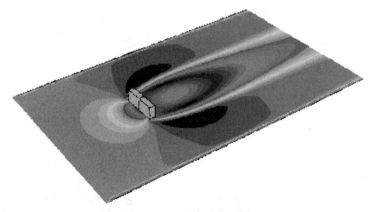

图 3-4-59 速度分布云图

（6）绘制空气绕流物体的流线图

① 关闭对称显示。

在图 3-4-57 中，在 Mirror Planes 项不选择 symm，点击 Apply。

注意：这是为了流线显示更加清晰，当然不进行这个操作也可以。

② 创建流体质点起始线。

操作：Surface → Line/Rake…，打开创建表面线对话框，如图 3-4-60 所示。

（i）在 Type 项选择 Line。

（ii）在 End Points 项进行如图所示的设置。

（iii）在 New Surface Name 项保留默认名字 line-9，点击 Create。创建位于 x=−15 处 z=0 的直线完毕。

③ 创建位于 x=−15 处 y=2 的直线设置如图 3-4-61 所示。

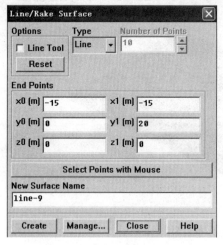
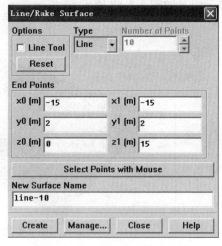

图 3-4-60 创建表面线对话框 　　　　　　　　图 3-4-61 创建表面线对话框

④ 绘制直线 line-9 上流体质点的轨迹图。

操作：Display → Path Lines…，打开绘制质点轨迹对话框，如图 3-4-62 所示。

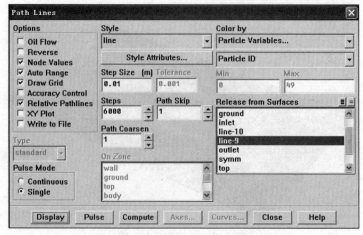

图 3-4-62 绘制质点轨迹对话框

（i）在 Steps 项设置 6000，在 Path Skip 项设置 1。

（ii）在 Release from Surfaces 项选择 line-9。

（iii）点击 Display，得到位于 line-9 上质点的轨迹，如图 3-4-63 所示。

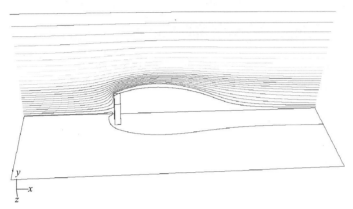

图 3-4-63　质点迹线图

⑤ 绘制直线 line-10 上流体质点的轨迹图。

在图 3-4-61 中，在 Release from Surfaces 项仅选择 line-10，在 Path Skip 项设置 0，点击 Display，得到位于 line-10 上质点的轨迹，如图 3-4-64 所示。

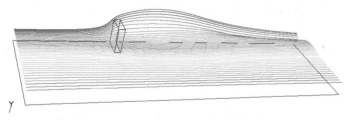

图 3-4-64　质点迹线图

连同对称部分一起显示，位于 line-10 上质点的轨迹线图谱如图 3-4-65 所示，这一操作由读者自行完成。

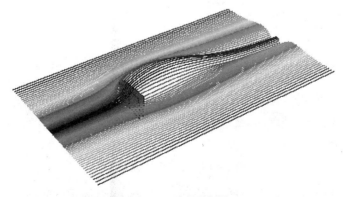

图 3-4-65　质点迹线图

第9步　进行风沙流动的计算

（1）设置离散相

操作：Define → Models → Discrete Phase...，打开离散相模型设置对话框，如图 3-4-66 所示，在 Max.Number of Steps 设置 1000；保留其他默认设置，点击 OK。

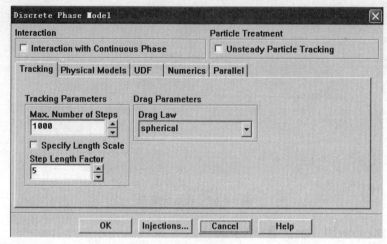

图 3-4-66　离散相模型设置对话框

注意：在 Interaction 项可以选择 Interaction with Continuous Phase（颗粒与空气的相互作用），并可采用适当的物理模型计算颗粒的受力等。

（2）设置颗粒射流

操作：Define → Injections...，打开颗粒射流设置对话框，如图 3-4-67（a）所示。点击 Create，在打开的射流属性对话框中点击 OK，得到对话框，如图 3-4-67（b）所示（后面再进行设置），创建了名为 injection-0 的射流源。

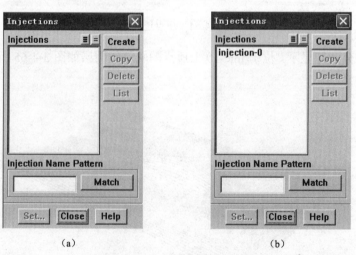

（a）　　　　　　　　　　（b）

图 3-4-67　创建射流源对话框

注意：在创建射流源的射流属性对话框中，在 Material 项 FLUENT 提供了若干材料，若有所需要的，可以选定。对于本节的沙粒，材料库中没有，需要重新创建。

（3）设置沙粒材料属性

操作：Define → Material…，打开材料设置对话框，如图 3-4-68 所示。

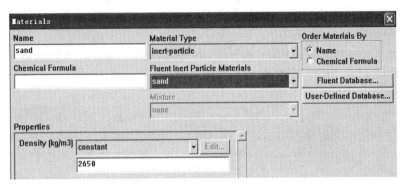

图 3-4-68　材料设置对话框

① 在 Material Type 项选择 Inert-particle。

② 在 Name 项输入材料名 sand。

③ 在 Properties 项的 Density，输入密度 2 650。

④ 点击下面的 Change/Create 。

此时在 Fluent Inert Particle Materials 下拉列表中增加了材料 sand。

（4）设置沙粒喷射源面属性

操作：Define → Injections…，打开对话框，如图 3-4-67（b）所示。

① 在 Injections 项选择 injection-0。

② 点击 Set… ，打开射流属性设置对话框，如图 3-4-69 所示。

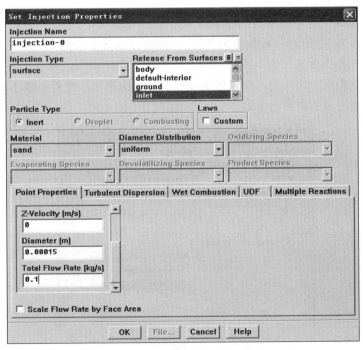

图 3-4-69　射流源属性设置对话框

（i）在 Injection Type 项选择 surface（面射流源的颗粒流初始位置处在已经设定好的某个面上）。

（ii）在 Release From Surfaces 项选择 inlet。

（iii）在 Material 项选择 sand。

③ 在 Point Properties 选项卡中，X-Velocity 项输入喷出速度 5；Diameter 项输入沙粒直径 0.000 15；Total Flow Rate 项输入喷射质量流量 0.1。

④ 点击 OK 。

注意：① 在 Particle Type 项，选择 inert 表示是惯性颗粒，服从力平衡以及受到加热或冷却影响的一种离散相类型（颗粒、液滴或气泡）。在 FLUENT 任何模型中，惯性颗粒总是可选的。FLUENT 通过积分拉氏坐标系下的颗粒作用力微分方程来求解离散相颗粒（液滴或气泡）的轨道。

② 若流动为湍流并且希望考虑湍流对颗粒的影响，可点击 Turbulent Dispersion 菜单项，激活 Stochastic Model 或 Cloud Model 选项，并设定相应的参数。

（5）显示射流源初始状态

选定射流源后，在图 3-4-67（b）中点击 List 可以显示这些射流源的初始状态。对于已经定义的射流源，其信息的内容（均为国际单位制）如下：

① 在 NO 行下为颗粒流的标识号。

② 在 TYP 行下为颗粒流类型（IN 为惯性颗粒、DR 为液滴、CP 为燃烧颗粒）。

③ 在（X），（Y），（Z）行下为颗粒的坐标。

④ 在（U），（V），（W）行下为颗粒的三个速度分量。

⑤ 在（T）行下为颗粒温度。

⑥ 在（DIAM）行下为颗粒直径。

⑦ 在（MFLOW）行下为颗粒的质量流率。

本例中的沙粒为 2 250 个（喷射面网格数），编号从 0 到 2 249。

（6）重新设置操作条件

考虑到沙粒受到重力的作用，在操作条件中必须考虑重力，设置如图 3-4-70 所示。其中操作密度选取密度较小的材料密度。

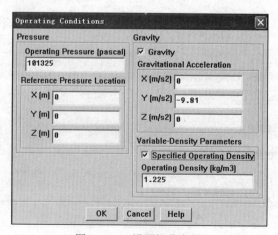

图 3-4-70　设置操作条件

（7）保存文件

在当前文件夹下保存 Case 和 Data 文件，文件名为 building_sand。

第 10 步 沙粒流动的后处理

在完成离散相的设定之后，可以显示或者存储颗粒轨道的计算结果。FLUENT 提供的离散相的图形与文本输出功能如下：

① 颗粒轨道的图形显示。

② 颗粒轨道计算结果的输出。

③ 颗粒位置、速度、温度以及直径的输出。

（1）显示沙粒的轨迹

操作：Display → Particle Tracks…，打开质点轨迹对话框，如图 3-4-71 所示。

① 在右下的 Release from Injections 项选取 injection-0。

② 注意到在 Color by 项默认的是 Particle Residence Time（颜色表示时间）。

③ 点击 Display ，得到沙粒轨迹，如图 3-4-72 所示。

④ 点击左下的 Pulse 可显示动态效果，点击 Stop! ，停止显示。

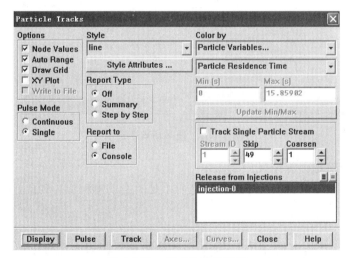

图 3-4-71 质点轨迹对话框

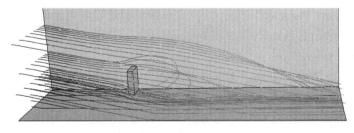

图 3-4-72 沙粒轨迹图

注意：沙粒轨迹与气流质点轨迹的区别。读者可自行绘制空气质点轨迹并进行对比。

操作：Display → Path Lines…，打开绘制流体质点轨迹对话框，如图 3-4-73 所示。设置如图所示，点击 Display ，得到流体质点轨迹，如图 3-4-74 所示。

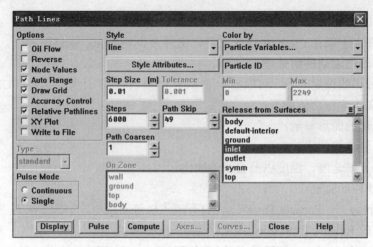

图 3-4-73　绘制流体质点轨迹对话框

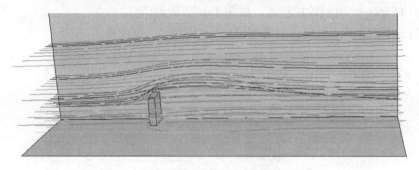

图 3-4-74　流体质点轨迹图

（2）单个颗粒轨道计算结果

可以仅显示某个喷射源的单个颗粒轨道而不是所有的颗粒流。为此，应先确定所需要显示的颗粒。

操作：Define → Injections…

选中 injection-0，点击 List，显示所有颗粒的信息。特别查看编号为 2236 的颗粒，初始位置在（-15.00，3.90，0.30）。

操作：Display → Particle Tracks…，打开单颗粒轨迹设置对话框，如图 3-4-75 所示。

① 在 Release from Injections 项选择 injection-0。

② 选择 Track Single Particle Stream。

③ 在 Stream ID 项输入 2236，表示选择编号为 2236 的颗粒。

④ 在 Skip 项设为 0。

⑤ 点击 Display，得到编号为 2236 单个颗粒轨迹，如图 3-4-76 所示。

（3）单颗粒轨迹数据的输出

操作：Display → Particle Tracks…，打开颗粒轨迹设置对话框，如图 3-4-77 所示。

① 在 Options 项选择 XY Plot（同时选择 Write to File，将会把数据存入文件中，可用记事本或 word 等软件打开查看）。

② 在 Y Axis Function 项选择 Grid…和 Y-Coordinate。

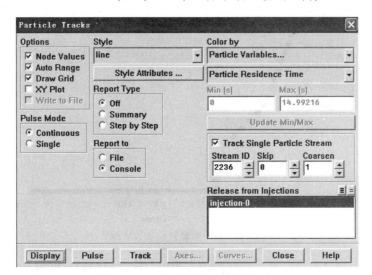

图 3-4-75　单颗粒轨迹设置对话框

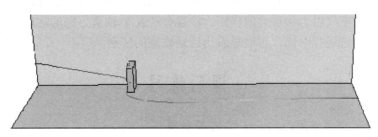

图 3-4-76　单颗粒轨迹

③ 在 X Axis Function 项选择 Time。

④ 其他设置如图所示，点击 Plot 。

得到编号为 2236 的沙粒高度与时间的曲线图，如图 3-4-78 所示。

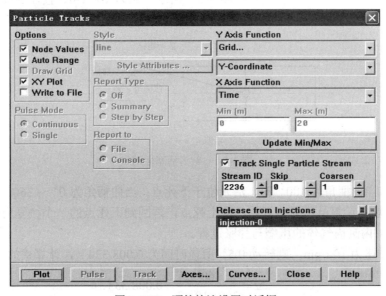

图 3-4-77　颗粒轨迹设置对话框

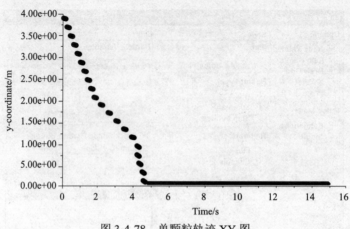

图 3-4-78　单颗粒轨迹 XY 图

分析：计算中没有考虑颗粒与空气的相互作用，这在对颗粒尺度很小时是可以的，但对于有较大尺度的颗粒而言，计算结果误差会较大。从沙粒的运动轨迹来看，由于颗粒密度比空气大得多，且受空气阻力和重力的作用，沙粒有沿着 Y 轴负方向的运动；将空气质点的运动轨迹与沙粒的轨迹进行对比，可明显看出运动轨迹的区别。

<h1 style="text-align:center">课后练习</h1>

1. 将入口处的气流速度改为 6 m/s，重新计算。
2. 将沙粒直径变为 0.000 5 m，其他条件不变，结果会怎样？

第五节　气缸活塞的往复运动——动网格的应用

问题描述：简化的三维气缸结构如图 3-5-1 所示。长为 100 cm、直径 50 cm 的气缸中充满可压缩空气。活塞在曲柄连杆的带动下做往复运动，活塞冲程为 80 cm，曲柄转速为 10 r/pm。

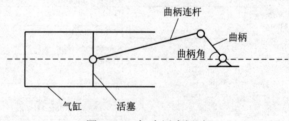

图 3-5-1　缸内活塞运动

分析：① 当曲柄角为 180° 时，活塞位于下死点；当曲柄角为 0°（360°）时，活塞位于上死点。本题是计算从下死点开始，到上死点，再回到下死点的一个往复周期（相当于曲柄转动 360°）内缸内气体的压缩与膨胀过程。

② 曲柄转速为 10 r/pm，则转动 0.5° 所需时间为 0.008 334 s，计算式如下

$$\Delta t = \frac{60}{360 \times 10 \times 2} = 0.008\ 333\ 34$$

这就是在进行迭代计算时的时间间隔。

③ 活塞往复一个周期所需时间为 6 s。

第 1 步　启动 GAMBIT

（1）在 D 盘根目录下创建一个名为 moving 的文件夹

（2）启动 GAMBIT

（i）点击 GAMBIT 图标，弹出 GAMBIT 启动对话框，如图 3-5-2 所示。

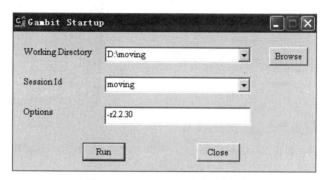

图 3-5-2　GAMBIT 启动对话框

（ii）点击 Working Directory 右侧的 Browse ，选择 D 盘下 moving 文件夹作为工作目录。

（iii）在 Session Id 右侧输入 moving 作为文件名。

（iv）点击 Run ，启动 GAMBIT。

第 2 步　建立气缸区域

操作：Geometry ⬛ → Volume ▱ → Create Volume ▱ → ⬜ Cylinder ，打开创建圆柱体设置对话框，如图 3-5-3 所示。

① 在 Height 项输入气缸长度 100。

② 在 Radius 1 项输入气缸半径 25。

③ 注意到 Axis Location 为 Positive Z（Z 轴正向），点击 Apply 。

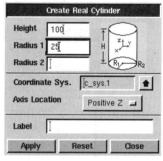

图 3-5-3　创建圆柱体设置对话框

第 3 步　创建气缸区域网格

操作：Mesh ⬛ → Volume ▱ → Mesh Volumes 🖌 ，打开创建体网格对话框，如图 3-5-4 所示。

① 点击 Volumes 右侧黄色区域。

② 按住 Shift 键点击圆柱体边线。

③ 在 Spacing 项保留 Interval size 并输入网格长度 5。

④ 保留其他默认设置，点击 Apply 。

所创建的网格（非结构六面体网格）如图 3-5-5 所示。

第 4 步　设置边界类型

（1）设置内部区域为流体

操作：Zones 🔲 → Specify Continuum Types 🔲 ，打开流域设置对话框，如图 3-5-6 所示。

① 在 Name 项输入流域的名字 fluid。

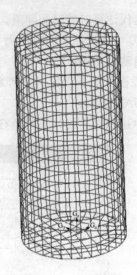

图 3-5-4　创建体网格对话框　　　　　图 3-5-5　体网格图

② 确认 Type 项为 FLUID。

③ 点击 Volumes 右侧黄色区域。

④ 按住 Shift 键点击圆柱体边线。

⑤ 保留其他默认设置，点击 Apply 。

（2）设置边界类型

操作：Zones 　 → Specify 　，打开边界类型设置对话框，如图 3-5-7 所示。

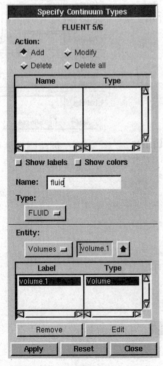

图 3-5-6　流域设置对话框

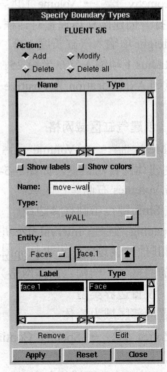

图 3-5-7　边界类型设置对话框

① 设置活塞壁面（face.1）。

（ⅰ）在 Name 项输入名称 move-wall。

（ⅱ）在 Type 项选择 WALL。

（ⅲ）点击 Faces 右侧黄色区域。

（ⅳ）按住 Shift 键，点击位于 z=0 处的圆柱端面边线（Shift+中键可选择相邻面）。

（ⅴ）点击 Apply。

② 设置气缸边壁（face.2）。取名 side-wall，类型为 WALL，在 Faces 项选择气缸的边壁，点击 Apply。

③ 设置气缸顶部壁面（face.3）。取名 top-wall，类型为 WALL，在 Faces 项选择气缸的顶壁，点击 Apply。

最后边界类型设置如图 3-5-8 所示。

（3）输出网格并保存文件

① 输出网格文件。

操作：File → Export → Mesh....，打开网格文件输出对话框，如图 3-5-9 所示。保留默认设置，点击 Accept，输出的网格文件为 moving.msh。

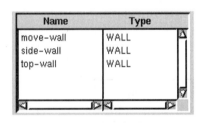
图 3-5-8 边界类型设置

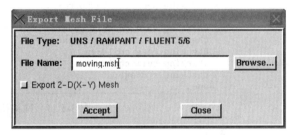
图 3-5-9 网格输出对话框

② 退出 GAMBIT。操作：File → Exit，点击 Yes，保存文件。

第 5 步 启动 FLUENT

（1）启动 FLUENT

点击 FLUENT 图标，打开 FLUENT 启动对话框，如图 3-5-10 所示。选择 3d 版本，点击 Run。

（2）读入网格文件

操作：File → Read → Case...，打开文件读入对话框，读入 D 盘 moving 文件夹中的 moving.msh 网格文件。

（3）网格检查

操作：Grid → Check，系统对所读入的网格进行检查，检查结果如图 3-5-11 所示。

图 3-5-10 FLUENT 启动对话框

注意：最后一行一定是 Done，不能有任何警告信息，不能有负的体积。

（4）设置长度单位

操作：Grid → Scale...，打开长度单位设置对话框，如图 3-5-12 所示。

① 在 Grid Was Created In 右侧下拉列表中选择 cm（设置长度单位为厘米）。

② 点击 Change Length Units。

③ 点击 Scale 。

```
Grid Check
  Domain Extents:
    x-coordinate: min (m) = -2.500000e+001, max (m) = 2.500000e+001
    y-coordinate: min (m) = -2.500000e+001, max (m) = 2.500000e+001
    z-coordinate: min (m) = 0.000000e+000, max (m) = 1.000000e+002
  Volume statistics:
    minimum volume (m3): 5.489457e+001
    maximum volume (m3): 2.255843e+002
      total volume (m3): 1.950900e+005
  Face area statistics:
    minimum face area (m2): 1.119544e+001
    maximum face area (m2): 4.402844e+001
  Checking number of nodes per cell.
  Checking number of faces per cell.
  Checking thread pointers.
  Checking number of cells per face.
  Checking face cells.
  Checking bridge faces.
  Checking right-handed cells.
  Checking face handedness.
  Checking element type consistency.
  Checking boundary types:
  Checking face pairs.
  Checking periodic boundaries.
  Checking node count.
  Checking nosolve cell count.
  Checking nosolve face count.
  Checking face children.
  Checking cell children.
  Checking storage.
  Done.
```

图 3-5-11　网格检查信息

（5）设置流域表面

操作： Surface → Zone…，打开区域表面设置对话框，如图 3-5-13 所示。

① 在 Zone 项选择 fluid。

② 在 New Surface Name 项输入区域表面的名字 fluid。

③ 点击 Create 。

注意：设置流域表面后，可直接查看流域情况，不用再选择流域的表面了。

第 6 步　求解设置

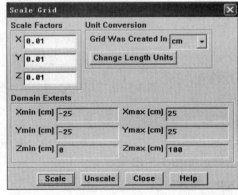

图 3-5-12　长度单位设置对话框

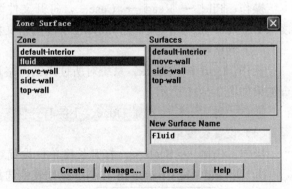

图 3-5-13　区域表面设置对话框

（1）设置求解器

操作： Define → Solver...，打开求解器设置对话框，如图 3-5-14 所示。

① 在 Solver 项选择 Segregated。

② 在 Formulation 项选择 Implicit。

③ 在 Time 项选择 Unsteady（非定常）。

④ 在 Unsteady Formulation 项选择 1st-Order Implicit。

⑤ 保留其他默认设置，点击 OK 。

注意：利用动网格进行计算只能用一阶格式。

（2）设置流体材料

操作： Define → Materials...，打开材料设置对话框，如图 3-5-15 所示。

① 在 Density 右侧下拉列表中选择 ideal-gas（理想可压缩气体）。

② 保留其他默认设置，点击 Change/Create 。

（3）边界条件设置

由于对所有壁面采用默认的绝热边界条件，且也没有进口和出口边界，故不必设置边界条件。动网格的运动和相关参数将在 Define/Dynamic Mesh 菜单中进行设置。

（4）动网格参数设置

操作： Define → Dynamic Mesh → Parameters...，打开动网格参数设置对话框，如图 3-5-16 所示。

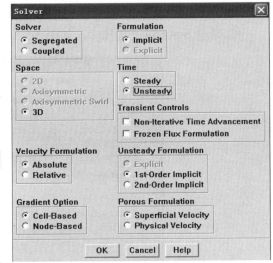

图 3-5-14 求解器设置对话框

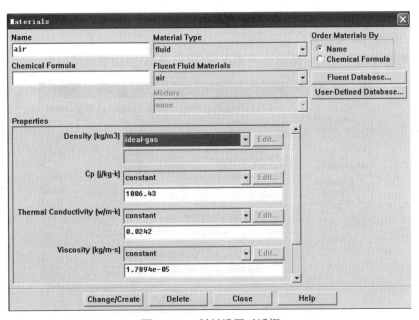

图 3-5-15 材料设置对话框

① 在 Models 项选择 Dynamic Mesh 和 In-Cylinder 后，可运用 FLUENT 预制的程序进行计算，输入相关的数据后可模拟阀门或活塞的运动。

② 在 Mesh Methods 项选择 Smoothing、Layering 和 Remeshing。

③ 选择 Smoothing 选项卡，如图 3-5-16 所示。

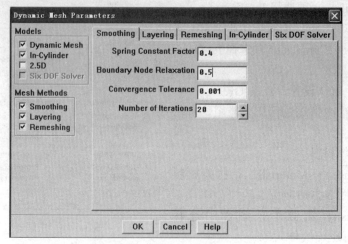

图 3-5-16　动网格参数设置对话框

（ i ）在 Spring Constant Factor 项输入 0.4。

（ ii ）在 Boundary Node Relaxation 项输入 0.5。

（iii）在 Convergence Tolerance 项设置为 0.001。

④ 保留 Layering 选项卡中的默认设置。

⑤ 选择 Remeshing 选项卡，如图 3-5-17 所示。

（ i ）在 Minimum Length Scale 项输入最小长度 1。

（ ii ）在 Maximum Length Scale 项输入最大长度 10。

（iii）保留其他默认设置。

如果网格超过这些限制，则网格需要重新划分，故必须说明这些限制。

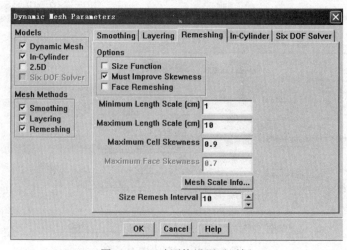

图 3-5-17　动网格设置对话框

⑥ 选择 In-Cylinder 选项卡，如图 3-5-18 所示。

（ⅰ）在 Crank Shaft Speed 右侧输入曲柄转速 10（10 r/min）。

（ⅱ）在 Starting Crank Angle 右侧输入曲柄的起始角 180°（下死点）。

（ⅲ）在 Crank Period 右侧输入曲柄旋转周期 720。

（ⅳ）在 Crank Angle Step Size 右侧输入旋转角度间格 0.5。

曲柄旋转周期 720 乘以旋转角度间格 0.5 等于 360°，为一个周期。

（ⅴ）在 Piston Stroke 右侧输入活塞冲程 80（冲程的一半为曲柄的长度）。

（ⅵ）在 Connecting Rod Length 右侧输入连杆长度 150。

⑦ 保留其他默认设置，点击 OK 。

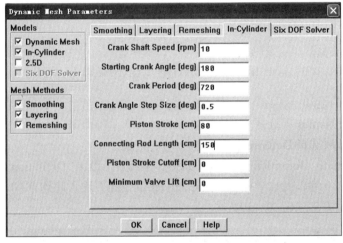

图 3-5-18　动网格设置对话框

（5）设置动网格区域

操作： Define → Dynamic Mesh →Zones…，打开动网格区域设置对话框，如图 3-5-19 所示。

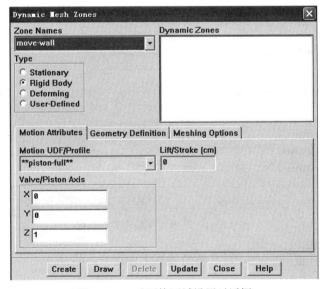

图 3-5-19　动网格区域设置对话框

① 设置活塞运动。

（ⅰ）在 Zone Names 项选择 move-wall。

（ⅱ）在 Type 项选择 Rigid Body。

（ⅲ）在 Motion Attributes 选项卡中 Motion UDF/Profile 项选择**piston-full**。

（ⅳ）在 Vale/Piston Axis 项输入活塞轴方向（0，0，1）。

（ⅴ）点击 Meshing Options 选项卡，在 Cell Height 右侧输入网格高度 5，如图 3-5-20 所示。

（ⅵ）点击 Create 。

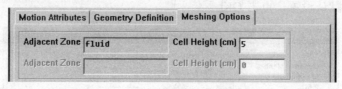

图 3-5-20　动网格区域设置对话框

② 变形壁面的运动。

（ⅰ）在 Zone Names 项选择 side-wall。

（ⅱ）在 Type 项选择 Deforming。

（ⅲ）在 Geometry Definition 选项卡（如图 3-5-21 所示）中 Definition 项选择 cylinder。在 Cylinder Radius 下输入气缸半径 25；在 Cylinder Origin 下输入起始点（0，0，0）；在 Cylinder Axis 下输入气缸轴方向（0，0，1）。

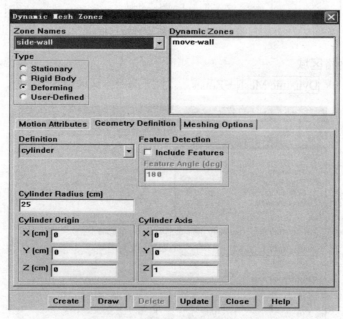

图 3-5-21　动网格区域设置对话框

（ⅳ）点击 Meshing Options ，打开网格选项卡如图 3-5-22 所示。

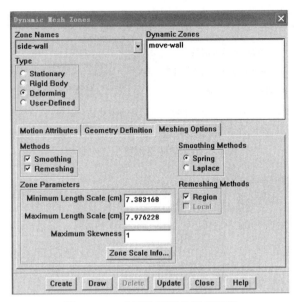

图 3-5-22 动网格区域设置对话框

在 Zone Parameters 下方，点击 Zone Scale Info...按钮，打开网格长度信息框，如图 3-5-23 所示。将网格长度信息框中的信息填入 Zone Parameters 下方的对应项中。

（v）点击 Create。

③ 保存设置。操作：File → Write -→ Case...，保存文件名为 moving.cas。

④ 预览网格运动。

（i）操作：Display → Grid...，打开绘制网格对话框，如图 3-5-24 所示。点击 Display，得到气缸网格，如图 3-5-25 所示。

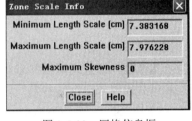

图 3-5-23 网格信息框

（ii）操作：Solve → Mesh Motion...，打开动网格预览设置对话框，如图 3-5-26 所示。

在 Number of Time Steps 项输入时间间隔数 720；在 Display Frequency 项输入网格显示频率 5；点击 Preview，可以看到气缸网格的变化如图 3-5-27 所示。

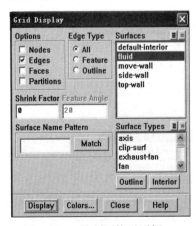

图 3-5-24 绘制网格对话框

图 3-5-25 气缸网格图

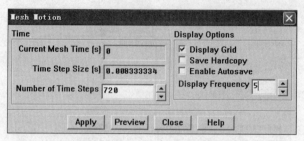

图 3-5-26　动网格预览设置对话框

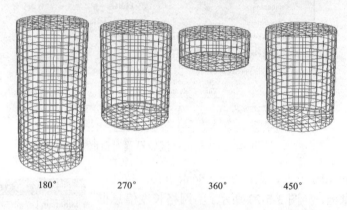

180°　　　　270°　　　　360°　　　　450°

图 3-5-27　网格变化图

第 7 步　设置求解器并求解

（1）设置求解控制参数

操作：Solve → Controls → Solution…，打开求解控制设置对话框，如图 3-5-28 所示。

① 在 Under-Relaxation Factors 项，设置 Pressure 项的松弛因子为 0.6，设置 Momentum 项的松弛因子为 0.9。

② 在 Pressure-Velocity Coupling 项选择 PISO 算法。

③ 在 Discretization 下的 Pressure 项选择 PRESTO!。

④ 保留其他默认设置，点击 OK。

注意：对于非定常问题，推荐采用 PISO 算法。

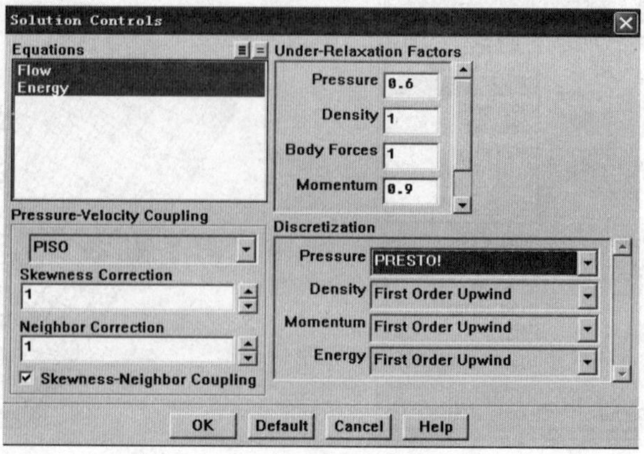

图 3-5-28　求解控制设置对话框

（2）初始化流域

操作：$\boxed{Solve}$ → $\boxed{Initialize}$ → Initialize…，打开流场初始化设置对话框，如图 3-5-29 所示。保留默认设置，点击 $\boxed{Init}$。

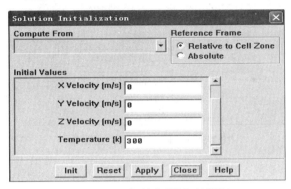

图 3-5-29　初始化设置对话框

（3）设置残差监视器

操作：$\boxed{Solve}$ → $\boxed{Monitors}$ → Residual…，打开残差监视器设置对话框，如图 3-5-30 所示。在 Options 项选择 Print 和 Plot，保留其他默认设置，点击 $\boxed{OK}$。

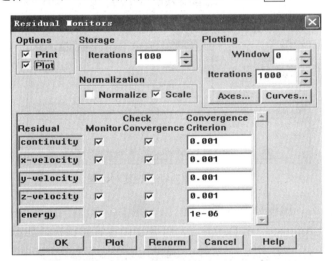

图 3-5-30　残差监视设置对话框

（4）体积平均温度监测

操作：$\boxed{Solve}$ → $\boxed{Monitors}$ → Volume…，打开体监视器设置对话框，如图 3-5-31 所示。

① 使 Volume Monitors 右侧数字为 1。

② 在 Name 项输入 temperature，并选择 Plot、Print、Write。

③ 在 Every 下选择 Time Step。

④ 点击右侧的 $\boxed{Define…}$，打开体监视设置对话框，如图 3-5-32 所示。

（ⅰ）在 Report Type 项选择 Volume-Average。

（ⅱ）在 X Axis 项选择 Flow Time。

（ⅲ）在 Field Variable 项选择 Temperature…和 Static Temperature。

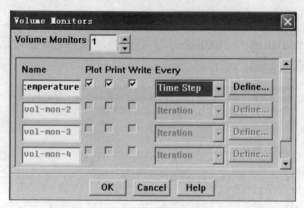

图 3-5-31　体监视器设置对话框

（iv）在 Cell Zones 项选择 fluid。

（v）保留其他默认设置，点击 OK 。

⑤ 点击 OK ，设置完毕。

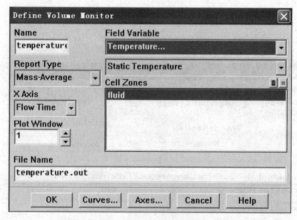

图 3-5-32　体监视器设置对话框

（5）设置缸内压力、温度分布云图动画

操作： Solve → Animate → Define...，打开动画设置对话框，如图 3-5-33 所示。

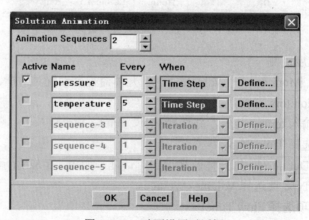

图 3-5-33　动画设置对话框

① 使 Animation Sequences 右侧数字为 2。

② 在 Active Name 下，第一项填入 pressure，第二项填入 temperature。

③ 在 Every 下都设为 5。

④ 在 When 下都选择 Time Step。

⑤ 设置压力云图动画。

（ⅰ）点击 pressure 最右侧的 Define... ，打开压力动画设置对话框，如图 3-5-34 所示。

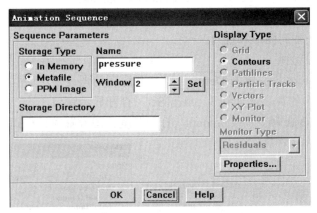

图 3-5-34　压力动画设置对话框

（ⅱ）将 window 右侧数字增加到 2，点击 Set ，打开显示窗口 2。

（ⅲ）在 Display Type 项选择 Contours，打开云图设置对话框，如图 3-5-35 所示。

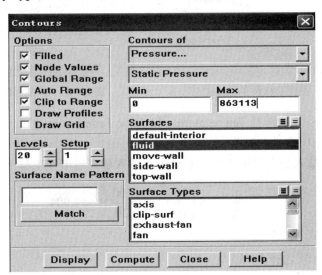

图 3-5-35　绘制压力云图设置对话框

（ⅳ）在 Contours of 项选择 Pressure... 和 Static Pressure。

（ⅴ）在 Options 项选择 Filled，不选择 Auto Range。

（ⅵ）在 Min 下填入最小压强 0，在 Max 下填入最大压强 863 113。

$$\frac{p_2}{p_1} = \left(\frac{\rho_2}{\rho_1}\right)^k = \left(\frac{V_1}{V_2}\right)^k = \left(\frac{100}{20}\right)^{1.4} = 9.518$$

→ $p_2 = 101\,325 \times 9.518 = 964\,438\,\text{Pa}$

则缸内最大表压强为：$p_2 = 964\,438 - 101\,325 = 863\,113\,\text{Pa}$

（vii）在 Surfaces 项选择 fluid。

（viii）点击 $\boxed{\text{Display}}$，点击 $\boxed{\text{Close}}$，关闭 Contours 对话框。

（ix）点击 Animation Sequence 设置对话框中的 $\boxed{\text{OK}}$。

（x）调整窗口 2 中的图形和视角。

⑥ 设置温度云图动画

（i）点击 temperature 最右侧的 $\boxed{\text{Define...}}$，打开温度动画设置对话框，如图 3-5-36 所示。

（ii）将 window 右侧数字增加到 3，点击 $\boxed{\text{Set}}$，打开显示窗口 3。

（iii）在 Display Type 项选择 Contours，打开温度云图设置对话框，如图 3-5-37 所示。

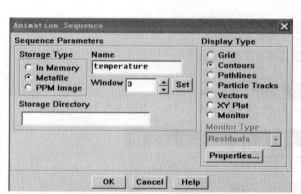
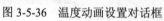
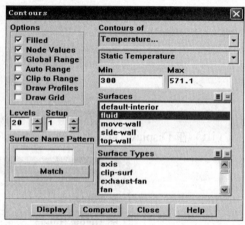

图 3-5-36　温度动画设置对话框　　　　图 3-5-37　绘制温度云图设置对话框

（iv）在 Contours of 项选择 Temperature...和 Static Temperature。

（v）在 Options 项选择 Filled，不选择 Auto Range。

（vi）在 Min 下填入最小温度 300，在 Max 下填入最高温度 571.1。

$$\frac{T_2}{T_1} = \left(\frac{\rho_2}{\rho_1}\right)^{k-1} = \left(\frac{V_1}{V_2}\right)^{k-1} = \left(\frac{100}{20}\right)^{0.4} = 1.904$$

→ $T_2 = 571.1\,\text{K}$

（vii）在 Surfaces 项选择 fluid。

（viii）点击 $\boxed{\text{Display}}$，点击 $\boxed{\text{Close}}$，关闭 Contours 对话框。

（ix）点击 Animation Sequence 设置对话框中的 $\boxed{\text{OK}}$。

（x）调整窗口 3 中的图形和视角。

⑦ 点击 $\boxed{\text{OK}}$，关闭对话框，动画设置完毕。

（6）自动保存文件

操作：$\boxed{\text{File}}$ → $\boxed{\text{Write}}$ → Autosave...，打开自动保存对话框，如图 3-5-38 所示。

① 在 Autosave Case File Frequency 和 Autosave Data File Frequency 右侧都设置为 90。
② 保留其他默认设置，点击 $\boxed{\text{OK}}$。

（7）迭代计算

操作：$\boxed{\text{Solve}}$ → Iterate…，打开迭代计算设置对话框，如图 3-5-39 所示。在 Number of Time Steps 右侧输入最大迭代时间间隔数 720；点击 $\boxed{\text{Iterate}}$，开始迭代计算。

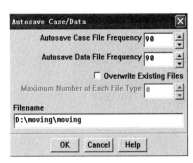

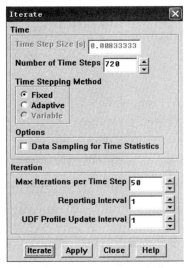

图 3-5-38　自动保存文件对话框　　　　图 3-5-39　迭代设置对话框

经过 720 个时间间隔的迭代计算，活塞完成了一个周期的运动，缸内平均温度监测曲线如图 3-5-40 所示。

第 8 步　计算结果的后处理

（1）压力分布云图的动画演示

操作：$\boxed{\text{Solve}}$ → $\boxed{\text{Animate}}$ → Playback…，打开动画回放设置对话框，如图 3-5-41 所示。

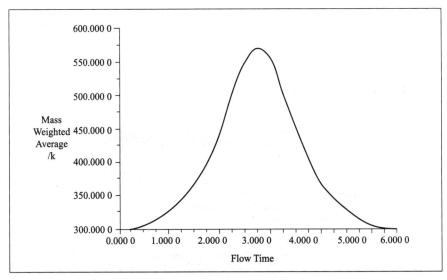

图 3-5-40　温度变化曲线

① 在 Sequences 项选择 pressure。

② 点击演示按钮 ▶ ，可以看到压力变化过程的动态演示。

③ 在 Write/Record Format 项选择 MPEG。

④ 点击 Write ，制作名为 pressure 的 MPEG 格式的动画片。

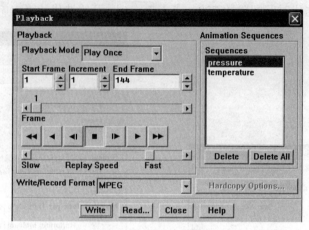

图 3-5-41　动画回放设置对话框

（2）温度分布云图的动画演示

① 在 Sequences 项选择 temperature。

② 点击演示按钮 ▶ ，可以看到温度变化过程的动态演示。

③ 在 Write/Record Format 项选择 MPEG。

④ 点击 Write ，制作名为 temperature 的 MPEG 格式的动画片。

（3）上死点处的温度与压力

① 操作：File → Read → Case&Data…，读入上死点处的文件 moving0360.cas 和 moving0360.dat。

② 计算缸内平均温度。

操作：Report → Volume Integrals…，打开体积分报告框，如图 3-5-42 所示。

（ⅰ）在 Report Type 项选择 Volume-Average（体积平均）。

（ⅱ）在 Field Variable 项选择 Temperature…和 Static Temperature。

（ⅲ）在 Cell Zones 项选择 Fluid。

（ⅳ）点击下面的 Compute 。

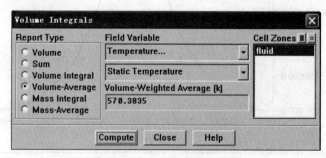

图 3-5-42　体积分报告对话框

在 Volume-Weighted Average 下面，得到在上死点处的体积平均温度为 570.38°，与绝热等熵压缩的计算结果 571.1° 非常接近。

③ 计算缸内平均压力。

设置如图 3-5-43 所示，得到在上死点处的体积平均压强为 856 097 Pa，与绝热等熵压缩的计算结果 863 113 Pa 非常接近。

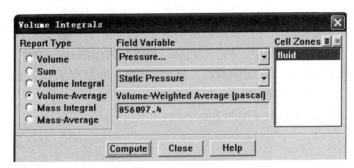

图 3-5-43　体积分报告对话框

课后练习

改变曲柄的转速和初始角度，重新计算。

参 考 文 献

［1］张也影. 流体力学［M］. 北京：高等教育出版社，1999.

［2］周力行. 湍流两相流动与燃烧的数值模拟［M］. 北京：清华大学出版社，1991.

［3］杨世铭，陶文铨. 传热学［M］. 北京：高等教育出版社，2002.

［4］于勇，等. Fluent 入门与进阶教程［M］. 北京：北京理工大学出版社，2008.

［5］Gambit 2.2 User's Guide. Fluent Inc.

［6］Fluent 6.2 User's Guide. Fluent Inc.